Korsch

Mathematik und Physik auf und mit der Kugel

Hans Jürgen Korsch

Mathematik und Physik auf und mit der Kugel

Ein spielerischer Einstieg in Geometrie, Mechanik, Quantenmechanik und Relativitätstheorie

HANSER

Über den Autor:
Prof. Dr. Hans Jürgen Korsch, Technische Universität Kaiserslautern, Fachbereich Physik

MIX
Papier | Fördert gute Waldnutzung
FSC® C016368

Print-ISBN: 978-3-446-48593-8
E-Book-ISBN: 978-3-446-48645-4

Die allgemein verwendeten Personenbezeichnungen gelten gleichermaßen für alle Geschlechter.

Alle in diesem Werk enthaltenen Informationen, Verfahren und Darstellungen wurden zum Zeitpunkt der Veröffentlichung nach bestem Wissen zusammengestellt. Dennoch sind Fehler nicht ganz auszuschließen. Aus diesem Grund sind die im vorliegenden Werk enthaltenen Informationen für Autor:innen, Herausgeber:innen und Verlag mit keiner Verpflichtung oder Garantie irgendeiner Art verbunden. Autor:innen, Herausgeber:innen und Verlag übernehmen infolgedessen keine Verantwortung und werden keine daraus folgende oder sonstige Haftung übernehmen, die auf irgendeine Weise aus der Benutzung dieser Informationen – oder Teilen davon – entsteht. Ebenso wenig übernehmen Autor:innen, Herausgeber:innen und Verlag die Gewähr dafür, dass die beschriebenen Verfahren usw. frei von Schutzrechten Dritter sind. Die Wiedergabe von Gebrauchsnamen, Handelsnamen, Warenbezeichnungen usw. in diesem Werk berechtigt also auch ohne besondere Kennzeichnung nicht zu der Annahme, dass solche Namen im Sinne der Warenzeichen- und Markenschutz-Gesetzgebung als frei zu betrachten wären und daher von jedermann benützt werden dürften.

Die endgültige Entscheidung über die Eignung der Informationen für die vorgesehene Verwendung in einer bestimmten Anwendung liegt in der alleinigen Verantwortung des Nutzers.

Bibliografische Information der Deutschen Nationalbibliothek:
Die Deutsche Nationalbibliothek verzeichnet diese Publikation in der Deutschen Nationalbibliografie; detaillierte bibliografische Daten sind im Internet unter http://dnb.d-nb.de abrufbar.

Vilshofener Straße 10 | 81679 München | info@hanser.de
www.hanser-fachbuch.de
Lektorat: Frank Katzenmayer
Herstellung: Frauke Schafft
Coverkonzept: Marc Müller-Bremer, www.rebranding.de, München
Covergestaltung: Max Kostopoulos
Titelmotiv: © Max Kostopoulos
Satz: Hans Jürgen Korsch
Druck: Elanders Waiblingen GmbH, Waiblingen
Printed in Germany

für Torge

Vorwort

Die **Idee zu diesem Buch** entstand bei einem Spaziergang durch unseren kleinen zoologischen Garten. Dabei kam die Frage auf: Wäre nicht auch ein Spaziergang durch interessante Gebiete der Physik denkbar – eine Wanderung, bei der man unerwartete und verblüffende Phänomene entdeckt? Und das Ganze so aufbereitet, dass sich die Inhalte ohne größere Anstrengung verstehen lassen und die Lektüre sogar echtes Vergnügen bereiten kann? Genau das soll in diesem Buch versucht werden. Doch bevor wir aufbrechen, gilt es zu klären, welche Gebiete wir durchwandern, wen wir auf diesen Spaziergang mitnehmen und welche Ausrüstung dafür erforderlich ist.

Da ich mich selbst der Theoretischen Physik zurechne, bleiben wir sicherheitshalber auf diesem Terrain. Dies setzt bei unseren Leserinnen und Lesern ein gewisses Interesse an **Mathematik** voraus, denn ohne Mathematik gibt es keine Physik. Um jedoch insbesondere jüngere Menschen für dieses Fach zu begeistern, beschränkt sich das erwartete mathematische **Vorwissen** weitgehend auf Oberstufen-Niveau – speziell auf die Differential- und Integralrechnung sowie die ebene Geometrie. Auf komplexe Strukturen wie Vektoren und Matrizen wird weitgehend verzichtet, um den Fokus nicht von der Physik auf die reine Mathematik zu verschieben. Daher vermeiden wir (schweren Herzens) auch strenge Definitionen und wasserdichte Beweise. Stattdessen werden wir unseren mathematischen Werkzeugkasten während des Spaziergangs behutsam erweitern. Ein **Anhang** mit einer kleinen **Formelsammlung** sowie einer Liste der verwendeten griechischen Buchstaben dient dabei als zusätzliche Unterstützung.

Ein paar Worte zu den **Formeln**: Sie wirken oft abschreckend und ihre abstrakten Symbole erscheinen vielen zunächst unverständlich. Das kann eine Barriere aufbauen, die den Zugang zum Verständnis versperrt. Dennoch können Formeln komplexe Sachverhalte prägnant und elegant darstellen und tiefe Einsichten in die Funktionsweise der Welt ermöglichen. Wir wollen daher versuchen, die Formeln so zu erklären, dass sie zugänglich werden und dabei helfen, unsere Welt besser zu begreifen. Mathematische

Herleitungen, die nicht für jeden gleichermaßen von Interesse sind, haben wir als **Exkurse** durch ein Symbol am Rand gekennzeichnet. Diese können ohne größeren Informationsverlust nur überflogen oder sogar übersprungen werden.

Unser Leitmotiv ist die **Kugel** in all ihren Spielarten. Als symmetrischstes Objekt der Natur taucht sie vom Kleinsten (der Quantenwelt) bis zum Größten (dem Universum) überall auf. Sie erlaubt es uns, Brücken zu schlagen zwischen den sehr unterschiedlichen Gebieten wie den dichtesten Kugelpackungen bis hin zur gekrümmten Raumzeit.

Wir beginnen unsere Reise in der Ebene (im zweidimensionalen Raum) und steigern uns allmählich über die dritte und vierte Dimension bis hin zu hochdimensionalen Räumen. Unterwegs lernen wir Grundlegendes über klassische Mechanik, Optik, Quantenmechanik, Relativitätstheorie und die Struktur unseres Universums. Da wir ein recht großes Spektrum anbieten, können wir nicht in jedes Detail gehen. Wir konzentrieren uns auf die wichtigsten Grundlagen und verweisen für weiterführende Informationen durch viele **Links** zu Webseiten wie **Wikipedia**.

Zahlreiche **Abbildungen** illustrieren die theoretischen Erklärungen. Um das Interesse wachzuhalten und das eigene Denken anzuregen, sind immer wieder kleinere Fragen und Aufgaben eingestreut, die nach Möglichkeit selbst beantwortet werden sollten – zur Überprüfung findet man Antworten am Ende des Buchs

Kaiserslautern, Februar 2026 Hans Jürgen Korsch

Einige nützliche **Tipps zum Navigieren im pdf-Reader** (hier für Adobe; je nach der eingesetzten Software können diese Befehle aber variieren).

- **Strg** + **F**: Standard-Suche.
- **Alt** + **Pfeil links**: Rücksprung zur vorherigen Ansicht.
- schnelles Zoomen: **Strg** + **0**: ganze Seite anzeigen; **Strg** + **1**: tatsächliche Größe; **Strg** + **2**: auf Fensterbreite.
- **Leertaste** gedrückt halten: ermöglicht es, mit dem Cursor den Text zu verschieben.
- **Pos 1** oder **Ende**: Sprung direkt zum Anfang oder Ende des Dokuments.
- über **Menü** → **Fenster** → **Teilung** (bzw. **Teilung entfernen**) lässt sich das Fenster horizontal teilen, sodass man zwei Textstellen gleichzeitig lesen kann.

Viel(!) mehr dazu findet man im Internet durch Suche nach dem Stichwort **Adobe Acrobat Tastaturbefehle**.

Inhalt

1
Im Flachland

1.1 Euklidische Geometrie: Geraden & Kreise

Wir beginnen unsere Reise in die Welt der Kugeln mit einem Ausflug in das Flachland. Darunter stellen wir uns eine ausgedehnte ebene Fläche vor, ein flaches Blatt Papier, das allerdings keinen Rand hat. Es erstreckt sich also nach allen Seiten bis ins Unendliche. Eigentlich eine ziemlich öde Gegend, und wir wollen sie ein wenig beleben. Erzeugen wir deshalb an irgendeiner Stelle unserer Ebene einen **Punkt**. Das ist noch immer nicht sehr aufregend.

Also nehmen wir noch einen zweiten Punkt an irgendeiner anderen Stelle der Ebene. Jetzt sieht es schon interessanter aus! Wir können zum Beispiel diese Punkte durch eine Linie verbinden, wir sagen auch durch eine **Kurve**. Eine solche Kurve hat eine Länge, die größer ist als null, denn die Punkte liegen ja nicht an der gleichen Stelle. Unter allen Verbindungskurven gibt es eine Kurve kleinster Länge. Eine solche Kurve nennen wir eine gerade Linie oder eine gerade Strecke oder auch, ganz feierlich, eine **Geodäte**. Wir werden noch mehr darüber hören. Aber ein Begriff fehlt jetzt noch: Eine **Gerade** ergibt sich, wenn man eine Strecke zwischen zwei Punkten in gerader Linie nach beiden Richtungen bis ins Unendliche verlängert.

Wenn wir nun eine Gerade betrachten und einen Punkt, der nicht auf dieser Geraden liegt, dann gibt es viele Geraden durch diesen Punkt, aber nur eine, die unsere Ausgangsgerade nicht schneidet, eine **Parallele**. Eine solche Parallele hat zu unserer Geraden überall den gleichen Abstand.

Dreiecke

Jetzt nehmen wir noch einen dritten Punkt in der Ebene dazu und verbinden alle drei Punkte durch gerade Verbindungslinien. Dann erhalten wir ein **Dreieck**, ein Objekt, mit dem wir schon in der Schule in Geometrie gequält wurden oder noch werden. Im Bild 1.1 findet man die üblichen Bezeichnungen der Punkte A, B, C, der Seitenlängen a, b, c und der Winkel α, β, γ (gesprochen „alpha", „beta", „gamma"), jeweils nummeriert im mathematisch positiven Umlaufsinn (also gegen den Uhrzeigersinn).

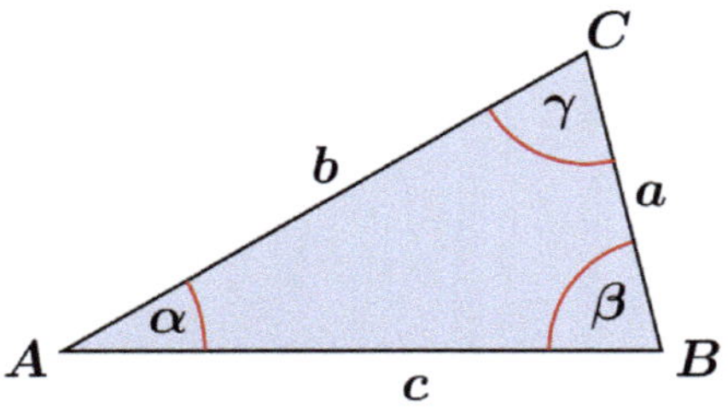

Bild 1.1 Den Eckpunkten A, B, C eines ebenes Dreiecks mit den Winkeln α, β, γ liegen die Seiten a, b, c gegenüber.

Hier wollen wir uns nur an drei wichtige Ergebnisse der Dreieck-Geometrie erinnern:

- Die Summe der drei Winkel ist gleich 180°: $\alpha + \beta + \gamma = 180°$.
- Die drei Seitenhalbierenden sind die Verbindungsgeraden der Eckpunkte mit den Mittelpunkten der gegenüberliegenden Seiten. Ihr Schnittpunkt, der **Schwerpunkt**, teilt sie im Verhältnis 2:1, vom Eckpunkt aus gerechnet. Sein Abstand zu jeder Seite ist gleich einem Drittel der zugehörigen Höhe.
- Falls einer der Winkel, beispielsweise der Winkel γ, ein rechter Winkel ist, also gleich 90°, dann gilt nach dem griechischen Mathematiker **Pythagoras** $a^2 + b^2 = c^2$. Mehr darüber, auch viele schöne Beweise dieser Formel, findet man bei Wikipedia unter dem Stichwort **Satz des Pythagoras**.

Es gibt unendlich viele rechtwinklige Dreiecke, bei denen a, b und c ganze Zahlen sind. Bestimme solche Dreiecke für $a = 15$. (Antwort Seite 199)

Die **Dreiecksfläche** F können wir für ein rechtwinkliges Dreieck schnell ermitteln. Wenn c die längste Seite ist, die also dem rechten Winkel gegenüber liegt, dann ist $F = \frac{1}{2}\,ab$, was man aus dem Bild 1.2 erkennt. Auch für ein gleichseitiges Dreieck mit Seitenlänge a berechnen wir nach dem Satz des Pythagoras die Höhe als $h = \frac{a}{2}\sqrt{3}$ und die Fläche ist dann gleich $F = \frac{1}{2}ah = \frac{\sqrt{3}}{4}a^2$.

Bei allgemeinen Dreiecken ist die Flächenberechnung etwas schwieriger, und wir werden das wieder aufgreifen, wenn wir mehr über trigonometrische Funktionen wissen. Allerdings gibt es noch die wenig bekannte **heronsche Dreiecksformel**

$$F = \sqrt{s(s-a)(s-b)(s-c)} \quad \text{mit dem halben Umfang} \quad s = \tfrac{1}{2}(a+b+c)\,,$$

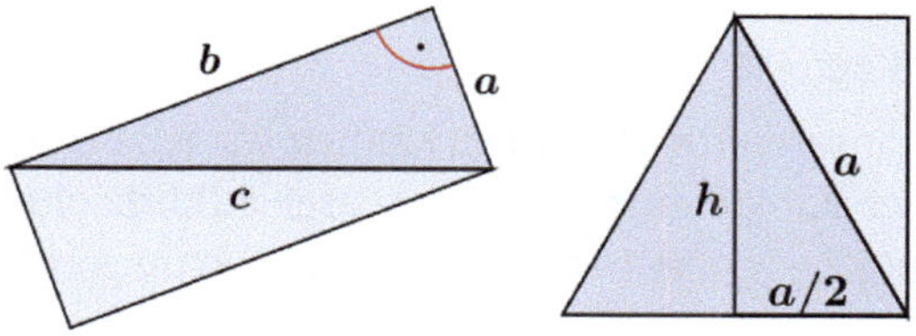

Bild 1.2 Links: Ein Rechteck wird durch eine Diagonale in rechtwinklige Dreiecke geteilt. Rechts: Ein gleichseitiges Dreieck kann zu einem flächengleichen Rechteck ergänzt werden.

benannt nach dem griechischen Gelehrten Heron von Alexandria (erstes Jahrhundert vor Christus), die ganz ohne trigonometrische Funktionen auskommt. Wir wollen sie hier nicht beweisen, aber wenigstens einmal testen:

Welche Fläche liefert die heronsche Formel für ein gleichseitiges Dreieck mit Seitenlänge a? (Antwort Seite 199)

Kartesische Koordinaten

Für konkrete Rechnungen benötigt man eine genaue Beschreibung eines jeden Punkts in der Ebene. Dies ermöglicht ein **Koordinatensystem**. Dazu definiert man zwei Achsen, die x-Achse und die y-Achse. Das sind zwei Geraden, die senkrecht aufeinander stehen, sich also im **Nullpunkt** oder **Koordinatenursprung** in einem Winkel von 90° schneiden. Wenn wir in dieser Ebene dazu jeweils Parallelen in gleichen Abständen einzeichnen, dann erhalten wir ein anschauliches Bild des Koordinatensystems durch **Koordinatenlinien**. Auf einer solchen x-Koordinatenlinie hat y einen festen Wert, x ist beliebig. Umgekehrt ist es bei den y-Koordinatenlinien. Die x-Koordinaten und die y-Koordinaten sind senkrecht zueinander, sie sind **orthogonal**. Man nennt sie **kartesische Koordinaten**.

In unserer Ebene benötigen wir *zwei* solche Koordinaten, um einen Punkt festzulegen, beispielsweise durch (x_1,y_1). Man sagt auch, die Ebene ist *zweidimensional*. In dem Raum, in dem wir leben, benötigen wir *drei* Koordinaten, wir leben in einem *dreidimensionalen* Raum, das Thema des nächsten Kapitels. Ganz allgemein bezeichnet die

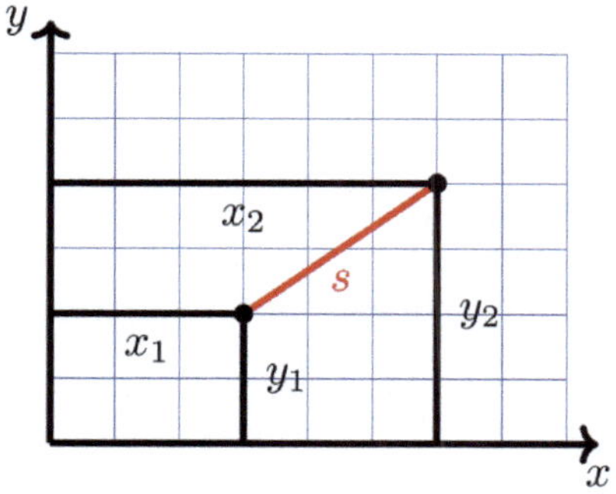

Bild 1.3 Koordinatensystem mit zwei Punkten (x_1, y_1) und (x_2, y_2), verbunden durch eine Gerade.

minimale Anzahl der Koordinaten die **Dimension** des Raums. Einen ersten Einblick in solche höherdimensionalen Räume gibt Kapitel 3.

Als kleine Belohnung für die Geduld bei unseren Überlegungen können wir jetzt eine einfache Formel für den **Abstand** zweier Punkte aufschreiben. Dieser **euklidische Abstand** s der beiden Punkte (x_1,y_1) und (x_2,y_2) ist nach dem Satz des Pythagoras gegeben durch

$$s^2 = (x_2 - x_1)^2 + (y_2 - y_1)^2 \quad \text{oder} \quad s = \sqrt{(x_2 - x_1)^2 + (y_2 - y_1)^2}\,.$$

Die Geraden

Die einfachste „Kurve“ in der Ebene ist eine **Gerade**, die man durch die Funktionsgleichung $y(x) = mx + n$ beschreiben kann. Dabei ist n der Wert, in dem die Gerade die y-Achse schneidet, also $n = y(0)$, und m ist die „Steigung“ der Geraden. Das heißt, zwei Punkte x_1 und x_2 mit dem Abstand $\Delta x = x_2 - x_1$ und den Funktionswerten $y_1 = mx_1 + n$ und $y_2 = mx_2 + n$ haben die Wertedifferenz $\Delta y = y_2 - y_1 = m(x_2 - x_1)$. Also ist die Steigung gleich $\Delta y/\Delta x = m$. Wir können aber den Wert von n auch durch die Forderung festlegen, dass die Gerade durch einen Punkt (x_0,y_0) verläuft. Das ergibt dann $y_0 = mx_0 + n$, also $n = y_0 - mx_0$ oder

$$y = m(x - x_0) + y_0\,, \quad \text{die } \textbf{Punktsteigungsform} \text{ der Geraden.}$$

Kritische Mitdenker haben hier natürlich bemerkt, dass es Geraden in der Ebene gibt, die sich nicht so darstellen lassen. Das sind Geraden parallel zur y-Achse, die eine unendlich große Steigung hätten. Man kann diese Problematik elegant umgehen durch die Definition einer allgemeinen Geradengleichung als

$$ax + by = u$$

mit der Steigung

$$m = \frac{\Delta y}{\Delta x} = -\frac{a}{b} \quad \text{für} \quad b \neq 0\,.$$

Hier sind die drei Parameter a, b, u nur bis auf einen gemeinsamen Faktor bestimmt. Man kann sie beispielsweise festlegen, indem man die Gerade durch einen Punkt (x_0,y_0) führt. Dann gilt $u = ax_0 + by_0$.

Schnitte zweier Geraden

Zur Bestimmung des **Schnittpunkts** (x,y) der Geraden $ax + by = u$ und $cx + dy = v$ müssen wir diese beiden gekoppelten linearen Gleichungen nach x und y auflösen mit dem Ergebnis

$$x = \frac{ud - bv}{ad - bc}\,, \quad y = \frac{av - uc}{ad - bc} \quad \text{für} \quad ad - bc \neq 0\,.$$

In dem hier ausgeschlossenen Fall $ad - bc = 0$ sind die beiden Geraden parallel und haben daher keinen Schnittpunkt.

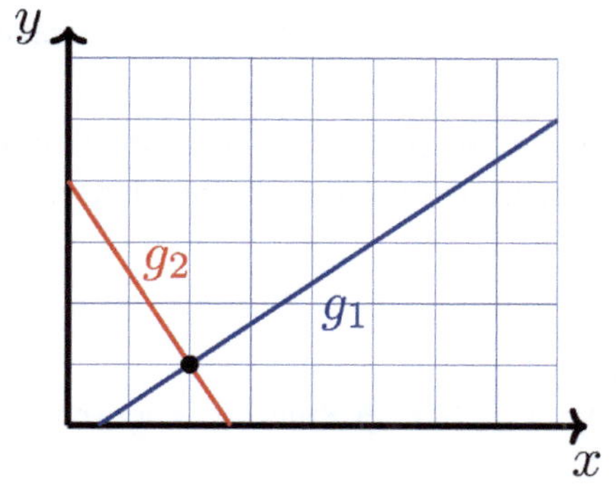

Bild 1.4 Zwei Geraden g_1 und g_2, die aufeinander senkrecht stehen und sich in einem Punkt schneiden.

Das Bild 1.4 zeigt die Gerade $2x - 3y = 1$ (g_1) und die Gerade $3x + 2y = 8$ (g_2), die sich im Punkt $x = 2$, $y = 1$ schneiden. Mit etwas mehr Rechenarbeit lässt sich auch der **Schnittwinkel** der Geraden bestimmen, allerdings benötigen wir dazu die erst später behandelten trigonometrischen Funktionen. Hier wollen wir deshalb nur zwei Geraden betrachten, die aufeinander senkrecht stehen. Wir können dazu unser Koordinatensystem so wählen, dass die Geraden sich im Nullpunkt schneiden, also $y = m_1 x$ und $y = m_2 x$. Wenn sie senkrecht zueinander sind, müssen ihre Steigungen negativ reziprok zueinander sein, das heißt $m_2 = -1/m_1$.

Die beiden Geraden aus dem Bild 1.4 auf Seite 5 stehen aufeinander senkrecht. Bitte nachprüfen und dann versuchen, die Orthogonalitätsrelation $m_1 = -1/m_2$ herzuleiten! (Antwort Seite 199)

Kreise

Bleiben wir noch ein wenig bei unserem kleinen Ausflug in die Flachland-Geometrie und betrachten alle Punkte der Ebene, die von einem festen Punkt den gleichen Abstand r haben. Als festen Punkt wählen wir den Nullpunkt. Wir sehen sofort, dass sich ein Kreis ergibt, aber jetzt können wir mit dem **Satz des Pythagoras** auch eine mathematische Formel für diesen Kreis angeben:

$$x^2 + y^2 = r^2 \quad \text{oder} \quad \sqrt{x^2 + y^2} = r\,.$$

Man nennt r den **Radius** des Kreises und den Nullpunkt seinen **Mittelpunkt**. Etwas Vorsicht ist geboten, denn es ist nicht immer klar, ob mit einem „Kreis" die Kreislinie gemeint ist, oder die Menge aller Punkte innerhalb mit $\sqrt{x^2 + y^2} \leq r$.

In unsrem Buch dreht sich (fast) alles um die **Kugel**, die Menge aller Punkte im dreidimensionalen Raum, deren Abstand von einem vorgegebene Punkt, dem Mittelpunkt, einen Wert r nicht übersteigt. Also können wir sagen, dass ein Kreis mit Radius r eine zweidimensionale Version einer Kugel darstellt. Deshalb sollten wir einiges über die geometrische Eigenschaften eines Kreises kennen. Aber über ein so einfaches geometrisches Objekt wie einen **Kreis** ist SEHR viel bekannt! Wichtig sind für uns zunächst der **Kreisumfang** und die **Kreisfläche**.

Um den **Kreisumfang** zu bestimmen, können wir zum Beispiel einen Kreis mit Radius r in einer ersten Näherung durch ein Quadrat ersetzen, dessen Eckpunkte auf dem Kreis liegen, ein „eingeschriebenes regelmäßiges Viereck".

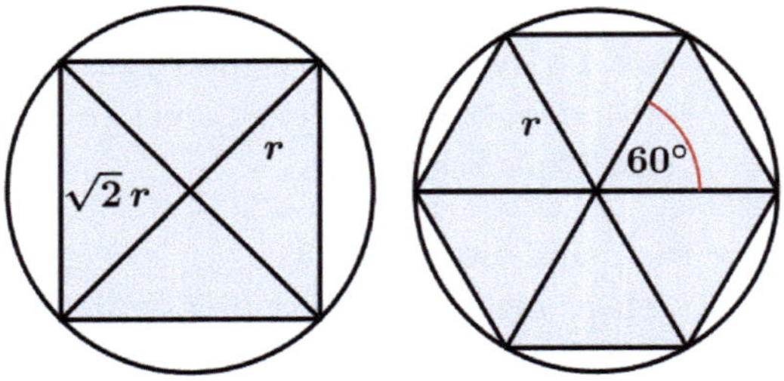

Bild 1.5 Kreis mit eingeschriebenem Quadrat (links) und regelmäßigem Sechseck, bestehend aus gleichseitigen Dreiecken mit Winkeln von 60 Grad (rechts).

Mit unserer Pythagoras-Formel können wir die Seitenlänge des Quadrats als $\sqrt{2}\,r$ berechnen und seinen Umfang als $u_4 = 4\sqrt{2}\,r \approx 5{,}66\,r$. Das ist natürlich kleiner als der gesuchte Kreisumfang, und wir müssen unsere Näherung verbessern. Versuchen wir es also mit einem eingeschriebenen regelmäßigen Sechseck. Das setzt sich zusammen aus sechs gleichen Dreiecken mit jeweils zwei Seiten der Länge r, also gleichschenkligen Dreiecken. Dann sind auch die beiden äußeren Dreieckswinkel gleich. Der Winkel in der Mitte ist gleich 60°, ein Sechstel des vollen Kreiswinkels von 360°. Also sind wegen der Winkelsumme von 180° im Dreieck auch die beiden anderen Winkel gleich 60°. Die Dreiecke sind also sogar gleichseitig und daher ist jede Seitenlänge gleich r. Der Umfang des Sechsecks ist mit $u_6 = 6r$ wie erwartet größer als der Quadratumfang u_4. Das Verfahren können wir mit eingeschriebenen regelmäßigen n-Ecken fortlaufend verbessern. Die Rechnung wirklich durchzuführen, ist nicht ganz einfach, liefert aber für n gegen Unendlich einen Grenzwert, den man als $u = \lim_{n\to\infty} u_n = 2\pi r$ bezeichnet, was die **Kreiszahl** π (gesprochen „pi") definiert, eine irrationale reelle Zahl mit dem ungefähren Wert von 3,14 oder 22/7.

Für die Berechnung der **Kreisfläche** F können wir ganz genauso vorgehen und den Grenzwert der Flächen der eingeschriebenen n-Eck-Flächen berechnen. Wir erhalten dann $F = \pi r^2$. Es geht aber auch anders:

Wir erzeugen in Gedanken n Kreise um den Kreismittelpunkt mit den Radien $r_k = d\,k$ für $k = 1, \ldots, n$ im Abstand $d = r/n$. Dann ist für großes n die Fläche eines solchen sehr schmalen Kreisrings näherungsweise gleich dem Produkt aus seinem Umfang $u_k = 2\pi r_k$ und seiner Dicke $d = r/n$. Alle diese Ringflächen summieren sich zu

$$F = \sum_{k=1}^{n} u_k d = 2\pi d^2 \sum_{k=1}^{n} k = 2\pi \frac{r^2}{n^2} \frac{n(n+1)}{2} \quad \xrightarrow{n\to\infty} \quad \pi r^2 ,$$

wobei die altbekannte Summenformel $\sum_{k=1}^{n} k = \frac{n(n+1)}{2}$ der ersten n natürlichen Zahlen (siehe Seite 188 im Anhang A) benutzt wurde.

Solch eine einfache Bestimmung der Fläche innerhalb einer geschlossenen Kurve ist allerdings nur selten möglich. In den meisten Fällen erhält man als Resultat ein Integral, das dann numerisch ausgewertet werden muss, aber es gibt auch Ausnahmen:

Für eine Kreiskurve lässt sich das Flächenintegral in geschlossener Form berechnen. Wie wäre es mit einem Versuch? (Antwort Seite 200)

Man kann aber auch ganz ohne Differential- und Integralrechnung auskommen! Dazu schließen wir unsere Kurvenfläche in ein möglichst kleines Rechteck ein, unseren Kreis mit Radius r in ein Quadrat mit Seitenlänge $2r$, und erzeugen mit einem **Zufallszahlengenerator** N zufällige, gleichförmig verteilte Punkte (x,y) in dem Quadrat, also Punkte mit $-r < x,y < +r$. Dann prüfen wir nach, ob $x^2 + y^2 < r^2$ gilt, also ob der Punkt im Kreis liegt. Wir finden n solche Punkte, und für große Werte von N ergibt n/N eine gute Näherung für das Verhältnis unserer gesuchten Kreisfläche zu der Fläche $4r^2$ des Quadrats.

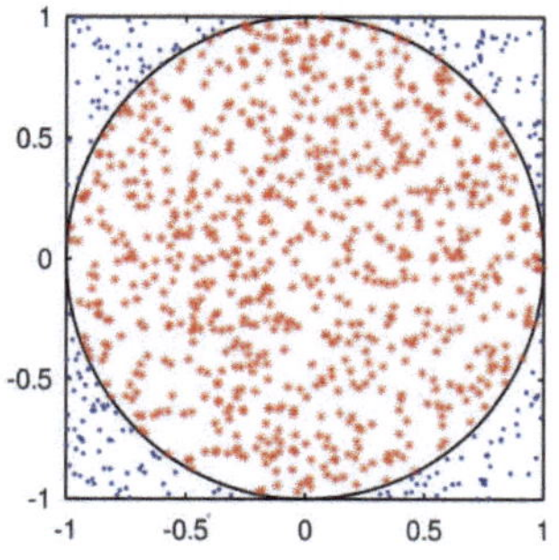

Bild 1.6 Monte-Carlo-Methode zur Flächenberechnung. Innerhalb des Quadrats sind 1000 zufällig verteilte Punkte markiert, wobei die Punkte in dem eingeschriebenen Kreis gezählt werden.

Man bezeichnet ein solches Verfahren aus ersichtlichen Gründen als eine **Monte-Carlo-Methode**. Das Bild 1.6 zeigt die verwendeten $N = 1000$ Punkte bei einer Berechnung der Fläche des Einheitskreises mit einem Resultat von $n = 780$, also $F = 4n/N = 3{,}12$. Das ist natürlich zu verbessern durch Vergrößerung von N, und mit $N = 2000$ Punkten erhält man $F = 3{,}14$, was die korrekte Fläche $F = \pi = 3{,}14159\ldots$ in den ersten beiden

Dezimalstellen reproduziert. Man könnte dies also auch als ein Verfahren zur Berechnung von π bezeichnen, allerdings gibt es dazu wesentlich effizientere Techniken. Aber zur Flächenberechnung, auch von Flächen innerhalb anderer Randkurven, ist diese Monte-Carlo-Methode gut geeignet.

Drei-Punkte-Kreiskonstruktion

Wie wir alle wissen, gibt es durch zwei (voneinander verschiedene) Punkte in der Ebene genau eine Gerade. Genauso wird durch drei solche Punkte ein Kreis festgelegt, wobei wir ausschließen wollen, dass sie auf einer Geraden liegen. Um den Mittelpunkt und den Radius dieses Kreises zu bestimmen, kann man sich überlegen, dass der Mittelpunkt M auf den Mittelsenkrechten der Verbindungslinien der Punkte liegt. Das erlaubt eine direkte grafische Konstruktion, wie im Bild 1.7. Zur Berechnung stellt man zwei Geradengleichungen der Mittelsenkrechten auf, bestimmt ihren Schnittpunkt (x,y) und ermittelt den Radius r, indem man die Koordinaten (x_j,y_j) eines der vorgegebenen Punkte in die Kreisgleichung $(x_j - x)^2 + (y_j - y)^2 = r^2$ einsetzt.

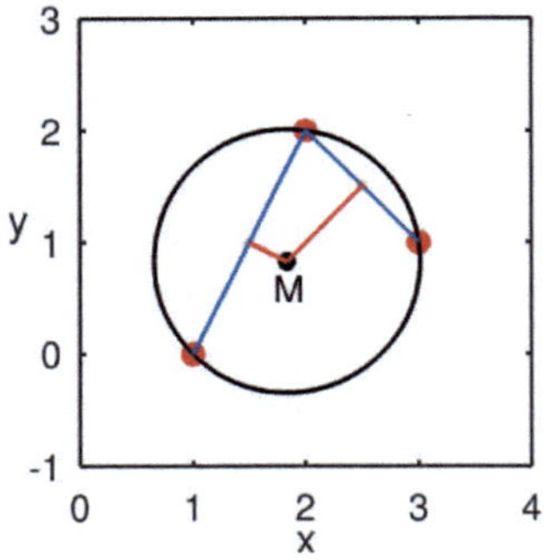

Bild 1.7 Drei Punkte bestimmen einen Kreis. Die Mittelsenkrechten der Verbindungslinien der Punkte schneiden sich im Mittelpunkt M des Kreises.

Einfacher erscheint es allerdings, die drei Kreisgleichungen $(x_j - x)^2 + (y_j - y)^2 = r^2$ mit $j = 1,2,3$ nach den drei Unbekannten x, y und r aufzulösen: Wir formen sie um in

$$2x_j x + 2y_j y + w = x_j^2 + y_j^2 =: s_j\,, \quad j = 1,2,3\,, \quad \text{mit} \quad w = r^2 - x^2 - y^2\,.$$

Das sind drei lineare Gleichungen mit den Unbekannten x, y und w. Subtrahieren wir von der ersten und zweiten Gleichung jeweils die dritte, so ergibt sich

$$2(x_1 - x_3)x + 2(y_1 - y_3)x = s_1 - s_3\,, \quad 2(x_2 - x_3)x + 2(y_2 - y_3)y = s_2 - s_3\,.$$

Das sind zwei lineare Gleichungen für die Unbekannten x und y der Form $ax + by = u$, $cx + dy = v$ mit den von Seite 4 bekannten Lösungen

$$x = \frac{ud - bv}{ad - bc}\,, \quad y = \frac{av - uc}{ad - bc}$$

für die Koordinaten des Mittelpunkts. Dann findet man mit $w = s_1 - 2x_1 x - 2y_1 y$ den Radius $r = \sqrt{w + x^2 + y^2}$.

Berechne mit der Drei-Punkte-Technik den Kreis durch die Punkte (1,0), (2,2) und (3,1) aus dem Bild 1.7 auf Seite 8. (Antwort Seite 200)

Polarkoordinaten

Kreise und ähnliche Kurven lassen sich zwar in kartesischen Koordinaten beschreiben, aber in vielen Fällen sind andere Koordinaten bequemer, wie beispielsweise diese: Wir verbinden den Punkt (x,y) durch eine gerade Linie mit dem Nullpunkt und betrachten das Dreieck, das von dieser Linie, der x-Achse und der y-Koordinatenlinie gebildet wird, wie links im Bild 1.8 zu sehen ist. Dies ist ein rechtwinkliges Dreieck und es gilt deshalb nach der Pythagoras-Formel $r = \sqrt{x^2 + y^2}$. Den Dreieckswinkel am Nullpunkt wollen wir φ (gesprochen „phi") nennen. Dann können wir unseren Punkt (x,y) auch durch die Angabe von r und φ festlegen. Alle Punkte mit einem festen Wert von r liegen auf einem Kreis mit dem Radius r um den Nullpunkt, der φ-Koordinatenlinie. Alle Punkte mit einem festen Winkel φ liegen auf einem Strahl, der vom Nullpunkt ausgeht, der r-Koordinatenlinie, die die φ-Koordinatenlinie in einem rechten Winkel schneidet. Also sind diese Koordinaten **orthogonal**. Man nennt sie **Polarkoordinaten**.

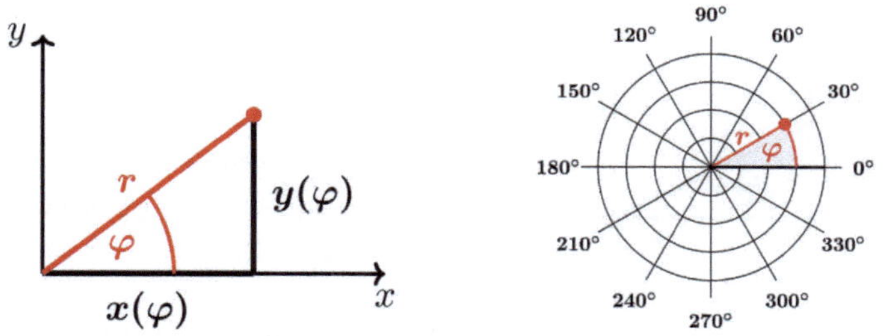

Bild 1.8 Polarkoordinaten: Ein Punkt wird beschrieben durch den radialen Abstand r vom Nullpunkt und den Winkel φ zwischen Radialstrahl und x-Achse.

Inzwischen habt ihr sicher bemerkt, dass uns hier noch etwas fehlt! Es sollte doch möglich sein, dass sich Menschen, die mit kartesischen Koordinaten rechnen, mit denen verständigen, die Polarkoordinaten verwenden. Wir würden also gern die Werte von x und y in die von r und φ umrechnen und umgekehrt. Nehmen wir einmal an, dass wir r und φ kennen. Wie erhalten wir daraus die Werte von x und y?

Hier hilft uns die Überlegung, dass alle Punkte auf dem Strahl mit konstantem Winkel φ das gleiche Verhältnis von x zu r haben. Das folgt aus dem **Strahlensatz** der Geometrie (siehe Seite 190). Also ist das Verhältnis x/r eine Funktion, die nur von φ abhängt. Leider ist dies keine so einfache Funktion wie eine Potenz oder eine Wurzel. Man bezeichnet sie als **Sinusfunktion**, geschrieben als $\sin\varphi = x/r$, und wer mit ihr und ihren Geschwistern Kosinus, Tangens und Kotangens nicht von der Schule her vertraut ist, findet mehr darüber im Anhang ab Seite 192. Entsprechend definieren wir den Kosinus $\cos\varphi = y/r$ mit $\sin^2\varphi + \cos^2\varphi = 1$. Es gilt also

$$x = r\cos\varphi \quad \text{und} \quad y = r\sin\varphi\,.$$

Für die umgekehrte Richtung der Transformation benötigen wir noch die inverse Funktion der Sinusfunktion. Man nennt sie **Arkussinus** und schreibt arcsin. Damit können wir die Umkehrtransformation aufschreiben als

$$r = \sqrt{x^2+y^2} \quad \text{und} \quad \varphi = \arcsin\frac{y}{r}\,.$$

Jetzt können wir als Erweiterung der Dreiecksregeln von Seite 2 noch zwei wichtige Lehrsätze über allgemeine ebene Dreiecke anführen: Es gilt der **Sinussatz**

$$\frac{a}{\sin\alpha} = \frac{b}{\sin\beta} = \frac{c}{\sin\gamma} \quad \text{oder} \quad \frac{\sin\alpha}{\sin\beta} = \frac{a}{b}\,, \quad \frac{\sin\alpha}{\sin\gamma} = \frac{a}{c}\,, \quad \frac{\sin\beta}{\sin\gamma} = \frac{b}{c}\,,$$

und der **Kosinussatz**

$$c^2 = a^2+b^2-2ab\cos\gamma \quad \text{oder} \quad b^2 = a^2+c^2-2ac\cos\beta \quad \text{oder} \quad a^2 = b^2+c^2-2ac\cos\alpha\,.$$

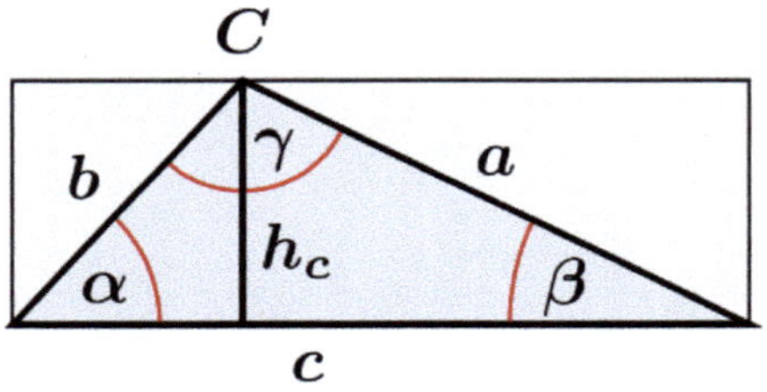

Bild 1.9 Die Fläche eines Dreiecks lässt sich ermitteln, indem man es zu einem Rechteck verdoppelt.

An dieser Stelle wollen wir noch die versprochene Formel für eine allgemeine Dreiecksfläche F nachtragen. Wir wählen dazu eine beliebige Dreiecksseite aus, sagen wir die Seite c. Dann ist die Höhe, der Abstand der Ecke C von der Seite c, gleich $h_c = b\sin\alpha$. Wenn wir jetzt unser Dreieck wie im Bild 1.9 zu einem Rechteck ergänzen, so verdoppelt sich die Fläche und wir erhalten mit der Rechteckfläche ch_c die Formel

$$F = \tfrac{1}{2}bc\sin\alpha \quad \text{und genauso} \quad F = \tfrac{1}{2}ac\sin\beta = \tfrac{1}{2}ab\sin\gamma\,.$$

Diese drei Gleichungen lassen sich natürlich auch direkt ineinander überführen, denn es gilt z. B. $h_c = b\sin\alpha = a\sin\beta$.

Nachdem wir jetzt das grundlegende Werkzeug bereitgestellt haben, mit dem wir geometrische Objekte in der Ebene beschreiben und untersuchen können, wollen wir uns als Zwischenspiel mit anscheinend einfachen Fragestellungen zu Kreisen und Dreiecken beschäftigen.

1.2 Kreispackungen

Packungsprobleme sind sehr beliebt als mathematische Spielereien, als Knobelaufgaben oder auch als ernsthafte und manchmal sehr schwierige mathematische Probleme, die zum Teil noch immer nicht gelöst sind. Am einfachsten sind zweidimensionale Packungen in der Ebene. Dabei geht es meist um Kreispackungen. Hier gibt es eine riesige Menge unterschiedlicher Problemstellungen. Wir können hier nur einen ersten Eindruck vermitteln und damit zu weiteren Nachforschungen anregen.

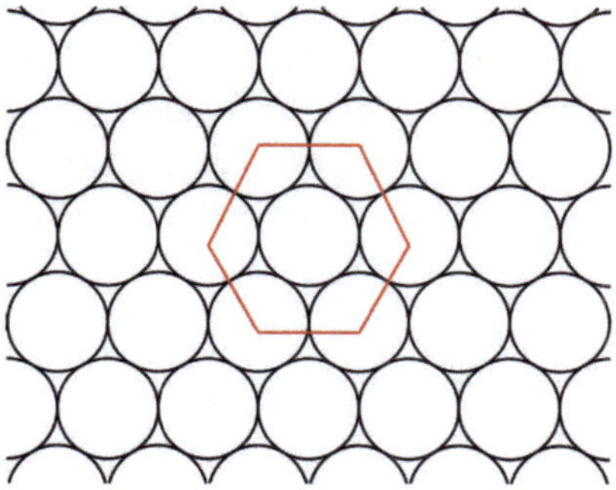

Bild 1.10 Dichte Packung von Kreisen, deren Mittelpunkte ein hexagonales Gitter bilden.

Das wohl bekannteste Problem ist die dichteste Packung gleicher Kreise in der gesamten Ebene, wobei die Kreise nicht überlappen dürfen. Die Lösung ist im Bild 1.10 dargestellt. Hier bilden die Mittelpunkte der Kreise ein regelmäßiges Sechseckgitter, ein hexagonales Gitter. Betrachten wir eine hexagonale Gitterzelle, markiert in der Bildmitte. Sie wird durch eine Kreisfläche im Zentrum belegt und von sechs Kreisen um die Eckpunkte, von denen jeweils ein Drittel ihrer Fläche innerhalb der Gitterzelle liegt. Sie wird also insgesamt belegt durch drei Kreisflächen mit Radius r mit jeweils einer Fläche $F_{\text{Kreis}} = \pi r^2$. Das Sechseck hat die Fläche von sechs gleichseitigen Dreiecken der Seitenlänge $2r$, deren Fläche wir oben schon einmal als $F_{\text{Dreieck}} = \frac{1}{4}\sqrt{3}\,(2r)^2 = \sqrt{3}\,r^2$ bestimmt hatten. Also ist das Verhältnis von Kreisbedeckung zur Sechseckfläche gleich

$$p = \frac{3\,F_{\text{Kreis}}}{6\,F_{\text{Dreieck}}} = \frac{3\pi r^2}{6\sqrt{3}r^2} = \frac{\pi}{\sqrt{12}} = 0{,}907\ldots .$$

Diese Berechnung erscheint recht einfach, aber der *Beweis*, dass es sich dabei wirklich um die *dichteste* **Kreispackung** in der Ebene handelt verlangt weit mehr Aufwand. Ein Beweis erfolgte 1890 durch Axel Thue für Kreispackungen auf Gittern und erst 1942 durch László Fejes Tóth für den allgemeinen Fall.

Einfacher ist ist eine Quadratfüllung, oft formuliert als die Aufgabe, das kleinste Quadrat zu finden, das n gleiche Kreise enthält. Bis zu $n = 5$ sind die Lösungen sehr einfach, aber dann wird es schwieriger, was man durch Probieren schnell merkt. Die Webseite **https://erich-friedman.github.io/packing/cirinsqu** zeigt viele solche Lösungen.

Ähnlich ist es, wenn man Kreise unterschiedlicher Größe in einem Dreieck unterbringen will. Hierzu gibt es eine schöne Geschichte. Der italienische Mathematiker Gianfrancesco Malfatti beschäftigte sich mit diesem Problem und gab im Jahr 1803 für jedes beliebige Dreieck drei Kreise an, von denen jeder die beiden anderen und zwei Dreiecksseiten berührt, bekannt als die **Malfatti-Kreise**. Leider behauptete er, dass dies die optimale Dreiecksbedeckung ist. Das wurde seitdem akzeptiert, bis im Jahr 1930(!) für den Fall eines gleichseitigen Dreiecks eine Lösung angegeben wurde, die einen größeren Flächenanteil überdeckt. Unser Bild 1.11 zeigt links die Malfatti-Lösung und rechts die neue. Es erfordert etwas Rechenarbeit, um hier die Flächen zu berechnen, es ergibt sich aber für das rechte Bild in der Tat eine größere Bedeckung, zwar nur um etwa ein Prozent, aber immerhin. Eigentlich ist das Versagen der Malfatti-Lösung ganz offensichtlich, wenn man ein sehr langgestrecktes Dreieck mit einer recht kleinen Seite betrachtet. Ihr könnt ja versuchen, das einmal zu skizzieren! Noch ein paar Jahre später wurde sogar bewiesen, dass die Malfatti-Lösung *niemals* die optimale Bedeckung liefert!

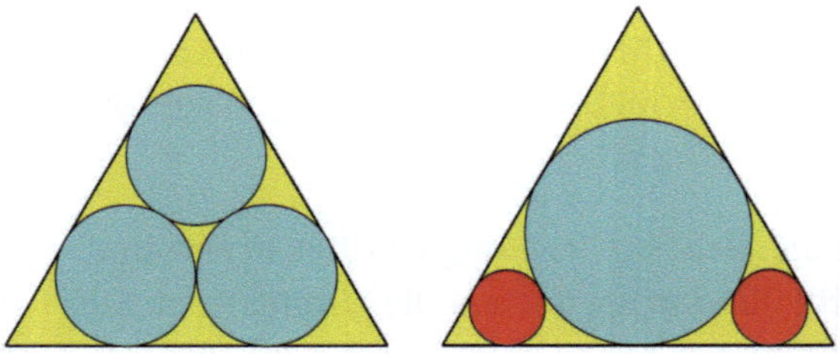

Bild 1.11 Kreispackungen in einem gleichseitigen Dreieck.

Mehr Packungsprobleme findet man unter **https://erich-friedman.github.io/packing**. Darunter sind auch **Kreise im Kreis**, und darauf wollen wir auch noch einen kurzen Blick werfen. Beginnen wir mit drei Kreisen in einem Kreis mit Radius eins. Hier ist die maximale Bedeckung für gleiche Kreise links im Bild 1.12 dargestellt.

In einer kurzen elementaren Rechnung lassen sich die Radien der drei Kreise links im Bild 1.12 bestimmen als $r = 2\sqrt{3} - 3 \approx 0{,}464$. (Antwort Seite 200)

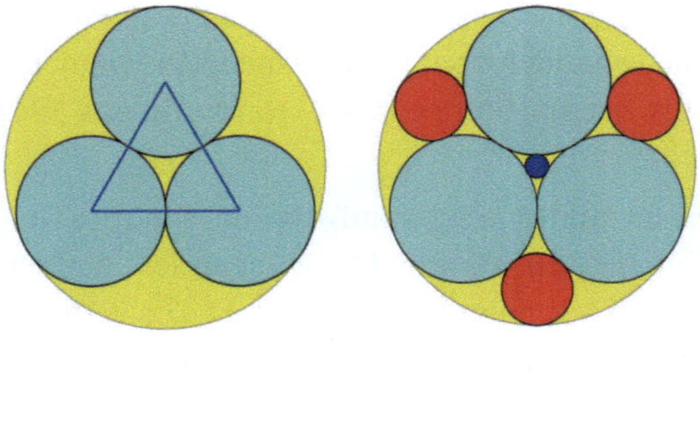

Bild 1.12 Kreis-im-Kreis-Packung. Links: dichteste Packung durch drei Kreise. Rechts: weitere Füllung durch vier kleinere Kreise.

Es gibt aber noch einen anderen Weg zu dieser Lösung, denn **René Descartes** hat im Jahr 1643 eine einfache Beziehung hergeleitet für vier Kreise, die sich berühren. Ihre Krümmungen[1)], das sind die reziproken Radien $k_j = 1/r_j$, erfüllen die Descartes-Gleichung

$$\left(k_1 + k_2 + k_3 + k_4\right)^2 = 2\left(k_1^2 + k_2^2 + k_3^2 + k_4^2\right)$$

mit negativen Werten der Krümmung von Kreisen, die innen berührt werden. Das ergibt mit $k_1 = -1$ für den äußeren Kreis und $k_2 = k_3 = k_4 = k$

$$\left(-1 + 3k\right)^2 = 2\left(1 + 3k^2\right) \quad \text{oder} \quad 3k^2 - 6k - 1 = 0\,.$$

Diese quadratische Gleichung hat die positive Lösung $k = 1 + 2/\sqrt{3}$, was den Radius $r = 1/k = 2\sqrt{3} - 3$ ergibt, den wir auch schon in der Aufgabe oben berechnet hatten.

Mithilfe der **Descartes-Gleichung** können wir aus drei bekannten Krümmungen k_1, k_2, k_3 von vier Berührkreisen die Krümmung des vierten als

$$k_{4\pm} = k_1 + k_2 + k_3 \pm 2\sqrt{k_1 k_2 + k_2 k_3 + k_3 k_1}$$

bestimmen, also auch den Kreisradius $r_{4\pm} = 1/k_{4\pm}$. Das $\pm$-Symbol drückt aus, dass es im Allgemeinen zwei Lösungen gibt, also zwei Möglichkeiten, den vierten Berührkreis einzubauen. Dieses Verfahren lässt sich dann fortsetzen. Wir wollen das einmal üben und den Radius solcher zusätzlicher Kreise rechts im Bild 1.12 bestimmen. Mit $k_1 = -1$ und $k_2 = k_3 = k$ erhalten wir mithilfe von $k^2 - 2k = 1/3$ und $k = 1 + 2/\sqrt{3}$

$$k_{\pm} = -1 + 2k \pm 2\sqrt{-k + k^2 - k} = -2 + 2k \pm 2/\sqrt{3} = 1 + 4/\sqrt{3} \pm 2/\sqrt{3}\,,$$

woraus folgt $k_{4+} = 1 + 6/\sqrt{3}$ und $k_{4-} = 1 + 2/\sqrt{3} = k$. Das liefert dann in der Tat die benachbarten Kreise aus dem Bild, also einen der drei schon bekannten Kreise und einen neuen Kreis mit Radius $r_{4+} = 1/k_{4+} \approx 0{,}224$. Aus Symmetriegründen gibt es drei solcher Kreise.

Als kleine Übung sollten wir den Radius des kleinen mittleren Kreises im Bild 1.12 berechnen, der die ersten drei Kreise berührt. (Antwort Seite 201)

Man kann jetzt die Bereiche zwischen den Kreisen weiter füllen, wobei man die Krümmung und den Radius eines neuen Kreise aus drei bekannten Berührkreisen mithilfe der Descartes-Formel ermittelt. Wenn man diesen Prozess weiter fortsetzt, ergibt sich das linke Bild 1.13, eine **Apollonische Kreisfüllung**, benannt nach dem griechischen Mathematiker Apollonius (oder Apollonios) von Perge, der vor etwa 2200 Jahren lebte.

Nehmen wir jetzt einmal an, die ersten vier größten Krümmungen der sich berührenden Füllkreise sind ganzzahlig, beispielsweise gleich den vier Werten −10, 18, 23 und

1 Mehr über Krümmungen erfahren wir in dem Abschnitt auf Seite 17.

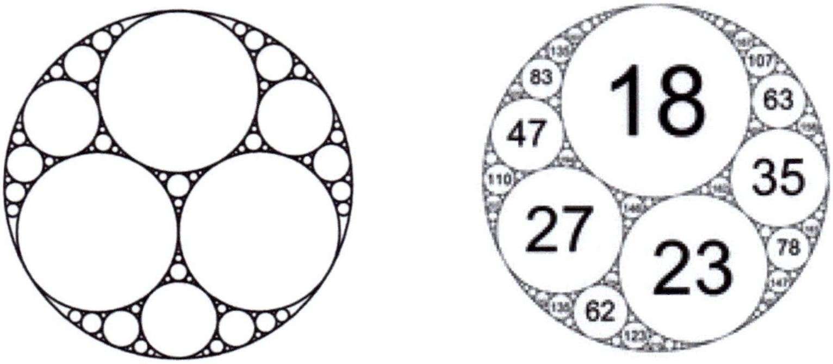

Bild 1.13 Links: Apollonische Kreispackung als Fortsetzung vom rechten Bild 1.12. Rechts: Die angegebenen Krümmungen lassen sich rekursiv berechnen.

27, die die Descartes-Gleichung erfüllen (ein sogenanntes Stamm-Quadrupel). Dann lassen sich alle weiteren Krümmungswerte mithilfe der oben angegebenen Formel berechnen. Aus −10, 18, 23 erhält man zwei Werte für weitere Berührkreise, nämlich 27 und 35. Wenn man das weiter fortsetzt, findet man aus −10, 18, 27 die Krümmungen 23 und 47 und so weiter. Dies sind immer ganze Zahlen, was wegen der Quadratwurzel in der Formel überrascht. Es lässt sich aber ganz allgemein zeigen, dass dies für *jedes* Stamm-Quadrupel der Fall ist. Das Bild 1.13 zeigt rechts die entstehende Kreisfüllung mit Angabe der Krümmungen. Mehr darüber findet man unter dem Stichwort **Apollonios-Kreisfüllung** bei Wikipedia.

Das Bild 1.13 zeigt komplizierte Strukturen, die nicht linienförmig und nicht flächig wirken. Es zeigen sich auch merkwürdige Phänomene bei sukzessiven Vergrößerungen, also bei einem „Hineinzoomen“. Man kann ihnen eine nicht-ganzzahlige räumliche Dimension zuschreiben. Sie bilden ein sogenanntes **Fraktal**. Vereinfacht dargestellt, erhält man die fraktale Dimension d einer Punktmenge in der Ebene dadurch, dass man sie mit einer minimalen Anzahl N von Kreisen mit Radius ε überdeckt. (Für höherdimensionale Mengen verwendet man entsprechend höherdimensionale „Kugeln“ und statt Kugeln können auch Würfel verwendet werden.) Wenn dann gilt

$$N(\varepsilon) \sim \varepsilon^{-d} \quad \text{für} \quad \varepsilon \longrightarrow 0\,,$$

bezeichnet man d als fraktale Dimension oder **Hausdorff-Dimension** der Menge. Für „normale“ Mengen, die also einen Linien-, Flächen- oder Raumbereich ausfüllen, ergeben sich so wieder die bekannten ganzzahligen Raumdimensionen. Wenn wir also beispielsweise ein Quadrat der Kantenlänge a in der Ebene mit kleinen Quadraten der Kantenlänge ε überdecken wollen, benötigen wir dafür $N = (a/\varepsilon)^2$ davon. Es gilt also $N \sim \varepsilon^{-2}$, und die Dimension d ist gleich zwei.

Einfacher wird dies für eine Menge, die **selbstähnlich** ist, das heißt, sie besteht aus n getrennten, im Maßstab $1 : m$ verkleinerten Kopien von sich selbst. Dann kann man zeigen, dass gilt:

$$d = \frac{\ln n}{\ln m} = \text{fraktale Dimension.}$$

Die wohl bekannteste Menge mit dieser Eigenschaft ist die **Cantor-Menge**. Sie entsteht, wenn man aus dem (abgeschlossenen) Intervall $[0,1]$ das (offene) mittlere Drittel entfernt, und dann diesen Prozess für alle Teilintervalle fortsetzt. Das Bild 1.14 zeigt die ersten Iterationsschritte zur Erzeugung dieser Menge. Hier wird in jedem Schritt ein Intervall in zwei Kopien überführt, die auf ein Drittel verkleinert sind, das heißt es ist $n = 2$ und $m = 3$ und daher ist die fraktale Dimension der Cantor-Menge gleich $d = \ln 2/\ln 3 \approx 0{,}6309$.

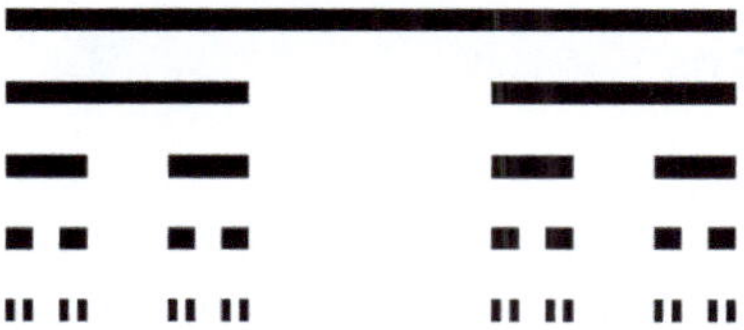

Bild 1.14 Die Cantor-Menge entsteht durch sukzessives Löschen der mittleren Intervalldrittel.

Die Apollonios-Kreisfüllung ist eines der ersten jemals beschriebenen Fraktale. Leider können wir hier auf das faszinierende Gebiet der **Fraktale** nicht weiter eingehen, Zum Abschluss sei noch auf die fast endlose Anzahl wunderschöner Bilder zu solchen Kreisfüllungen hingewiesen, die man beispielsweise im Internet unter dem Stichwort **apollonian gasket** findet.

Wir beenden diesen Abschnitt mit einem Blick auf die **Ford-Kreise**, benannt nach dem US-amerikanischen Mathematiker L. R. Ford, der sie 1938 beschrieb. Diese Kreise liegen in einer Ebene und berühren die x-Achse in einem rationalen Punkt $\frac{p}{q}$ für teilerfremde ganze Zahlen p und $q > 0$ mit dem Mittelpunkt bei $\left(\frac{p}{q}, \frac{1}{2q^2}\right)$ und dem Radius $\frac{1}{2q^2}$. Man kann zeigen, dass sich diese Kreise nicht überlappen, sondern nur berühren. (Dabei hilft z. B. die Descartes-Gleichung von Seite 13.) Das Bild 1.15 zeigt den Beginn einer Folge solcher Ford-Kreise im Intervall $0 \le \frac{p}{q} \le 1$ mit $q \le 7$. Die beiden größten sind die Kreise zu $\frac{p}{q} = \frac{0}{1}$ und $\frac{1}{1}$ mit Radius $\frac{1}{2}$ (nur teilweise zu sehen). Der nächstkleinere ist der

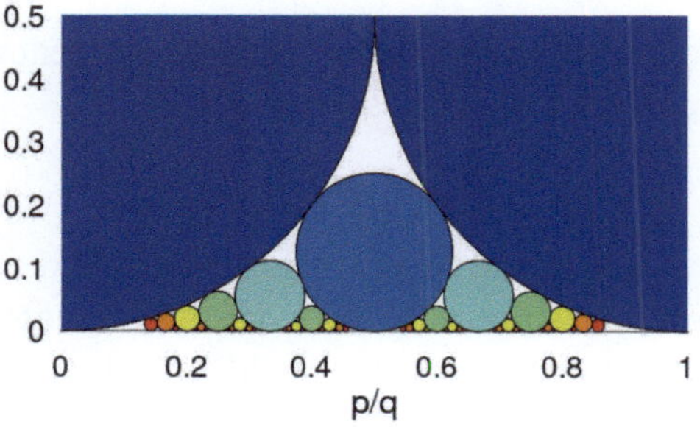

Bild 1.15 Ford-Kreise für teilerfremde rationale Zahlen $0 \le \frac{p}{q} \le 1$ mit Mittelpunkten bei $\left(\frac{p}{q}, \frac{1}{2q^2}\right)$.

zu $\frac{1}{2}$, gefolgt von zwei Kreisen zu $\frac{1}{3}$ und $\frac{2}{3}$. Danach scheint es unregelmäßiger weiterzugehen, aber dahinter verbirgt sich ein einfaches Schema: zwischen zwei sich berührenden Kreisen bei $\frac{p}{q}$ und $\frac{p'}{q'}$ liegt der nächste sie beide berührende Kreis bei $\frac{p+p'}{q+q'}$, wobei also Zähler und Nenner der beiden Brüche addiert werden. Das ist das Grundprinzip zur Erzeugung einer **Farey-Folge** F_n, die geordnete Menge aller teilerfremden Brüche $\frac{p}{q}$ mit $0 \le p \le q \le n$, aus der Folge F_{n-1}. Die ersten Folgen lauten $F_1 = \{\frac{0}{1}, \frac{1}{1}\}$, $F_2 = \{\frac{0}{1}, \frac{1}{2}, \frac{1}{1}\}$, $F_3 = \{\frac{0}{1}, \frac{1}{3}, \frac{1}{2}, \frac{2}{3}, \frac{1}{1}\}$ und $F_4 = \{\frac{0}{1}, \frac{1}{4}, \frac{1}{3}, \frac{1}{2}, \frac{2}{3}, \frac{3}{4}, \frac{1}{1}\}$. Solche Folgen sind von zahlentheoretischer Bedeutung. Es lassen sich beispielsweise Aussagen über Farey-Folgen formulieren, die äquivalent sind zu der **riemannschen Vermutung**. Die fraktale Struktur der Ford-Kreise wird gut illustriert durch ein tiefes Hineinzoomen, das man beobachten kann in **https://www.youtube.com/watch?v=pSNkq83bzi8**.

1.3 Gekrümmte Kurven & Topologie

Kommen wir jetzt auf die Kreislinie selbst zu sprechen. Sie ist eine gekrümmte Kurve, aber sie ist lokal einer geraden Linie ähnlich. Das sieht man deutlich, wenn man den Kreisradius sehr groß macht. Betrachten wir einmal eine Gerade, die den Kreis nur in einem einzigen Punkt berührt, man nennt sie eine **Tangente**. (Eine Schnittlinie mit zwei Schnittpunkten nennt man **Sekante**.) Eine solche Tangente an den Kreis gibt es in jedem Kreispunkt, und man nennt eine solche gekrümmte Kurve eine **glatte Kurve**. Eine weitere Gerade in der Ebene durch unseren Kurvenpunkt ist die **Normale**, die mit der Tangente einen rechten Winkel bildet, also auf ihr senkrecht steht. Für eine Kreiskurve ist das eine Gerade durch den Kreismittelpunkt.

Die **Tangente** an eine Kurve $y = f(x)$ in einem Punkt ist also eine Gerade $y = mx + n$, die die Kurve in einem Punkt (x_0, y_0) berührt, sie aber nicht schneidet. Die Tangente muss also dort die gleiche Steigung haben wie unsere Kurve. Diese Steigung findet man mithilfe der **Differentialrechnung** als die **Ableitung** $f'(x) = \mathrm{d}f/\mathrm{d}x$ an dem Berührungspunkt x_0, natürlich nur dann, wenn die Funktion dort differenzierbar ist. Damit erhalten wir in der Punktsteigungsform der Geraden (siehe Seite 4) die Formeln

$$y = f'(x_0)\big(x - x_0\big) + y_0 \text{ (Tangente)} \quad \text{und} \quad y = -\frac{1}{f'(x_0)}\big(x - x_0\big) + y_0 \text{ (Normale)}\,.$$

Oft aber führt die einfache Beschreibung einer Kurve als $y = y(x)$ zu Problemen. Schon bei einem Kreis mit Radius r um den Nullpunkt müssten wir schreiben

$$y = \pm\sqrt{r^2 - x^2}$$

und dann erklären, dass dies nur für $-r \le x \le +r$ gilt und welches Vorzeichen zu nehmen ist. Besser ist es in vielen Fällen, eine **Parameterdarstellung** zu verwenden. Dabei definieren wir einen Parameter, nennen wir ihn φ, als eine reelle Zahl, die einen bestimmten Wertebereich durchläuft, und schreiben $x = x(\varphi)$ und $y = y(\varphi)$.

Für einen Kreis mit Radius r um den Koordinatenursprung wäre das

$$x = r\cos\varphi\,, \quad y = r\sin\varphi\,.$$

Dabei ist φ der Polarwinkel im Bogenmaß (siehe Seite 193). Welche Kurve ergibt sich, wenn in unserer Kreisformel der Parameter r nicht konstant ist, sondern wie $r = c\varphi$ mit $c > 0$ und $0 \leq \varphi < \infty$ anwächst? Richtig, es ist eine **Spirale**, wie im Bild 1.16 zu sehen, genauer eine **Archimedische Spirale**.

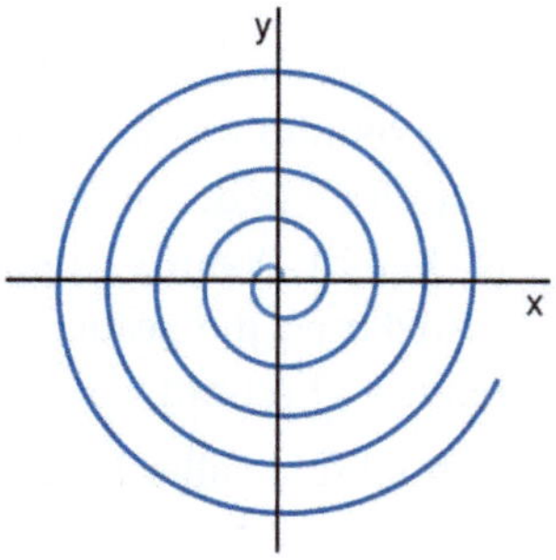

Bild 1.16 Archimedische Spiralkurve

Die Fläche eines **Kreisrings**, also die Fläche zwischen zwei Kreisen mit gleichem Mittelpunkt, aber unterschiedlichen Radien $r_1 < r_2$, können wir inzwischen leicht berechnen. Aber wir wollen stattdessen auf eine andere Eigenschaft von Flächen schauen. Die Kreisringfläche ist **zusammenhängend**, oder genauer wegzusammenhängend, denn man kann zwei beliebige Punkte der Fläche miteinander verbinden durch einen Weg, der ganz in der Ringfläche verläuft. Die Ringfläche ist aber nicht **einfach zusammenhängend**. Das wäre der Fall, wenn man jede geschlossene Kurve innerhalb der Fläche auf einen Punkt zusammenziehen könnte. Eine volle Kreisfläche ist also einfach zusammenhängend. Bei einem Kreisring aus konzentrischen Kreisen mit Radien $r_1 < r_2$ lässt sich aber beispielsweise ein Kreis mit gleichem Mittelpunkt und einem Radius, der zwischen r_1 und r_2 liegt, nicht in einen Punkt zusammenziehen. Mehr über solche Fragen findet man unter dem Schlagwort **Topologie** und wir werden im folgenden Kapitel noch näher darauf eingehen.

Kurvenkrümmung

Das Bild 1.16 zeigt eine Spiralkurve, genauer eine **Archimedische Spirale**. Dies ist eine gekrümmte Kurve, deren Krümmung mit größer werdendem Abstand vom Zentrum offensichtlich abnimmt. Schön wäre es, wenn wir für eine solche gekrümmte Kurve ein Maß für die **Krümmung** hätten, angelehnt an die Krümmung eines Kreises auf Seite 13. Dies ermöglicht der **Krümmungsradius** ρ (gesprochen „rho"), der Radius eines Kreises mit Mittelpunkt auf der Normalen, der sich der Kurve am besten annähert. (Das erfordert aber *nicht*, dass er die Kurve nur berührt, aber nicht schneidet!)

Der Krümmungskreis der Kurve $y = f(x)$ in einem Punkt ist der Kreis, für den dort Funktionswert und die ersten beiden Ableitungen übereinstimmen. Die **Krümmung** k der Kurve ist dann der Kehrwert des Krümmungsradius: $k = 1/\rho$. Formeln zur Bestimmung dieser Größen findet man bei Wikipedia unter dem Schlagwort **Krümmungskreis** oder unter **http://www.tm-mathe.de/Themen/html/kruemmung.html**. Eine wichtige Rolle spielt der Krümmungskreis in der Mechanik, denn bei der Bewegung einer Masse m mit Bahngeschwindigkeit v längs einer Kurve ist die **Zentrifugalkraft** gleich mv^2/ρ mit dem Krümmungsradius ρ der Bahnkurve.

Es ist auch möglich und eventuell anschaulicher, den Krümmungskreis über eine **Drei-Punkte-Methode** zu definieren. Dazu betrachten wir zusätzlich zu dem uns interessierenden Kurvenpunkt zwei benachbarte Punkte der Kurve. Durch diese drei Punkte gibt es genau einen Kreis, dessen Berechnung auf Seite 8 beschrieben ist. Wenn wir den Abstand der beiden Nachbarpunkte gegen null gehen lassen, wird daraus der gesuchte Krümmungskreis. Mehr zu diesem Thema findet man im folgenden Abschnitt.

Unter der **Evolute** einer Kurve versteht man die Ortslinie der Mittelpunkte aller Krümmungskreise. Ein einfaches Beispiel zur Berechnung einer Evolute auf diese Weise liefert die Parabel $y = x^2$. Wie auf der Wikipedia-Seite zur **Evolute** zu finden, ist sie gleich der Kurve

$$y = \frac{1}{2} + 3\left(\frac{x}{4}\right)^{2/3} \qquad \text{Parabelevolute}\,.$$

Eine Herleitung dieser Gleichung findet man auf der Webseite zur **Evolute**, oder, vielleicht einfacher, auf Seite 48.

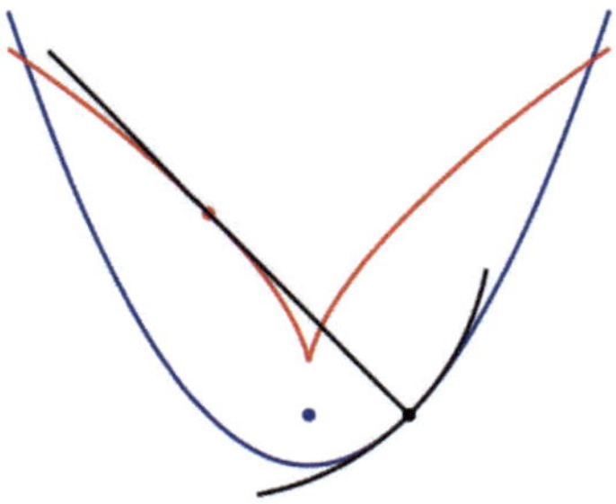

Bild 1.17 Parabel mit ihrer Evolute, der Ortslinie der Mittelpunkte ihrer Krümmungskreise.

Diese Parabelevolute zeigt das Bild 1.17. Sie ist charakterisiert durch eine nach unten gerichtete Spitze bei $x = 0$, $y = \frac{1}{2}$. (Das ist *nicht* der **Brennpunkt der Parabel**, der Punkt, in den ein senkrecht von oben einfallendes Strahlenbündel fokussiert wird. Der liegt bei $x = 0$, $y = \frac{1}{4}$ und ist im Bild durch einen Punkt markiert.) Die Normalen der Parabel sind Tangenten der Evolute, was weiter unten auf Seite 20 näher begründet wird.

Geschlossene Kurven

Eine Kreisfläche wird berandet durch die Kreiskurve, eine **geschlossene Kurve** in der Ebene. Wir wollen uns in diesem Abschnitt mit einigen interessanten Eigenschaften solcher Kurven befassen. Damit wir nicht zu viele Probleme bekommen, wollen wir annehmen, dass diese Kurven ganz im Endlichen verlaufen, glatt sind, einfach geschlossen (sie schneiden sich nicht selbst), und konvex (jede Gerade schneidet die Kurve in höchstens zwei Punkten). Es handelt sich dann also um eine deformierte Kreiskurve, ein Oval, oder eine Eikurve. Ein bekanntes Beispiel einer solchen Kurve ist die **Ellipse**, die sich in kartesischen Koordinaten x und y darstellen lässt als

$$\frac{x^2}{a^2} + \frac{y^2}{b^2} = 1\,, \text{ oder in Parameterform } x(\varphi) = a\cos\varphi\,,\ y(\varphi) = b\sin\varphi\,, 0 \le \varphi < 2\pi\,.$$

Für $a = b$ wird sie zu einem Kreis, für $b < a$ ist sie abgeflacht mit der großen Halbachse a und der kleinen Halbachse b. Auf der x-Achse liegen dann die **Brennpunkte der Ellipse** bei $\pm e$. Dabei ist e die **Exzentrizität** mit $e^2 = a^2 - b^2$ und $\varepsilon = e/a$ bezeichnet man als die **numerische Exzentrizität**. Der Name Brennpunkt stammt daher, dass jeder Lichtstrahl, der von einem Brennpunkt ausgeht, von einer spiegelnden elliptischen Randkurve in den anderen reflektiert wird, genau wie eine Punktmasse von einer harten Randkurve. (Mehr zu solchen **Billards** auf Seite 41.) Die Ellipse hat, außer ihrer offensichtlichen doppelten Spiegelsymmetrie, noch unzählig viele geheimnisvolle geometrische Eigenschaften und ist daher ein völlig untypisches Beispiel für unsere Eikurven. Allerdings zieht man sie oft heran, weil sich hierfür viele Berechnungen explizit ausführen lassen.

Wenn wir den Ursprung unseres Koordinatensystems im Inneren unserer Kurve wählen, dann können wir, wie schon bei dem Kreis, die Kurve in Polarkoordinaten angeben und die Krümmung k der Kurve jedem Punkt mit den auf der Wikipedia-Seite zur **Krümmung** angegebenen Formeln berechnen, sowie den Radius $\rho = 1/k$ des Krümmungskreises. Der Mittelpunkt des Krümmungskreises liegt dann auf der Normalen im Abstand ρ.

Zu einer bequemen *numerischen* Berechnung der Evolute einer Kurve $r = r(\varphi)$ in Polarkoordinaten bietet sich die oben beschriebene Drei-Punkte-Methode an, das heißt, wir wählen eine kleine Winkeldifferenz $\Delta\varphi$ und berechnen mit der auf Seite 8 beschriebenen Technik den Kreis durch die drei Punkte $r(\varphi)$ und $r(\varphi \pm \Delta\varphi)$. Für hinreichend kleines $\Delta\varphi$ ist dies (näherungsweise) der gesuchte Krümmungskreis.

Wir beginnen mit einer Ellipse. Links im Bild 1.18 sieht man eine solche Kurve mit einer großen und kleinen Halbachse $a = 10$ und $b = 6$. Eingezeichnet ist die (numerisch) berechnete Evolute, die man für die Ellipse auch in geschlossener Form angeben kann als

$$(ax)^{2/3} + (by)^{2/3} = (a^2 - b^2)^{2/3}\,.$$

Diese Sternkurve (siehe die Bemerkung auf Seite 50 zu ihrer Herleitung) mit den vier Spitzen (engl. „Cusps") bezeichnet man auch als eine (schiefe) **Astroide**. Um Missverständnissen zuvorzukommen: Die Spitzen auf der großen Halbachse liegen *nicht* in den Brennpunkten $x = \pm e$ (eingezeichnete Punkte), sondern bei $x_\pm = \pm\,\varepsilon\, e$ mit der numerischen Exzentriztät $\varepsilon = e/a$. Die Spitzen auf der kleinen Halbachse liegen bei $y_\pm = \pm \varepsilon\, e/\sqrt{1-\varepsilon^2}$.

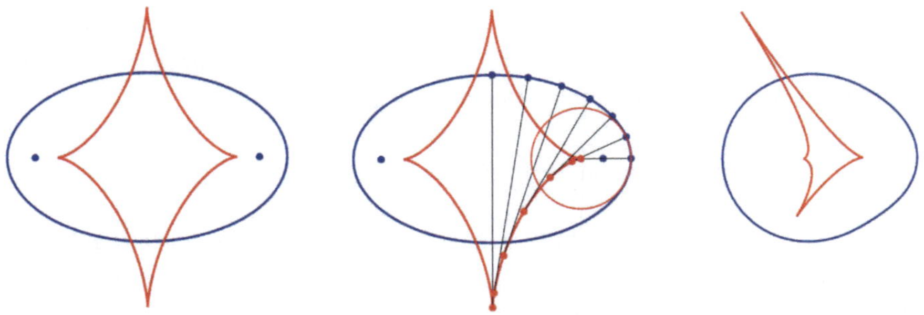

Bild 1.18 Links: Ellipse mit ihrer Evolute und den beiden Brennpunkten. Mitte: zusätzlich mit einigen Normalen und einem Krümmungskreis. Rechts: eine unsymmetrische Randkurve mit ihrer Evolute.

Das mittlere Bild zeigt einige zusätzliche Linien, die das Zustandekommen der Evolute illustrieren. Dabei sind für sieben φ-Werte zwischen 0 und $\pi/2$ die Kurvenpunkte mit den zugehörigen Evolutenpunkten (auf dem gegenüberliegenden Bogen der Evolute) durch Geraden verbunden, also durch die Normalen. Für $\varphi = 0$ ist auch der Krümmungskreis eingezeichnet. Wenn also die Ellipsenkurve gegen den Uhrzeigersinn durchlaufen wird, bewegen sich die Evolutenpunkte im Uhrzeigersinn. Die Kurvenpunkte maximaler oder minimaler Krümmung nennt man **Scheitel**. Die Spitzen der Evolute liegen den Scheitelpunkten gegenüber, an den Stellen maximaler Krümmung sind sie zur Kurve hin gerichtet, an denen minimaler Krümmung von ihr weg. Da es zu jedem Kurvenpunkt nur einen einzigen Krümmungskreis gibt, können die Normalen der Kurve den (zugehörigen) Evolutenbogen nicht schneiden. Sie sind also Tangenten der Evolute, die man daher als **Einhüllende** oder „Enveloppe" der Normalenschar unserer Kurve betrachten kann.

Das rechte Bild zeigt schließlich die Evolute einer Randkurve, bei der *keine* Symmetrie vorliegt. Auch hier finden wir wieder vier Spitzen. Eine geschlossene Kurve hat immer zwei Scheitel, denn die Krümmung wird auf der Kurve mindestens ein Mal maximal und minimal. Es gibt aber nach dem **Vierscheitelsatz** mindestens *vier* solche Scheitelpunkte, also auch vier Spitzen der Evolute.

Tangente, Stützgerade und Kurvendicke: Die **Tangente** einer Kurve ist eine Gerade, die die Kurve in einem Punkt berührt, aber nicht schneidet. Bei unserer glatten und konvexen geschlossenen Kurve gibt es in jedem Punkt eine solche Tangente, und sie hat mit der (konvexen!) Kurve nur diesen einen Punkt gemeinsam.

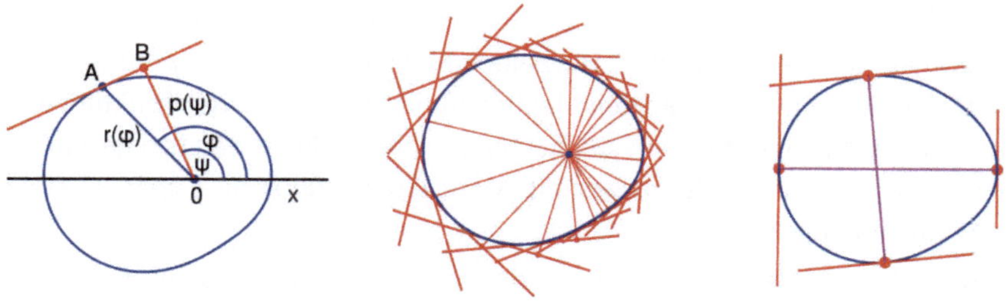

Bild 1.19 Links: Tangente an die Kurve $r(\varphi)$ und Stütze $p(\psi)$. Mitte: Aus der Stützfunktion $p(\psi)$ lässt sich die Tangentenschar konstruieren. Rechts: Dicke $d(\varphi)$ als Abstand zweier paralleler Tangenten.

Wir beschreiben unsere Kurve in Polarkoordinaten durch die Entfernung $r(\varphi)$ eines Kurvenpunkts A von einem Koordinatenursprung O im Inneren der Kurve. Eine Senkrechte vom Ursprung auf die Tangente in A hat einen Abstand p vom Ursprung und bildet mit der x-Achse einen Winkel ψ (gesprochen „psi"), wie im linken Bild 1.19 gezeigt. Man bezeichnet die Funktion $p(\psi)$ als **Stützfunktion**. Sie bestimmt die Kurve $r(\varphi)$ vollständig, beispielsweise kann man aus ihr die Tangenten konstruieren, und die Tangentenschar liefert dann als **Einhüllende** die Kurve $r(\varphi)$, wie im mittleren Bild illustriert.

Zwischen der Kurvenkrümmung $k = 1/\rho$, dem Richtungswinkel $\alpha = \psi - \pi/2$ der Tangente und der Bogenlänge s der Kurve besteht der Zusammenhang

$$k = \frac{d\psi}{ds} \quad \text{mit} \quad \oint k(s)\,ds = 2\pi\,,$$

wobei das Symbol $\oint$ eine Integration um einen vollständigen Umlauf beschreibt. Die Krümmung ist also die Änderung der Tangentenrichtung mit der Bogenlänge, eigentlich eine direkt einleuchtende Beziehung, aber wir wollen sie dennoch begründen.

Dazu ersetzen wir in der Umgebung des Kurvenpunkts die Kurve näherungsweise durch den Krümmungskreis mit Radius ρ, den wir wie üblich durch einen Winkel φ parametrisieren. Dann ist die Änderung $\Delta\alpha$ des Richtungswinkels der Tangente näherungsweise gleich der Änderung der Richtung der Normalen, also gleich $\Delta\varphi$, und die Formel für den Bogenlänge $\Delta s = \rho\Delta\varphi = \rho\Delta\alpha$ liefert mit $k = \frac{1}{\rho} = \frac{\Delta\varphi}{\Delta s}$ im Grenzfall kleiner Größen die gesuchte Beziehung,

Bei einem vollständigen Umlauf der Kurve ändert sich der Richtungswinkel der Tangente um 2π. Wenn wir die Kurve durch ihre Bogenlänge s parametrisieren, dann finden wir mit $2\pi = \oint d\psi = \oint k(s)\,ds$ die zweite oben angegebene Formel.

Es ist auch interessant, die **Dicke** $d(\varphi)$ der Kurve zu betrachten. Darunter versteht man den Abstand einer Tangente im Punkt $r(\varphi)$ von der parallelen Geraden, die die andere Seite der Kurve in einem Punkt $r(\varphi')$ berührt. Hier erweist sich die Stützfunktion als sehr nützlich, denn man überlegt sich leicht, dass die Dicke durch die Stützfunktionen ausgedrückt werden kann als $d(\varphi) = d(\varphi') = p(\psi) + p(\psi')$, wobei die beiden Stützwinkel durch $\psi + \psi' = \pi$ verknüpft sind. Die beiden Normalen bei φ und φ' stimmen im Allgemeinen *nicht* überein, außer an den Maxima und Minima der Dickefunktion $d(\varphi)$. Es lässt sich zeigen, dass dann jeweils die beiden Berührpunkte diametral gegenüber liegen. Dies wird im rechten Bild dargestellt. Mehr dazu erfährt man später bei der Billard-Dynamik auf Seite 41.

Bei einer Ellipse ist natürlich die Situation aufgrund der Symmetrie sehr einfach, die maximale Dicke ist die doppelte große Halbachse, die minimale die doppelte kleine Halbachse. Besonders bemerkenswert ist der Kreis. Hier ist die Dicke konstant gleich dem Durchmesser. Allerdings ist der Kreis nicht die einzige Kurve mit dieser Eigenschaft und es lohnt sich, wenn wir uns etwas eingehender damit beschäftigen.

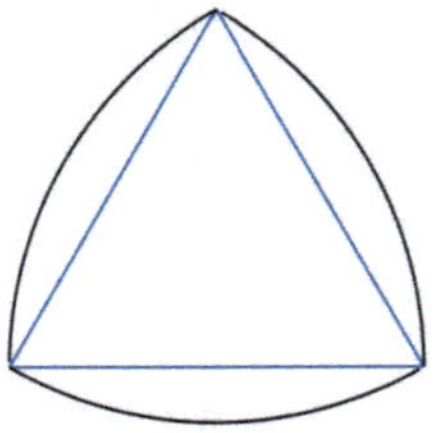

Bild 1.20 Zwei Gleichdicke: ein Reuleaux-Dreieck (links) und eine britische 20-Pence-Münze (rechts).

Betrachten wir einmal die Kurve links im Bild 1.20. Sie entsteht aus einem gleichseitigen Dreieck mit Seitenlänge d, bei dem jede Seite durch den Bogen eines Kreises mit Radius d um den gegenüberliegenden Eckpunkt ersetzt wird. Dieses sogenannte **Reuleaux-Dreieck** ist nicht glatt (wegen der Spitzen an den Eckpunkten), hat aber offenbar an jedem Punkt die Dicke d. Sie ist, außer dem Kreis, das einfachste Beispiel für ein solches **Gleichdick**.

Für das Reuleaux-Dreieck sollte man auch den Umfang als $U = \pi d$ berechnen und die Fläche als $F = \frac{1}{2}(\pi - \sqrt{3})d^2 \approx 0{,}705\, d^2$. (Antwort Seite 201)

Der Umfang ist gleich dem eines Kreises mit Durchmesser d, aber die Fläche ist kleiner als die Kreisfläche $\pi d^2/4 \approx 0{,}785\, d^2$, also um etwa zehn Prozent.

Neben diesen Kurven existieren noch viele andere **Gleichdicke**. Beispielsweise regelmäßige Vielecke, bei denen die geraden Seitenlinien wie bei dem Reuleaux-Dreieck durch Kreisbögen ersetzt sind oder die Ecken abgerundet sind. Sie finden auch praktische Anwendungen: Eine Form, die dem Reuleaux-Dreieck sehr ähnelt, findet bei dem **Wankel-Motor** oder bei der Produktion von Münzen, die überall den gleichen Durchmesser haben, also in Münzautomaten verwendet werden können, aber ein geringeres Gewicht haben als eine kreisrunde Münze. Ein Beispiel ist die britische 20-Pence-Münze rechts im Bild 1.20.

Auch die Konstruktion eines Bohrers, der quadratische Löcher erzeugt, ist möglich. Dazu muss man sich vorstellen, dass ein Reuleaux-Dreieck mit Dicke d in einem Quadrat gleicher Seitenlänge rotieren kann, genau wie ein Kreis mit diesem Durchmesser. Im Gegensatz dazu wandern aber die Berührpunkte fast über die gesamten Quadratseiten und der Mittelpunkt rotiert auf einer Kurve um den Quadratmittelpunkt. Wenn man nun einen Bohrkopf, eigentlich eine Fräse, so formt, wie das Reuleaux-Dreieck und seinen Mittelpunkt um den Bohrermittelpunkt rotieren lässt, dann wird dabei ein Loch erzeugt in der Form eines Quadrats mit abgerundeten Ecken.

1.4 Kreis- & winkeltreue Abbildungen

Eine **winkeltreue** Abbildung der Ebene auf sich selbst bildet Winkel auf gleich große Winkel ab. Man bezeichnet sie auch als **konforme Abbildung**. Eine **kreistreue** Abbildung bildet Kreise in Kreise ab. Triviale Beispiele für kreis- und winkeltreue Abbildungen sind die Identität, die Translation und die Drehung. Ihre mathematische Beschreibung vereinfacht sich wesentlich, wenn wir zu komplexen Zahlen $\mathbb{C}$ übergehen (siehe Seite 194) und bequemerweise die komplexe Ebene durch einen unendlich fernen Punkt ∞ ergänzen, gekennzeichnet durch das **Unendlich-Symbol**, das schon 1655 von dem englischen Mathematiker John Wallis eingeführt wurde. In dieser „kompaktifizierten“ komplexen Ebene $\mathbb{C}^* = \mathbb{C} \cup \{\infty\}$ mit den zusätzlichen Rechenregeln

$$z + \infty = \infty\,, \quad z \cdot \infty = \infty \;\; (z \neq 0)\,, \quad z/\infty = 0$$

($0 \cdot \infty$ und $\infty \pm \infty$ lassen sich nicht sinnvoll definieren) werden Kreise und Geraden auch als *verallgemeinerte Kreise* bezeichnet und wir können so die Abbildungseigenschaften einfacher formulieren. Klarer wird das Ganze im dreidimensionalen Raum durch die stereografische Abbildung auf Seite 82.

Die Möbius-Transformation

Ein recht einfaches Beispiel soll diese Abbildungseigenschaften illustrieren. Die komplexe Abbildung $z \to w = 1/z$ (eine **Inversion**) mit $z = x + \mathrm{i}y$ (x, y reell) bildet sowohl die reelle Achse als auch die imaginäre Achse auf sich selbst ab. Dabei wird der Nullpunkt $z = 0$ auf $w = \infty$ abgebildet und die positive imaginäre Achse $z = \mathrm{i}y$ auf die negative $w = 1/\mathrm{i}y = -\mathrm{i}/y$ und umgekehrt. Die Kreistreue der Abbildung wollen wir hier nicht explizit bestätigen, aber wir betrachten wenigstens ein Beispiel:

Durch eine kleine Rechnung können wir zeigen, dass eine Gerade $z = x + \mathrm{i}h$ mit einem festem Wert von $h \in \mathbb{R}$ und variablem $x \in \mathbb{R}$ auf einen Kreis um $w_0 = -\mathrm{i}/2h$ mit Radius $1/2h$ abgebildet wird. Die Abbildung lautet dann mit $\mathrm{i}^2 = -1$

$$w = \frac{1}{z} = \frac{1}{x + \mathrm{i}h} = \frac{x - \mathrm{i}h}{(x + \mathrm{i}h)(x - \mathrm{i}h)} = \frac{x - \mathrm{i}h}{x^2 + h^2}\,.$$

Wir subtrahieren den vermuteten Mittelpunkt w_0 und formen den Rest um:

$$w - w_0 = \frac{x - \mathrm{i}h}{x^2 + h^2} + \frac{\mathrm{i}}{2h} = \frac{2h(x - \mathrm{i}h) + \mathrm{i}(x^2 + h^2)}{2h(x^2 + h^2)}$$
$$= \frac{2hx - \mathrm{i}h^2 + \mathrm{i}x^2}{2h(x^2 + h^2)} = \frac{\mathrm{i}\,(x - \mathrm{i}h)^2}{2h(x^2 + h^2)} .$$

Mit $|(x - \mathrm{i}h)^2| = (x - \mathrm{i}h)(x + \mathrm{i}h) = x^2 + h^2$ erhalten wir $|w - w_0| = 1/2h$, das heißt, die Punkte liegen auf einem Kreis um $w_0 = -\mathrm{i}/2h$ mit Radius $1/2h$.

Mit diesem Beispiel ist natürlich nicht die allgemeine Kreistreue der Inversion gezeigt, aber diese Rechnerei können wir uns ersparen, denn ein Beweis ist in der dreidimensionalen Welt wesentlich einfacher mithilfe der stereografischen Projektion und wird auf Seite 85 nachgeholt.

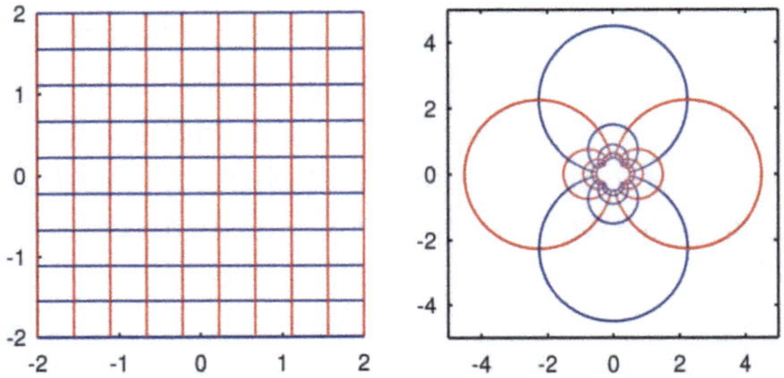

Bild 1.21 Koordinatengitter und sein Bild unter der Inversion $z \longrightarrow 1/z$.

Zur Veranschaulichung dieser Inversion zeigt das Bild 1.21 die Abbildung eines Teils des Koordinatengitters. Eine Gerade parallel zur reellen Achse im Abstand ih wird in einen Kreis mit Radius $1/2h$ um den Mittelpunkt $-\mathrm{i}/2h$ abgebildet, eine Gerade parallel zur imaginären Achse im Abstand ih in einen Kreis mit Radius $1/2h$ um den Mittelpunkt $1/2h$. Weiter außen liegende Koordinatengeraden werden auf Kreislinien im Inneren der Kreise abgebildet. Alle Kreise schneiden sich in rechten Winkeln, genau wie die Geraden im Koordinatennetz.

Wenn man die Inversion eine weiteres Mal durchführt, dann ergibt sich die identische Abbildung. Sie ist also ihre eigene Inverse.

Die Abbildung $z \longrightarrow 1/z$ ist ein Vertreter der größeren Klasse von Transformationen, den **Möbius-Transformationen** $M\colon \mathbb{C}^* \longrightarrow \mathbb{C}^*$ (siehe Seite 23), gegeben durch

$$M(z) = \frac{az + b}{cz + d} \quad \text{für} \quad z \neq -\frac{d}{c} \quad \text{mit} \quad a, b, c, d \in \mathbb{C}, \quad ad - bc \neq 0$$

und $M(-\frac{d}{c}) = \infty$ sowie $M(\infty) = \frac{a}{c}$ für $c \neq 0$. Die Transformation $z' = M(z)$ ist **bijektiv**[2] und hat für $c \neq 0$ die Umkehrabbildung

$$M^{-1}(z') = \frac{dz' - b}{-cz' + a} \quad \text{für} \quad z' \neq \frac{a}{c} \in \mathbb{C} \quad \text{und} \quad M^{-1}\Big(\frac{a}{c}\Big) = \infty\,, \; M^{-1}(\infty) = -\frac{d}{c}\,.$$

2 Also eindeutig, umkehrbar mit eindeutiger Umkehrabbildung. Man sagt auch „eineindeutig“.

Das prüfen wir kurz nach und berechnen für $z \in \mathbb{C}^*$

$$M^{-1}\big(M(z)\big) = \frac{d\,\frac{az+b}{cz+d} - b}{-c\,\frac{az+b}{cz+d} + a} = \frac{d\,(az+b) - b(cz+d)}{-c\,(az+b) + a(cz+d)}$$
$$= \frac{(ad-bc)z + bd - bd}{(ac-ac)z + ad - cb} = \frac{(ad-bc)z}{ad-cb} = z$$

und $M^{-1}\big(M(\infty)\big) = M^{-1}\left(\frac{a}{c}\right) = \infty$.

Ganz allgemein ist die Hintereinanderschaltung zweier Möbius-Transformationen $z' = \frac{az+b}{cz+d}$ und $z'' = \frac{a'z'+b'}{c'z'+d'}$ wieder eine Möbius-Transformation.

Das sieht man ein, wenn man genauso rechnet wie oben:

$$z'' = \frac{a'z' + b'}{c'z' + d'} = \frac{a'\,\frac{az+b}{cz+d} + b'}{c'\,\frac{az+b}{cz+d} + d'}$$
$$= \frac{a'\,(az+b) + b'(cz+d)}{c'\,(az+b) + d'(cz+d)} = \frac{(a'a + b'c)z + a'b + b'd}{(c'a + d'c)z + c'b + d'd} = \frac{a''z + b''}{c''z + d''}\,.$$

Wir überprüfen noch die Bedingung für die Koeffizienten mit etwas Rechnerei:

$$a''d'' - b''c'' = (a'a + b'c)(c'b + d'd) - (a'b + b'd)(c'a + d'c)$$
$$= a'c'ab + a'd'ad + b'c'bc + b'd'cd - a'c'ab - a'd'bc - b'c'ad - b'd'cd$$
$$= a'd'ad + b'c'bc - a'd'bc - b'c'ad = a'd'(ad-bc) + b'c'(bc-ad)$$
$$= (a'd' - b'c')(ad-bc) \neq 0 \quad \text{da} \quad a'd' - b'c' \neq 0 \quad \text{und} \quad ad - bc \neq 0\,.$$

Der Fall $c = 0$, der oben ausgeschlossen wurde, ist trivial, denn dann ist $d \neq 0$ (da $ad - bc \neq 0$) und die Transformation $M(z)$ ist linear.

Die Möbius-Transformationen haben also die mathematische Struktur einer **Gruppe**, denn die Hintereinanderschaltung zweier solcher Transformationen ist wieder eine Möbius-Transformation, genau wie die Identität und die inverse Transformation.

Oft *normiert* man die Transformation, das heißt, man wählt die Parameter so, dass gilt $ad - bc = 1$. Diese Eigenschaft bleibt bei der Hintereinanderschaltung normierter Transformationen erhalten.

Es ist aufschlussreich, die allgemeine Möbius-Transformation in eine Aufeinanderfolge elementarer Transformationen zu zerlegen, nämlich in die Elementartypen

- **Verschiebung:** Die Abbildung V_b mit $z \to z + b$ verschiebt alle Punkte z um die komplexe Zahl b.
- **Drehstreckung:** Die Abbildung D_a mit $z \to a\,z$ und $a = |a|\,e^{i\alpha}$ ist eine Streckung um den Faktor $|a|$, kombiniert mit einer Drehung um den Winkel α.
- **Inversion:** Die Abbildung $z \to 1/z$, die Inversion I, haben wir ja schon auf Seite 23 beschrieben.

Alle diese Elementartransformationen sind kreis- und winkeltreu. Jetzt wollen wir zeigen, dass man die allgemeine Möbius-Transformation $z \longrightarrow \frac{az+b}{cz+d}$ durch eine Folge dieser Elementartransformationen darstellen kann. Dazu schreiben wir die Transformation zunächst ein wenig um:

Für $c \neq 0$ und mit $u = b - \frac{ad}{c}$ gilt

$$\frac{a}{c} + \frac{u}{cz+d} = \frac{a(cz+d) + uc}{c(cz+d)} = \frac{az + \frac{ad}{c} + bc - \frac{ad}{c}}{cz+d} = \frac{az+b}{cz+d}\,.$$

Damit können wir durch eine Abfolge von fünf Elementartransformationen die allgemeine Möbius-Transformation erzeugen:

$$z \xrightarrow{D_c} cz \xrightarrow{V_d} cz + d \xrightarrow{I} \frac{1}{cz+d} \xrightarrow{D_u} \frac{u}{cz+d} \xrightarrow{V_{a/c}} \frac{a}{c} + \frac{u}{cz+d} = \frac{az+b}{cz+d}\,.$$

Zu klären ist noch der Fall $c = 0$. Das führt aber zu keinem Problem, denn man kann mit $(az + b)/d = (a/d)z + b/d$ die Möbius-Transformation aus zwei Elementartransformationen aufbauen:

$$z \xrightarrow{D_{a/d}} \frac{a}{d}z \xrightarrow{V_{b/d}} \frac{a}{d}z + \frac{b}{d} = \frac{az+b}{d}\,.$$

Da alle Elementartransformationen kreis- und winkeltreu sind, gilt dies auch für die allgemeine Transformation.

Man sollte auch noch wissen, dass eine Möbius-Transformation $w = M(z)$ festgelegt werden kann durch die Angabe dreier Punkte z_1, z_2, z_3 und ihrer Bildpunkte w_1, w_2, w_3. Zunächst erinnern wir uns daran, dass wir schon auf Seite 8 durch drei Punkte einen Kreis festgelegt haben. (Kritische Bemerkungen, dass aber eine Gerade durch nur zwei Punkte bestimmt ist, laufen ins Leere, denn eine Gerade ist ein (verallgemeinerter) Kreis durch den Punkt Unendlich, und wir haben auch hier drei Punkte.) Also liegen die beiden Kreise in der Urbild- und Bildebene fest. Es muss dann noch gezeigt werde, dass (und wie) man die passenden Parameter der Möbius-Transformation erhalten kann. Mehr dazu findet man auf der Wikipedia-Seite zu den **Möbius-Transformationen**.

Als ein **Beispiel** für eine Möbius-Transformation betrachten wir die Abbildung $T(z)$ von $z \in \mathbb{C}^*$, definiert durch

$$w = T(z) = \frac{z+p}{-z+p}\,,\ p \in \mathbb{R}\,, \quad \text{mit der Inversen} \quad z = T^{-1}(w) = p\,\frac{w-1}{w+1}\,,$$

wobei wir die Formel für die Inverse sicherheitshalber nachprüfen sollten! Zunächst notieren wir (da $T(z^*) = T^*(z)$), dass die reelle z-Achse auf die reelle w-Achse abgebildet wird, und dass Punkte, die symmetrisch zur reellen Achse liegen, auf ebensolche abgebildet werden. Wir berechnen noch die Abbildung einiger spezieller reeller Punkte, nämlich

$$p \to \infty\,,\ \ -p \to 0\,,\ 0 \to 1\,,\ \infty \to -1\,,\ 3p \to -2\,,\ \tfrac{p}{3} \to 2\,,\ \ -3p \to -\tfrac{1}{2}\,,\ \ -\tfrac{p}{3} \to \tfrac{1}{2}\,.$$

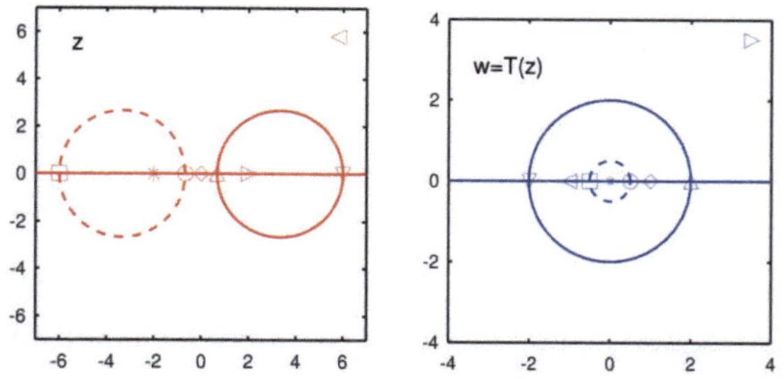

Bild 1.22 Abbildung unter der Moebius-Transformation $w = T(z)$.

Das Bild 1.22 zeigt für $p = 2$ die Abbildung dieser Punkte. Zusätzlich sieht man auch die Abbildung zweier Kreise um die Mittelpunkte $z_0 = \pm\frac{5}{3}p$ mit gleichem Radius $r = \frac{4}{3}p$. Das linke Bild zeigt die z-Ebene und das rechte die w-Ebene mit $w = T(z)$. Dabei werden die beiden gleich großen nebeneinander liegenden z-Kreise in zwei konzentrische Kreise um den Ursprung mit unterschiedlichen Radien abgebildet. Das Bild der gesamten Ebene außerhalb der beiden Kreise in der z-Ebene ist der Kreisring zwischen den beiden Kreisen im rechten Bild. Also wird das Innere des gestrichelten Kreises links auf das Innere des kleineren Kreises rechts abgebildet und das Innere des rechten Kreises auf den Außenraum des größeren Kreises im rechten Bild.

Hier sei zum Abschluss noch darauf hingewiesen, dass die Möbius-Transformation in der Elektrostatik angewandt wird. Mit ihrer Hilfe lässt sich beispielsweise eine Abbildung zwischen dem elektrischen Feld zweier stromdurchflossener paralleler Leiter und dem einfacheren Feld eines Zylinderkondensators konstruieren.

Spiegelung am Kreis

In der Ebene wird bei einer Spiegelung an einer Geraden jeder Punkt P auf einen Punkt P' auf der anderen Seite der Geraden so abgebildet, dass beide Punkte im gleichen Abstand auf einer Senkrechten zu dieser Geraden liegen. Dabei werden Geraden in Geraden abgebildet, Kreise in gleich große Kreise und auch Winkel bleiben gleich groß. Wenn man die Spiegelung zweimal nacheinander durchführt, erhält man die Ausgangspunkte zurück. Die Spiegelung ist also ihre eigene Inverse, sie ist *selbst-invers*. Die **Kreisspiegelung**, eine Abbildung der Ebene auf sich selbst, die das Äußere und das Innere eines gegebenen Kreises (Radius R, Mittelpunkt M) miteinander vertauscht, hat viele Eigenschaften der Spiegelung an einer Geraden, zeigt aber auch deutliche Unterschiede. Jeder Punkt P wird dabei auf einen Punkt P' abgebildet, der auf der

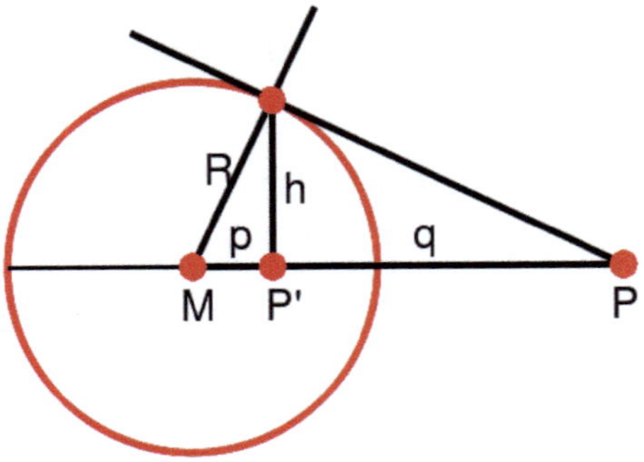

Bild 1.23 Kreisspiegelung $P \longrightarrow P'$ mit $p(p+q) = R^2$.

Geraden durch M und P liegt. Dabei muss das Produkt der Entfernung $\overline{MP'}$ des Bildpunkts P' vom M und der Entfernung $\overline{MP}$ des Punkts P von M den Wert R^2 haben. Mit den Bezeichnungen aus Bild 1.23 muss also gelten

$$\overline{MP'} \cdot \overline{MP} = p(p+q) = R^2 \,.$$

Der Bildpunkt P' lässt sich in einfacher Weise geometrisch konstruieren, wenn P außerhalb des Kreises liegt. In dem rechtwinkligen Dreieck aus der horizontalen Achse, der Tangente durch P und dem Radialstrahl gilt für die Höhe h nach dem **Höhensatz** und dem **Satz des Pythagoras** die Gleichung $h^2 = pq$ sowie $h^2 = R^2 - p^2$. Setzt man dies gleich, so erhält man die gesuchte Beziehung $R^2 = p^2 + pq = p(p+q)$.

Wenn man den Abstand von P vom Mittelpunkt M mit ρ bezeichnet und den von P' mit ρ', muss also gelten $\rho'\rho = R^2$. Dadurch wird einerseits P auf P' abgebildet und andererseits auch P' auf P. Die Kreisspiegelung ist also, wie die Spiegelung an einer Geraden, ihre eigene Inverse, sie ist *selbst-invers.*

Liegt P auf dem Spiegelungskreis, dann ist $P' = P$, liegt der Punkt P im Nullpunkt, wird er, wie oben schon beschrieben, auf ∞ abgebildet. Umgekehrt wird der Punkt ∞ durch die Kreisspiegelung auf den Mittelpunkt M abgebildet. Wenn der Radius des Spiegelkreises sehr groß wird, dann könnten wir vermuten, dass die Kreisspiegelung in die Spiegelung an einer Geraden übergeht:

Das sehen wir genauer in ein paar Zeilen. Nennen wir den Abstand der Punkte P und P' von dem Spiegelkreis g bzw. g'. Dann gilt für ihre Abstände vom Mittelpunkt $\overline{MP} = R + g$ und $\overline{MP'} = R - g'$. Die Produktformel wird dann zu

$$(R+g)(R-g') = R^2 + R(g-g') + gg' = R^2 \quad \text{oder} \quad R(g-g') + gg' = 0 \,.$$

Im Grenzfall $R \longrightarrow \infty$ ist das nur erfüllbar, wenn dann auch gilt $g' \longrightarrow g$, wie bei der Spiegelung an einer Geraden.

Trotz ihrer offensichtlichen Einfachheit hat diese Spiegelung am Kreis viele verblüffende Eigenschaften. Sie bildet beispielsweise jeden Kreis wieder auf einen Kreis ab, wobei wir Geraden als (verallgemeinerte) Kreise durch den Punkt ∞ betrachten, und sie bildet Winkel auf gleiche Winkel ab, sie ist also **kreistreu** und **winkeltreu**. Eine etwas genauere Untersuchung dieser Abbildung ist daher von Interesse. Dabei ist es wieder zweckmäßig, wenn wir von der reellen Ebene zu der komplexen z-Ebene übergehen. Bezeichnen wir den Mittelpunkt des Kreises, an dem gespiegelt wird, als z_0, dann lautet unsere Spiegelungsformel zwischen den Punkten z und z'

$$(z - z_0)(z' - z_0)^* = R^2 .$$

Wenn wir den linken Faktor als $z - z_0 = \rho e^{i\varphi}$ schreiben, dann muss, damit diese Bedingung erfüllt ist, $z' - z_0 = \rho' e^{i\varphi}$ gelten. Die komplexen Zahlen z_0, z und z' müssen also auf einer Linie liegen, und für die Abstände muss $\rho\rho' = R^2$ erfüllt sein.

Wir können auch nach z' auflösen und erhalten für die Spiegelung $I_K(z)$ am Kreis K die Formel

$$z' = I_K(z) = \frac{R^2}{z^* - z_0^*} + z_0 = \frac{z_0 z^* + R^2 - |z_0|^2}{z^* - z_0^*} .$$

Besonders einfach wird die Abbildung, wenn wir den Spiegelkreis als Einheitskreis C um den Nullpunkt wählen, Dann erhalten wir mit $R = 1$ und $z_0 = 0$

$$z' = I_C(z) = \frac{1}{z^*} ,$$

eine Abbildung, die man zerlegen in eine Inversion I mit $z' = I(z) = 1/z$ und eine komplexe Konjugation S_* mit $z' = S_*(z) = z^*$ (also eine Spiegelung an der reellen Achse) als

$$z \xrightarrow{S_*} z^* \xrightarrow{I} 1/z^* ,$$

wobei es hier auf die Reihenfolge der beiden Abbildungen nicht ankommt. Damit ist klar, dass die Abbildung $z' = I_C(z)$ kreis- und winkeltreu ist, da S_* und I diese Eigenschaften haben. Das Gleiche gilt auch für die allgemeine Kreisspiegelung $I_K(z)$, denn sie lässt sich, wie oben die Möbius-Transformation auf Seite 26, durch eine Folge kreis- und winkeltreuer Transformation aufbauen:

$$z \xrightarrow{V_{-z_0}} z - z_0 \xrightarrow{I} \frac{1}{z^* - z_0^*} \xrightarrow{D_{R^2}} \frac{R^2}{z^* - z_0^*} \xrightarrow{V_{z_0}} \frac{R^2}{z^* - z_0^*} + z_0 = I_K(z) .$$

Interessanterweise gibt es auch **Anwendungen der Kreisspiegelung** in Gebieten, in denen man dies nicht vermutet hätten. Hier ein klassisches Beispiel aus dem Maschinenbau:

Eine mechanische Realisierung der Kreisspiegelung findet man in der links im Bild 1.24 skizzierten Konstruktion, die auf den französischen Offizier **Peaucellier** zurückgeht, des sie 1864 vorstellte. Sie ermöglicht eine Überführung einer Kreisbewegung in eine geradlinige und umgekehrt. Die Konstruktion besteht aus vier gleich langen, mit Gelenken zu einer Raute verbundenen Stäben, die durch zwei längere, an gegenüberliegenden Gelenken befestigte Stäbe mit einem festen Punkt M verbunden sind. Der innen liegende Punkt P der Raute kann auf auf dem Teilstück einer Kreislinie bewegt werden, wobei der außen liegende Punkt P' einer Geraden folgt.

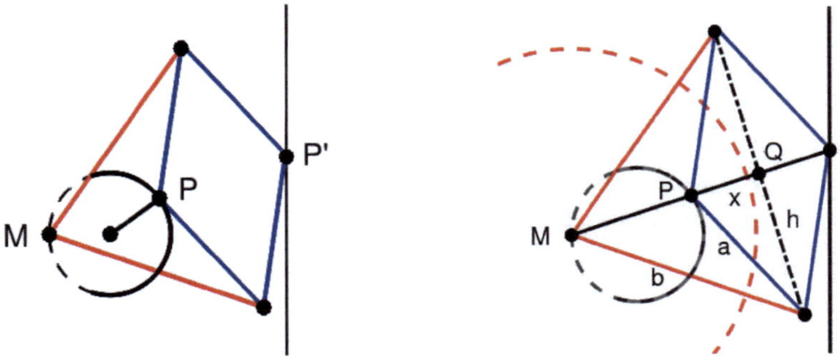

Bild 1.24 Links: mechanische Realisierung der Kreisspiegelung. Rechts: detaillierte Darstellung der mechanischen Konstruktion mit dem Spiegelkreis um M (gestrichelt).

Davon wollen wir uns überzeugen, indem wir zeigen, dass die Koordinaten von P und P' durch eine Kreisspiegelung verknüpft sind.

Die Punkte P und P' liegen auf einer vom Punkt M ausgehenden Geraden (siehe rechtes Bild). Auf dieser Geraden liegt auch der Punkt Q, der Schnittpunkt der Diagonalen der Raute mit den vier gleichlangen Seiten der Länge a. Wenn eine Kreisspiegelung vorliegen soll, dann muss das Produkt der Abstände $\overline{MP}$ und $\overline{MP'}$ der Punkte P und P' vom Mittelpunkt M konstant sein, und zwar gleich dem Quadrat des Radius R des Spiegelkreises um M. Das zu zeigen, ist fast elementar:

Zunächst schreiben wir mit der halben kleinen Rautendiagonale x die Abstände als $\overline{MP} = \overline{MQ} - x$ und $\overline{MP'} = \overline{MQ} + x$, multiplizieren aus, setzen $\overline{MQ}^2 = b^2 - h^2$ und $x^2 = a^2 - h^2$ (nach dem Satz des Pythagoras in den beiden rechtwinkligen Dreiecken) ein und erhalten

$$\begin{aligned}\overline{MP} \cdot \overline{MP'} &= (\overline{MQ} - x) \cdot (\overline{MQ} + x) = \overline{MQ}^2 - x^2 \\ &= (b^2 - h^2) - (a^2 - h^2) = b^2 - a^2 = R^2 .\end{aligned}$$

Damit sehen wir, dass das Produkt konstant ist. Außerdem haben wir den Radius R des Spiegelkreises bestimmt, der im Bild durch eine gestrichelte Linie dargestellt ist.

Wir wissen jetzt, dass eine Kreisspiegelung vorliegt. Also werden durch sie alle (verallgemeinerten) Kreise auf (verallgemeinerte) Kreise abgebildet. Da es bei unserer Konstruktion so eingerichtet ist, dass der Kreis, auf dem sich P bewegt, durch den

Ursprung geht, und da der Ursprung auf Unendlich abgebildet wird, ist das Bild des P-Kreises ein Kreis durch Unendlich, also eine Gerade. Zur Sicherheit soll noch erwähnt werden, dass aus Konstruktionsgründen nur ein Teil des Kreises (und damit auch der Geraden) durchlaufen wird. Mehr dazu findet man in dem Video unter **www.youtube.com/watch?v=lp3KhkZPEd4**.

1.5 Geodäten

Wir hatten schon erwähnt, dass eine Gerade die kürzeste Verbindungslinie zwischen zwei Punkten darstellt, jedenfalls in unserem „Flachland". Aber wissen wir wirklich, dass dies die kürzeste Verbindung ist? Im Flachland ist das „irgendwie klar", aber wie kann man das beweisen? Noch schwieriger wird es bei gekrümmten Flächen oder gar in höherdimensionalen Räumen. Wie erhält man dort die kürzesten Verbindungen, man nennt sie **Geodäten**, beispielsweise auf einer Kugelfläche? Sie sind wichtig, denn sie übernehmen die Rolle der Geraden in flachen, euklidischen Räumen.

Dazu ein paar Überlegungen, die wir aber nicht mathematisch voll ausformulieren werden:

Linienelemente: Betrachten wir einen Punkt in der (flachen) Ebene mit den Koordinaten (x,y) und gehen von dort aus zu einem zweiten Punkt, der um die (kleinen) Werte Δx bzw. Δy in den Koordinatenrichtungen verschoben ist. Dann haben die beiden Punkte eine Entfernung Δs mit

$$\Delta s^2 = \Delta x^2 + \Delta y^2 \quad \text{oder} \quad \Delta s^2 = \Delta x_1^2 + \Delta x_2^2 \,,$$

wobei wir in der zweiten Formel die Koordinaten umbenannt haben in $x_1 = x$ und $x_2 = y$.

Führen wir die gleiche Überlegung in (orthogonalen) Polarkoordinaten aus, so liegen die beiden Punkte mit den Koordinaten r, φ und $r + \Delta r$, $\varphi + \Delta\varphi$ für kleine Δr, $\Delta\varphi$ auf den gegenüberliegenden Ecken eines kleinen Kreissegments, näherungsweise ein Rechteck mit der radialen Seitenlänge Δr und dem Kreisbogen $r\Delta\varphi$. Ihr Abstand Δs ist gegeben durch

$$\Delta s^2 = \Delta r^2 + r^2 \Delta\varphi^2 \quad \text{oder} \quad \Delta s^2 = \Delta x_1^2 + x_1^2\, \Delta x_2^2 \,,$$

wobei wir die Koordinaten als $x_1 = r$ und $x_2 = \varphi$ bezeichnet haben.

Allgemeiner schreiben wir daher das Quadrat eines **Linienelements** Δs in den Koordinaten x_1 und x_2 als

$$\Delta s^2 = g_{11}\, \Delta x_1^2 + g_{22}\, \Delta x_2^2 \,.$$

Dabei können die Faktoren g_{11} und g_{22} von den Koordinaten x_1 und x_2 abhängen. Man bezeichnet sie als die Komponenten eines **metrischen Tensors**. Aber keine Angst, hier

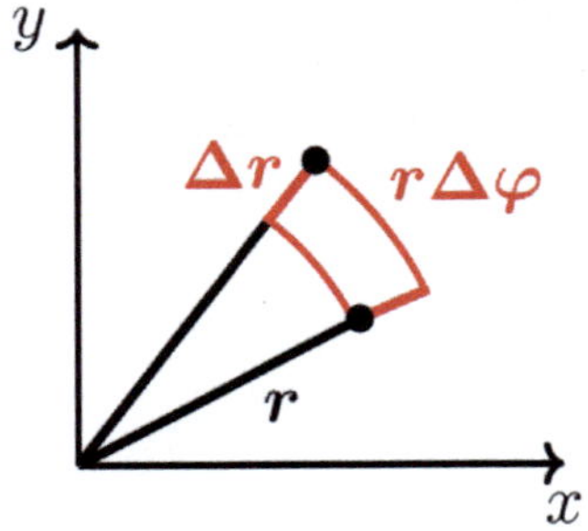

Bild 1.25 Kleines Kreissegment in Polarkoordinaten. Zwei Punkte auf gegenüberliegenden Ecken haben radialen Abstand Δr und Kreisbogenabstand $r\Delta\varphi$.

ist ganz bestimmt nicht der Platz, um weitere Details über Tensoren auszubreiten. Es sei nur darauf hingewiesen, dass diese Größen auch mit gemischten Indizes wie g_{12} auftreten können und dass dann weitere Summanden wie $g_{12}x_1x_2$ auftreten. Diese Tensor-Mathematik ist alles andere als „einfach", aber sie ist unerlässlich, wenn man sich mit höherdimensionalen gekrümmten Räumen beschäftigen will, beispielsweise mit der gekrümmtem Raumzeit in Einsteins Allgemeiner Relativitätstheorie. Ein wenig mehr dazu in dem Abschnitt ab Seite 161. Die Koordinatenabhängigkeit der g_{ij} kann auf zwei Ursachen beruhen. Eine Rolle spielt das verwendete Koordinatensystem, wie wir gesehen haben, sie kann aber auch von einer Krümmung der Fläche herrühren. Beispiele dazu folgen später.

Geodätische Kurven: Eine Kurve kleinster Länge zwischen zwei Punkten heißt **Geodäte**. Dazu müssen wir uns zunächst überlegen, wie man die Länge einer gekrümmten Kurve in einem eventuell gekrümmten Raum berechnet. Das können wir folgendermaßen formulieren: Wir nennen die Kurve γ und bestimmen ihre Länge $s(\gamma)$ durch Summieren über alle Linienelemente $\mathrm{d}s$ längs der Kurve, also durch eine Integration

$$s(\gamma) = \int_\gamma \mathrm{d}s \quad \text{mit } \mathrm{d}s = \lim_{\Delta x_j \to 0} \Delta s \text{ und } \mathrm{d}s^2 = g_{11}\mathrm{d}x_1^2 + g_{22}\mathrm{d}x_2^2 \,.$$

Man bezeichnet dieses $\mathrm{d}s^2 = g_{11}\mathrm{d}x_1^2 + g_{22}\mathrm{d}x_2^2$ als eine **Metrik** und wir werden noch mehr darüber hören, wenn wir uns mit höherdimensionalen Räumen befassen. Das klingt ganz gut, man sieht aber hier noch nicht, wie man das Integral oben berechnen sollte. Deshalb ein paar Details. Dazu gehen wir wieder zurück auf unsere Koordinaten x und y und vergessen auch im Moment die metrischen Tensor-Koeffizienten.

Wir parametrisieren die Kurve γ von (x_a, y_a) nach (x_b, y_b) durch Angabe der Koordinaten in einer Parameterdarstellung $x(t)$ und $y(t)$ mit einer reellen Zahl t zwischen t_a mit $(x(t_a), y(t_a)) = (x_a, y_a)$ und t_b mit $(x(t_b), y(t_b)) = (x_b, y_b)$. Das Intervall $t_a \le t \le t_b$ teilen wir in kleine gleichlange Intervalle Δt und die Endpunkte von $x(t)$ und $y(t)$ in jedem solchen Intervall j haben die Abstände Δx_j und Δy_j. Dann ist ihr Abstand gleich

$$\Delta s_j = \sqrt{\Delta x_j^2 + \Delta y_j^2} = \sqrt{\left(\frac{\Delta x_j}{\Delta t}\right)^2 + \left(\frac{\Delta y_j}{\Delta t}\right)^2}\;\Delta t \,.$$

Dies ist die Länge einer (kleinen) Sekante unserer Kurve. Wenn wir Δt gegen null gehen lassen, wird aus der Sekante eine Tangente. (Unsere Kurve ist glatt!) Aus den Differenzenquotienten wie $\frac{\Delta x_j}{\Delta t}$ werden dann Ableitungen $\frac{\mathrm{d}x}{\mathrm{d}t} = \dot{x}(t)$ und aus der Summe aller Δs_j erhalten wir ein Integral für die **Bogenlänge** der Kurve:

$$s(\gamma) = \int_{t_a}^{t_b} \sqrt{\dot{x}(t)^2 + \dot{y}(t)^2}\, \mathrm{d}t\,.$$

Begründe, dass sich für eine ebene Kurve $r = r(\varphi)$ in Polarkoordinaten die Bogenlänge als $s(\varphi) = \int_0^\varphi \sqrt{r^2(\tilde{\varphi}) + \left(r'(\tilde{\varphi})\right)^2}\, \mathrm{d}\tilde{\varphi}$ ausdrücken lässt. (Antwort Seite 201)

Wir können also auf diese Weise für die Wege γ zwischen Anfangs- und Endpunkt die Weglängen $s(\gamma)$ berechnen. Dann haben wir also folgendes Problem zu lösen: Die Weglänge $s(\gamma)$ muss minimiert werden, denn wir suchen ja die Geodäte, den kürzesten Weg. Da denken wir sofort an eine der Grundaufgaben der Differentialrechnung, die Bestimmung von Minima, Maxima oder, allgemeiner, der Extrema einer Funktion $f(x)$, die von einer Variablen x, einer einfachen Zahl, abhängt. Das führt dann auf eine Bestimmung der Nullstelle der Ableitung $\mathrm{d}f/\mathrm{d}x$. Nur hängt hier unser Weg $s(\gamma)$ nicht von einer *Zahl* ab, sondern von einer *Funktion*, man sagt sie ist ein **Funktional** von γ, und wir drücken dies durch eine Änderung der Schreibweise als $s[\gamma]$ aus. Das erfordert auch eine Erweiterung der Differential- und Integralrechnung zu einer **Variationsrechnung**.

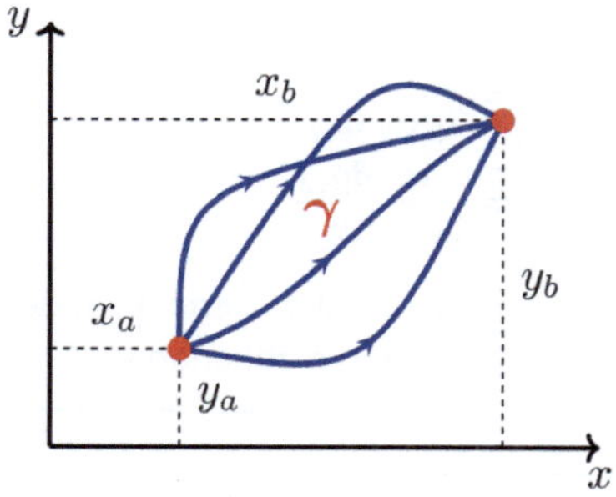

Bild 1.26 Verschiedene Wege γ vom Punkt (x_a, y_a) zum Punkt (x_b, y_b).

Wir wagen einen kurzen Blick in dieses Gebiet, nur um einen ersten Eindruck zu erhalten. Um das Geodätenproblem zu lösen, suchen wir das Minimum des Funktionals

$$s[\gamma] = \int_\gamma \mathrm{d}s = \int_{t_a}^{t_b} \sqrt{g_{11}\dot{x}_1^2 + g_{22}\dot{x}_2^2}\, \mathrm{d}t\,,$$

wobei die metrischen Koeffizienten g_{ii} von den Koordinaten x_1 und x_2 abhängen können. Integriert wird längs einer Kurve γ, beschrieben durch $x_1(t)$ und $x_2(t)$, die Anfangs- und Endpunkte verbindet. Dies ist ein spezieller Fall eines allgemeineren Problems der **Variationsrechnung**, wobei ein Extremum des Integral-Funktionals gesucht wird. Mit einiger Arbeit(!) lässt sich zeigen, dass dies auf die **Euler-Lagrange-Gleichungen** führt:

$$\int_{t_a}^{t_b} F(x_1,x_2,\dot{x}_1,\dot{x}_2)\,dt = \text{extremal} \qquad \Longrightarrow \qquad \frac{\mathrm{d}}{\mathrm{d}t}\left(\frac{\partial F}{\partial \dot{x}_k}\right) - \frac{\partial F}{\partial x_k} = 0\,,\ k = 1{,}2\,.$$

(Da die Funktion F von mehreren Variablen abhängt, erscheint hier eine sogenannte partielle Ableitung $\frac{\partial F}{\partial x_k}$ (siehe Seite 189), die angibt, nach welcher Variablen differenziert werden muss. Die übrigen Variablen bleiben dabei konstant.) Die gesuchte Kurve muss diese Differentialgleichungen erfüllen und natürlich auch vom Anfangs- bis zum Endpunkt führen. Eine analytische Lösung zu finden, ist nur selten möglich, aber es gibt sehr gute Methoden, um die Gleichungen numerisch zu lösen. Dieser Euler-Lagrange-Formalismus findet viele Anwendungen in den verschiedensten Bereichen der (theoretischen) Physik.

Hier, für unsere Geodäten, müssen wir nur den Ausdruck für die F-Funktion in die Euler-Lagrange-Gleichungen einsetzen, die partiellen Ableitungen bilden und das Resultat in eine angenehme Form bringen. (Aber Vorsicht, das erfordert etwas Rechenarbeit!) Dies führt schließlich auf die Gleichungen

$$\ddot{x}_k + \sum_{i,j} \Gamma^k_{ij}\,\dot{x}_i\dot{x}_j = 0\,,\ k = 1{,}2\,,$$

mit den **Christoffel-Symbolen** Γ^k_{ij} (gesprochen „Gamma oben k, unten ij"), die von den metrischen g-Koeffizienten abhängen.[3] In unserem Fall, bei dem nur g_{11} und g_{22} auftreten, sind dabei die einzigen nicht-verschwindenden Symbole

$$\Gamma^1_{11} = \frac{1}{2g_{11}}\frac{\partial g_{11}}{\partial x_1}\,,\qquad \Gamma^1_{22} = -\frac{1}{2g_{11}}\frac{\partial g_{22}}{\partial x_1}\,,\qquad \Gamma^1_{12} = \Gamma^1_{21} = \frac{1}{2g_{11}}\frac{\partial g_{11}}{\partial x_2}$$

$$\Gamma^2_{11} = -\frac{1}{2g_{22}}\frac{\partial g_{11}}{\partial x_2}\,,\qquad \Gamma^2_{22} = \frac{1}{2g_{22}}\frac{\partial g_{22}}{\partial x_2}\,,\qquad \Gamma^2_{12} = \Gamma^2_{21} = \frac{1}{2g_{22}}\frac{\partial g_{22}}{\partial x_1}\,.$$

Wir merken uns noch, dass die Christoffel-Symbole gleich null sind, wenn die metrischen Koeffizienten konstant sind, also nicht von den Koordinaten abhängen.

Als eine kleine Übung im Umgang mit den Euler-Lagrange-Gleichungen sollten wir damit zeigen, dass bei konstanten metrischen Koeffizienten die Geodäten gerade Linien sind. (Antwort Seite 202)

Damit liegt die Hauptarbeit hinter uns und es wird Zeit für beispielhafte Anwendungen. Wir bleiben dabei im Flachland, also in der euklidischen Ebene:

3 Das hochgestellte k ist hier *keine* Potenz, sondern ein dritter Index.

(1) Kartesische Koordinaten: Hier ist $x_1 = x$, $x_2 = y$ und $g_{11} = g_{22} = 1$. Die Christoffel-Symbole sind dann alle gleich null und die Euler-Lagrange-Gleichungen lauten $\ddot{x} = 0$ und $\ddot{y} = 0$ mit der Lösung $x(t) = v_x t + x_0$, $y(t) = v_y t + y_0$ oder $ax + bx = c$, wobei die Koeffizienten durch die Anfangs- und Endpunkte bestimmt sind. Das ist also, wie wir erwartet haben, eine Gerade.

(2) Polarkoordinaten: Die gesuchte Bahn ist unabhängig von dem gewählten Koordinatensystem und es sollte sich in den Polarkoordinaten $x_1 = r$ und $x_2 = \varphi$ auch eine Gerade ergeben. Wir üben also hier nur den Umgang mit der Euler-Lagrange-Gleichung:

Zunächst berechnen wir die Christoffel-Symbole. Mit dem Linienelement von Seite 31 erhalten wir die metrischen Koeffizienten

$$\mathrm{d}s^2 = \mathrm{d}r^2 + r^2\mathrm{d}\varphi^2 \qquad \Longrightarrow \qquad g_{11} = 1\,,\; g_{22} = r^2$$

und daraus die Christoffel-Symbole. Ungleich null sind nur $\Gamma^1_{22} = -\frac{1}{2g_{11}}\frac{\partial g_{22}}{\partial r} = -r$ und $\Gamma^2_{12} = \Gamma^2_{12} = \frac{1}{2g_{22}}\frac{\partial g_{22}}{\partial r} = \frac{1}{r}$. Dann lauten die Euler-Lagrange-Gleichungen

$$\ddot{x}_1 + \Gamma^1_{22}\dot{x}_2^2 = 0 \qquad \Longrightarrow \qquad \ddot{r} - r\dot{\varphi}^2 = 0$$

$$\ddot{x}_2 + 2\Gamma^2_{12}\dot{x}_1\dot{x}_1 = 0 \qquad \Longrightarrow \qquad \ddot{\varphi} + \frac{2}{r}\dot{r}\dot{\varphi} = 0 \qquad \Longrightarrow \qquad r\ddot{\varphi} + 2\dot{r}\dot{\varphi} = 0\,.$$

Es ist nicht so ganz einfach, diese beiden gekoppelten Differentialgleichungen zu lösen. Deshalb machen wir es so: Wir schreiben die Geradengleichung von oben, also $ax + by = c$, mit $x = r\cos\varphi$ und $y = r\sin\varphi$ in Polarkoordinaten um als

$$(a\cos\varphi + b\sin\varphi)\,r = c$$

und überprüfen, ob dies eine Lösung unserer Differentialgleichungen ist. Dazu differenzieren wir dies mithilfe der Ableitungen $\frac{\mathrm{d}}{\mathrm{d}t}\cos\varphi = -\dot{\varphi}\sin\varphi$ und $\frac{\mathrm{d}}{\mathrm{d}t}\sin\varphi = \dot{\varphi}\cos\varphi$. Mit der Produktregel der Differentiation erhalten wir

$$(a\cos\varphi + b\sin\varphi)\,\dot{r} + (-a\sin\varphi + b\cos\varphi)\,r\dot{\varphi} = 0\,.$$

Wir benötigen auch noch die zweiten Ableitungen, also differenzieren wir noch einmal mit dem Ergebnis

$$(a\cos\varphi + b\sin\varphi)\,(\ddot{r} - r\dot{\varphi}^2) + (-a\sin\varphi + b\cos\varphi)(r\ddot{\varphi} + 2\dot{r}\dot{\varphi}) = 0\,.$$

Dies muss für alle a und b erfüllt werden, und daher sind die beiden Ausdrücke $\ddot{r} - r\dot{\varphi}^2$ und $r\ddot{\varphi} + 2\dot{r}\dot{\varphi}$ gleich null, was mit den Euler-Lagrange-Gleichungen oben übereinstimmt.

Als ein weiteres Beispiel werden wir im folgenden Kapitel die Geodäten auf der Kugeloberfläche betrachten.

Das ganze Gebiet der Flachland-Geometrie bezeichnet man als **Euklidische Geometrie**. Dabei fällt uns auf, dass wir noch nicht erklärt haben, was es genau bedeutet, dass eine Ebene *flach* ist. Im Moment können wir uns damit zufrieden geben, dass in einer solchen Ebene die euklidische Geometrie gilt, also die Formel des Pythagoras, die Formel für die Kreisfläche und für die Winkelsumme im Dreieck. Die euklidische Geometrie wollen wir hier aber nicht weiter verfolgen, denn wir sind ja an der Kugel interessiert, deren Oberfläche *gekrümmt* ist. Bevor wir aber dazu in die Welt der drei- und mehrdimensionalen Räume abheben, wollen wir uns noch ein wenig an der **Physik** in der Ebene erfreuen.

1.6 Mechanik: Stöße & Billards

Nach den Überlegungen über gekrümmte Kurven und vor den folgenden Betrachtungen gekrümmter Räume wollen wir an einigen anfangs einfach aussehenden Beispielen zeigen, dass auch im Flachland Interessantes und Unerwartetes zu finden ist. Wir beginnen hier mit der klassischen Mechanik.

Stöße

Wenn sich ein Teilchen mit einer Masse m kräftefrei in einer Ebene bewegt, dann bewegt es sich mit konstanter Geschwindigkeit in eine feste Richtung, also auf einer Geraden. Wenn wir eine solche Bahn durch die Zeit t parametrisieren, dann wäre das

$$x(t) = x_0 + v_x t\,, \quad y(t) = y_0 + v_y t\,.$$

Haben wir zwei solche „Teilchen" (es können auch größere Objekte sein), so können wir, wie oben beschrieben, ihren Treffpunkt bestimmen, den Schnittpunkt zweier Geraden. Dann bestimmt die „Physik", was bei einem solchen „Stoß" passiert.

Beginnen wir in einer eindimensionalen Bewegung. Eine Masse m, die sich mit der Geschwindigkeit v auf einer Geraden bewegt, hat einen Impuls mv und eine kinetische Energie $\frac{m}{2}v^2$. Betrachten wir die einfache Situation eines elastischen Stoßes zweier Teilchen auf einer Geraden mit den Ortskoordinaten x_1 bzw. x_2. Sie bewegen sich dann mit konstanter Geschwindigkeit v_1 bzw. v_2 wie

$$x_1(t) = x_1(0) + v_1 t\,, \quad x_2(t) = x_2(0) + v_2 t\,.$$

Bei einem Stoßprozess ändern sich die Geschwindigkeiten v_1 und v_2 vor dem Stoß in v_1' und v_2' nach dem Stoß. Dabei bleibt der Gesamtimpuls, die Summe der Einzelimpulse, erhalten, da von außen keine Kraft einwirkt:

$$m_1 v_1 + m_2 v_2 = m_1 v_1' + m_2 v_2'\,.$$

Wenn der Stoß elastisch ist, geht auch keine Energie verloren,

$$\frac{m_1}{2}v_1^2 + \frac{m_2}{2}v_2^2 = \frac{m_1}{2}v_1'^2 + \frac{m_2}{2}v_2'^2 ,$$

und in ein paar Zeilen können wir aus diesen Gleichungen die Geschwindigkeiten nach dem Stoß berechnen. Wir formen beide Gleichungen um zu

$$m_1(v_1 - v_1') = m_2(v_2' - v_2) , \quad m_1(v_1^2 - v_1'^2) = m_2(v_2'^2 - v_2^2) ,$$

schreiben die zweite Gleichung mithilfe einer binomischen Formel (siehe Seite 187) um, kürzen zwei Terme unter Verwendung der ersten Gleichung und multiplizieren mit m_1:

$$m_1(v_1 - v_1')(v_1 + v_1') = m_2(v_2' - v_2)(v_2' + v_2) \quad \Longrightarrow \quad m_1(v_1 + v_1') = m_1(v_2' + v_2) .$$

Auflösen der beiden linearen Gleichungen $m_1(v_1 - v_1') = m_2(v_2' - v_2)$ und $m_1(v_1 + v_1') = m_1(v_2' + v_2)$ nach den Endgeschwindigkeiten führt zu

$$v_1' = \frac{m_1 - m_2}{m_1 + m_2} v_1 + \frac{2m_2}{m_1 + m_2} v_2 , \quad v_2' = \frac{m_2 - m_1}{m_1 + m_2} v_2 + \frac{2m_1}{m_1 + m_2} v_1 .$$

Speziell für gleiche Massen $m_1 = m_2$ wird daraus

$$v_1' = v_2 , \quad v_2' = v_1 ,$$

was so aussieht, als hätten sich die Teilchen einfach ausgetauscht und ihren Weg fortgesetzt. Im Grenzfall m_2 gegen unendlich und $v_2 = 0$ ergibt sich $v_2' = 0$ und $v_1' = -v_1$, das heißt, Teilchen 1 wird wie an einer harten Wand zurückgeworfen.

Ein beliebtes Spielzeug ist das **Kugelstoßpendel**. Dabei sind mehrere gleiche Kugeln, meist aus Metall, so aufgehängt, dass sie sich gerade berühren. Wenn man dann eine der äußeren Kugeln auslenkt und loslässt, wie auf dem Bild 1.27, so überträgt sie ihren Impuls beim Stoß auf die nächste Kugel, die ihn an ihren Nachbarn weitergibt, und so weiter, bis dann die letzte Kugel wieder ausschwingen kann. Danach bewegt sie sich wieder zurück wie rechts im Bild, sodass sich der ganze Vorgang umkehrt. Bei dem ganzen Prozess bleiben die mittleren Kugeln in Ruhe.

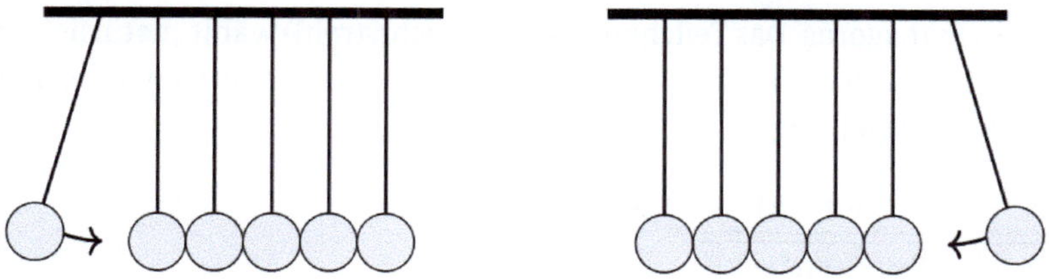

Bild 1.27 Kugelstoßpendel: periodisches Pendeln zwischen der linken und der rechten Konfiguration.

Reflexion & Brechung

Bei der **Reflexion** eines Masseteilchens oder eines Lichtstrahls an einer festen Wand bzw. an einem Spiegel kennen wir alle das Reflexionsgesetz: „Einfallswinkel gleich Ausfallswinkel". Aber warum gilt das? Das ist ganz einfach zu zeigen, und so könnte eine Antwort lauten:

Nehmen wir einmal an, wir suchen den „richtigen" Weg von einem Punkt A im Abstand a von der Reflexionsebene zu einem Punkt B im Abstand b. Wir können zunächst aus Symmetriegründen das Problem reduzieren auf eine Ebene, die unsere beiden Punkte enthält, und die senkrecht auf der Reflexionsebene steht. Beide Punkte haben einen Abstand d in Richtung der Reflexionsgeraden. Dann könnten wir nach unseren vorangegangenen Überlegungen unterstellen, dass wir eine gradlinige Bahn zu einem Reflexionspunkt C haben, gefolgt von einer gradlinigen Bahn zum Punkt B, wie links im Bild 1.28 zu sehen ist.

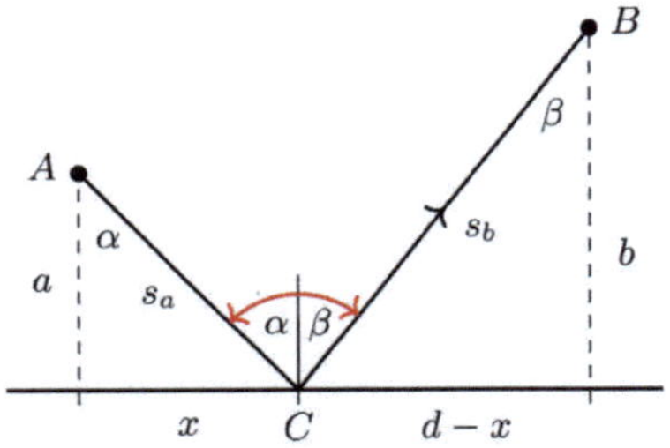

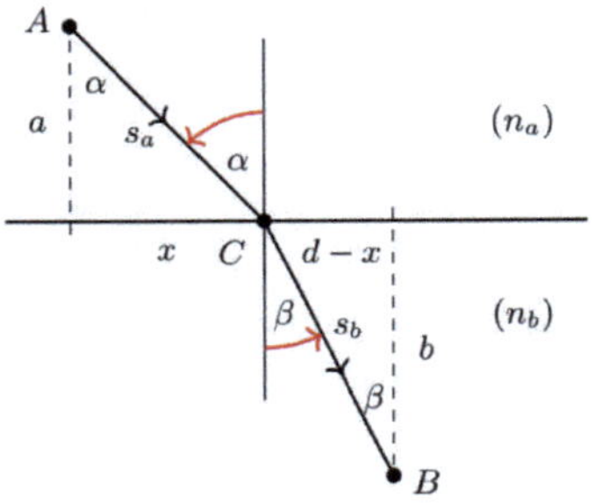

Bild 1.28 Reflexion an einer harten Wand (links) und Brechung bei einem Übergang zwischen zwei Medien mit unterschiedlichen Brechungsindizes (rechts).

Dann ist die Gesamtlänge $s(x)$ der Bahn, abhängig von der Koordinate x des Auftreffpunkts C, gleich

$$s(x) = s_a + s_b = \sqrt{a^2 + x^2} + \sqrt{b^2 + (d - x)^2}$$

nach dem Satz des Pythagoras. Das Teilchen (oder der Lichtstrahl) wählt „natürlich" die Bahn kürzester Länge. Um die kürzeste Bahnlänge $s = s(x)$ zu bestimmen, berechnen wir die Nullstelle der Ableitung

$$\frac{\mathrm{d}s}{\mathrm{d}x} = \frac{2x}{2\sqrt{a^2 + x^2}} - \frac{2(d - x)}{2\sqrt{b^2 + (d - x)^2}} = \frac{x}{s_a} - \frac{d - x}{s_b} \overset{!}{=} 0$$

$$\Longrightarrow \quad \sin\alpha = \frac{x}{s_a} = \frac{d - x}{s_b} = \sin\beta\,,$$

und daraus folgt $\alpha = \beta$.

Genauso können wir argumentieren, wenn es sich um die **Brechung** eines Lichtstrahls am Übergang in ein anderes Medium handelt, wie im rechten Bild dargestellt. Nur müssen wir dort die *optische Weglänge* $n_b s_b$ verwenden mit dem **Brechungsindex** n_b und genauso sollten wir dem Medium im Bereich des Weges s_a einen Brechungsindex n_a zuordnen. Dann müssen wir die optische Weglänge $s(x) = n_a\, s_a + n_b\, s_b$ minimieren. Das führt dann auf das **Brechungsgesetz**

$$n_a \sin\alpha = n_b \sin\beta \,.$$

Genauso können wir argumentieren, wenn es sich statt des Lichtstrahls um ein Masseteilchen handelt, das in ein Medium eintritt, in dem es sich mit einer anderen Geschwindigkeit fortbewegt.

Lagrange- und Hamilton-Mechanik

So ganz zufriedenstellend ist das Ganze aber noch nicht, denn wir haben das Problem nur verschoben. Jetzt muss noch erklärt werden, *weshalb* der kürzeste Weg gewählt wird. Dazu können wir für den Fall eines **Massenpunkts** das Ganze auf ein allgemeines Prinzip der Dynamik zurückführen. (Für den Lichtstrahl auf entsprechende Theoreme des Elektrodynamik.) Nach dem **hamiltonschen Prinzip** der theoretischen Mechanik ergibt sich die Bahn eines Teilchens aus einem Variationsverfahren, wie wir es schon auf Seite 34 kennengelernt haben. Hier lautet es

$$\int_{t_a}^{t_b} L(x_1,x_2,\dot{x}_1,\dot{x}_2)\,\mathrm{d}t = \text{extremal} \qquad \Longrightarrow \qquad \frac{\mathrm{d}}{\mathrm{d}t}\left(\frac{\partial L}{\partial \dot{x}_k}\right) - \frac{\partial L}{\partial x_k} = 0\,,\ k = 1{,}2\,.$$

Dabei sind x_1, x_2 die Ortskoordinaten des Teilchens in der Ebene, $\dot{x}_1, \dot{x}_2$ die Geschwindigkeitskomponenten, und $L = T - V$ ist die sogenannte **Lagrange-Funktion**, die Differenz zwischen kinetischer Energie T und potentieller Energie V. Die Differentialgleichungen, die **lagrangeschen Bewegungsgleichungen**, beschreiben die Bahn des Teilchens. In unserem Fall einer kräftefreien Bewegung ist die potentielle Energie V gleich null und die kinetische Energie ist gleich $T = \frac{m}{2}\dot{x}^2$, Dann ist auch $L = \frac{m}{2}\dot{x}^2$ und wir erhalten eine sehr einfache Bewegungsgleichung:

$$\frac{\partial L}{\partial \dot{x}} = m\dot{x}\,, \quad \frac{\partial L}{\partial x} = 0 \quad \Longrightarrow \quad \frac{\mathrm{d}}{\mathrm{d}t}\left(\frac{\partial L}{\partial \dot{x}}\right) = m\,\frac{\mathrm{d}\dot{x}}{\mathrm{d}t} = m\ddot{x} = 0\,.$$

Daraus folgt, wie erwartet, dass die Geschwindigkeit konstant ist, $\dot{x} = v$. Das Teilchen bewegt sich mit konstanter Geschwindigkeit auf geraden Bahnen (abgesehen vom Stoß mit der Wand) und das Integral oben wird mit der Bahngeschwindigkeit $v = \frac{\mathrm{d}s}{\mathrm{d}t}$ zu

$$\int_{t_a}^{t_b} L\,\mathrm{d}t = \frac{m}{2}\int_{t_a}^{t_b} \dot{x}^2\,\mathrm{d}t = \frac{m}{2}\int_{t_a}^{t_b} v\,\frac{\mathrm{d}s}{\mathrm{d}t}\,\mathrm{d}t = \frac{m}{2}v\int_a^b \mathrm{d}s\,,$$

also zu einem Variationsprinzip für die Weglänge.

Eine kleine Rechenübung zeigt uns für einen allgemeineren Fall, wie man mit dem Lagrange-Formalismus die Bewegungsgleichung aufstellt. Wir begnügen uns dabei mit einer einzigen Koordinate x. Oft hat die kinetische Energie die Form $T = f(x)\dot{x}^2$ und die potentielle Energie hängt nur von x ab, also $V = V(x)$. Dann ist die Lagrange-Funktion gleich $L(x,\dot{x}) = f(x)\,\dot{x}^2 - V(x)$ und die lagrangesche Gleichung lautet

$$\begin{aligned}\frac{\mathrm{d}}{\mathrm{d}t}\left(\frac{\partial L}{\partial \dot{x}}\right) - \frac{\partial L}{\partial x} &= \frac{\mathrm{d}}{\mathrm{d}t}\left(2f(x)\dot{x}\right) - f'(x)\,\dot{x}^2 + V'(x) \\ &= 2f(x)\,\ddot{x} + 2f'(x)\,\dot{x}^2 - f'(x)\,\dot{x}^2 + V'(x) = 2f(x)\,\ddot{x} + f'(x)\,\dot{x}^2 + V'(x) = 0\,,\end{aligned}$$

wobei wir die x-Ableitung durch einen Strich bezeichnet haben. Diese **Differentialgleichung** zweiter Ordnung für $x(t)$ müssen wir dann für gegebene Anfangsbedingungen für $x(t_0)$ und $\dot{x}(t_0)$ für $t = t_0$ lösen.

Über das hamiltonsche Prinzip hinaus hat der irische Mathematiker und Physiker **William Rowan Hamilton** auch die **Hamilton-Mechanik** entwickelt. Dazu wollen wir uns kurz ansehen, wie sie mit der Lagrange-Mechanik zusammenhängt. Wir werden uns dabei auf Systeme mit nur einem Freiheitsgrad mit der Koordinate x beschränken und voraussetzen, dass die Systemparameter nicht explizit von der Zeit abhängen. Die wichtigste Neuerung dabei ist die Transformation von der Geschwindigkeit $\dot{x}$ auf den **Impuls** p und von der Lagrange-Funktion $L(x,\dot{x}) = T(x,\dot{x}) - V(x,\dot{x})$ auf die **Hamilton-Funktion** $H(x,p)$, definiert durch

$$p = \frac{\partial L}{\partial \dot{x}} \quad \text{und} \quad H(x,p) = \dot{x}p - L(x,\dot{x})\,.$$

Das führt auf die **hamiltonschen Bewegungsgleichungen**

$$\dot{x} = \frac{\partial H}{\partial p} \quad \text{und} \quad \dot{p} = -\frac{\partial H}{\partial x}\,,$$

was wir in einer kurzen Rechnung zeigen können:

Die lagrangesche Bewegungsgleichung liefert zunächst für den Impuls die Zeitableitung $\dot{p} = \frac{\partial L}{\partial x}$. Das benutzen wir, um das totale Differential (siehe Seite 189) der Lagrange-Funktion $L(x,\dot{x})$ umzuschreiben auf das der Hamilton-Funktion $H(x,p)$:

$$\begin{aligned}\mathrm{d}L = \frac{\partial L}{\partial x}\,\mathrm{d}x + \frac{\partial L}{\partial \dot{x}}\,\mathrm{d}\dot{x} &= \dot{p}\,\mathrm{d}x + p\,\mathrm{d}\dot{x} = \dot{p}\,\mathrm{d}x - \dot{x}\,\mathrm{d}p + \mathrm{d}(\dot{x}p) \\ \Longrightarrow \quad \mathrm{d}H &= \mathrm{d}\left(\dot{x}p - L\right) = \mathrm{d}(\dot{x}p) - \mathrm{d}L = -\dot{p}\,\mathrm{d}x + \dot{x}\,\mathrm{d}p\,.\end{aligned}$$

Wenn wir dies mit dem totalen Differential $\mathrm{d}H = \frac{\partial H}{\partial x}\,\mathrm{d}x + \frac{\partial H}{\partial p}\,\mathrm{d}p$ der Hamilton-Funktion $H(x,p)$ vergleichen, erhalten wir die oben angegebenen hamiltonschen Bewegungsgleichungen.

Wir können durch eine kurze(!) Rechnung zeigen, dass sich der Wert von $H(x,p)$ zeitlich nicht verändert, dass also H eine **Erhaltungsgröße** ist. (Antwort Seite 202)

Zu Übung sollten wir die hamiltonschen Bewegungsgleichungen für ein einfaches System aufstellen:

Wenn die kinetische Energie die Form $T = f(x)\dot{x}^2$ hat und die potentielle Energie nur von x abhängt, also $V = V(x)$, dann ist mit $L(x,\dot{x}) = f(x)\dot{x}^2 - V(x)$ und dem Impuls $p = 2f(x)\dot{x}$ die Hamilton-Funktion gleich

$$H(x,p) = \dot{x}p - f\dot{x}^2 + V(x) = 2f\dot{x}^2 - f\dot{x}^2 + V(x) = f\dot{x}^2 + V(x) = \frac{p^2}{4f(x)} + V(x)\,,$$

also gilt $H = T + V$, das heißt, H ist gleich der Gesamtenergie E, eine Erhaltungsgröße. Die hamiltonschen Bewegungsgleichungen erhalten wir als

$$\dot{x} = \frac{\partial H}{\partial p} = \frac{p}{f(x)} \quad \text{und} \quad \dot{p} = -\frac{\partial H}{\partial x} = \frac{p^2}{4f^2(x)}\,f'(x) - V'(x)\,,$$

und man sollte(!) sich davon überzeugen, dass dies mit der oben angegebenen lagrangeschen Bewegungsgleichung übereinstimmt.

Der Hamilton-Mechanik spielt sich in dem zweidimensionalem Raum (x,p) ab, dem **Phasenraum**. Im einfachsten Fall ist x wirklich eine Ortsvariable, eine Länge, und p ein Impuls mit der Dimension Masse mal Geschwindigkeit. Ihr Produkt xp ist eine **Wirkung** mit der gleichen Dimension wie Energie mal Zeit, eine Größe, die wir von dem hamiltonschen Prinzip kennen. Aber hier ist eine Warnung angebracht, denn dieser Phasenraum ist oft *nicht* die euklidische Ebene, denn die Variable x kann beispielsweise auch ein Winkel sein. Dann ist der zugehörigen Impuls ein Drehimpuls. Aus diesem Grund nennt man in der Literatur diese beiden Größen, die den Phasenraum aufspannen, oft *generalisierte Orts- und Impulsvariablen*, meist bezeichnet mit q und p. Die Phasenraumdynamik ist volumenerhaltend, vergleichbar mit dem Fluss einer inkompressiblen Flüssigkeit.

Billards

Wir alle kennen das Billard-Spiel mit bunten Kugeln, die auf einem grünen tuchbespannten Tisch rollen und die an den Tischrändern reflektiert werden. Wie so oft in der Physik beginnen wir mit einem extrem vereinfachten Billard. Unser Tisch ist eine flache Ebene begrenzt von einer harten geschlossenen Wand und statt mehrerer rollender Kugeln betrachten wir nur einen einzelnen Massenpunkt. Diese Masse m soll sich obendrein reibungsfrei bewegen und ihre Stöße mit dem Rand sind elastisch. Was passiert?

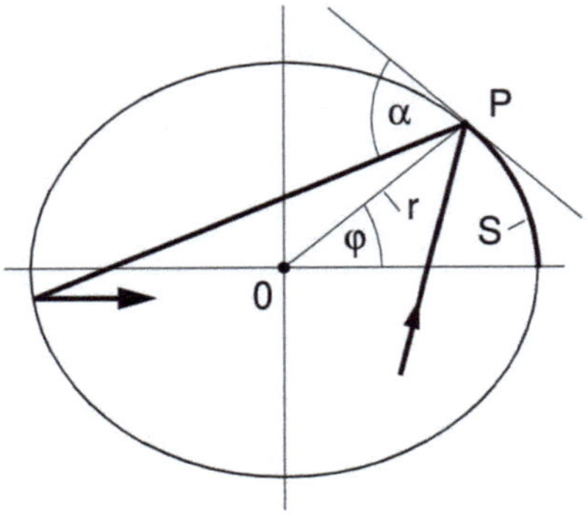

Bild 1.29 Ebenes Billard, eine geschlossene Randkurve $r(\varphi)$, an der ein Massenpunkt elastisch reflektiert wird.

Hier hat sicherlich jeder eingesehen, dass die Masse sich mit konstanter Geschwindigkeit auf einer Geraden bewegt. Wenn sie auf die Wand trifft, wird sie elastisch reflektiert, und dabei bleibt der Winkel α zwischen Bahn und Tangente vor und nach dem Stoß mit der Wand gleich. Auch sieht man ein, dass die Geschwindigkeit und die Masse des Teilchens keinen Einfluss auf die Bahn haben. Die einzige Größe, von der die Bahn abhängt, ist die Form der Wand, die wir in Polarkoordinaten als $r = r(\varphi)$ angeben können, eine geschlossenen Kurve um den Koordinatennullpunkt. Wir wollen annehmen, dass diese Kurve glatt und konvex ist, dass es also in jedem Randpunkt eine Tangente gibt und dass es mit jeder Geraden durch das Innere genau zwei Schnittpunkte gibt.

Kreisbillard: Als erstes Beispiel beginnen wir mit (es ist keine Überraschung) einem Kreis als Randkurve. Im einfachsten Fall einer Bahn, die wir mit einem Anfangswinkel $\alpha = \frac{1}{2}\pi$ starten, wird das Teilchen an der gegenüber liegenden Kreiswand wieder senkrecht reflektiert und kehrt auf dem gleichen Weg zurück. Wir erhalten eine periodische Bahn mit zwei Reflexionen pro Periode. Für einen Anfangswinkel von $\alpha = \frac{1}{3}\pi$ ergibt sich ein gleichseitiges Dreieck. Das geht genauso für $\alpha = \frac{1}{4}\pi$ und $\frac{1}{5}\pi$ und ergibt ein Quadrat und ein Pentagon, wie im Bild dargestellt. Der Winkel α bleibt bei allen Reflexionen erhalten, was sich wegen der Rotationssymmetrie des Billards auch auf die Drehimpulserhaltung zurückführen lässt. Auf der Bahn ändert sich der Winkel φ bei jeder Reflexion um 2α, und nach n Reflexionen ist er gleich

$$\varphi_n = \varphi_0 + 2\alpha n\,, \quad 0, 1, 2\,, \ldots\,.$$

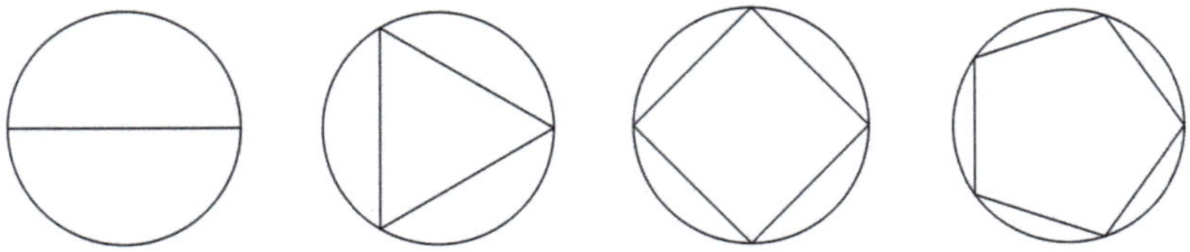

Bild 1.30 Periodische Bahnen im Kreisbillard mit Perioden 2 bis 5.

Es gibt stets periodische Bahnen mit Periode k für Startwinkel $\alpha = \frac{j}{k}\pi$, zwei weitere Beispiele zeigt das Bild 1.31 für $\alpha = \frac{2}{5}\pi$ und $\alpha = \frac{1}{6}\pi$. Ein irrationaler Winkel ergibt eine nicht-periodische Bahn, die für große Zeiten einen Kreisring dicht ausfüllt, was auch im Bild illustriert ist, hier allerdings nur für eine endliche Zahl von Reflexionen.

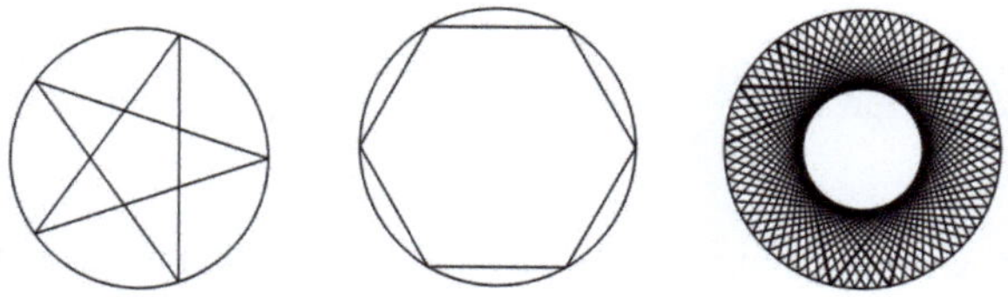

Bild 1.31 Periodische Bahnen im Kreisbillard mit Perioden 5 und 6 sowie eine nicht-periodische Bahn.

Elliptisches Billard: Interessanter wird es, wenn wir andere Randkurven betrachten. Hier fällt uns sofort eine elliptische Verformung des Kreises ein, also eine Funktion

$$\frac{x^2}{a^2} + \frac{y^2}{a^2} = 1 \quad \text{in kartesischen oder} \quad r(\varphi) = \frac{b}{\sqrt{1 - \varepsilon^2 \cos^2 \varphi}} \quad \text{in Polarkoordinaten.}$$

Das ist eine **Ellipse** mit der großen Halbachse a, der kleinen Halbachse b und der **numerischen Exzentrizität** $\varepsilon = \sqrt{1 - b^2/a^2}$. Für die Ellipse oder andere Randkurven muss bei der Bahnberechnung der Schnittpunkt der Bahngeraden mit der Kurve $r(\varphi)$ numerisch berechnet werden, der Winkel α lässt sich dann mithilfe der Ableitung $\mathrm{d}r/\mathrm{d}\varphi$ aus der Tangentensteigung ermitteln.

Auch bei einem elliptischen Billard finden wir viele periodische Bahnen mit einer (fast) beliebigen Anzahl von Randstößen. Sie sind aber nicht so einfach zu lokalisieren wie die des Kreisbillards. Eine Ausnahme bilden die Bahnen längs der großen und kleinen Achse, wie im Bild dargestellt.

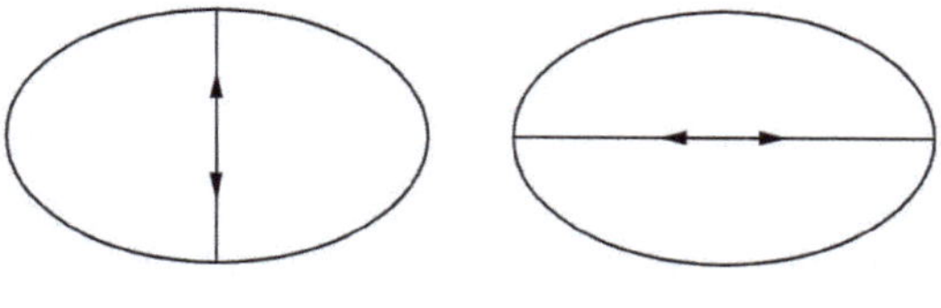

Bild 1.32 Bahnen der Periode zwei im elliptischen Billard.

Die beiden Bahnen unterscheiden sich in einem wichtigen Punkt. Bei der Bahn längs der kleinen Achse, links im Bild 1.32, bleiben benachbarte Bahnen in ihrer Nähe. Sie ist daher *stabil* gegenüber kleinen Störungen. Bei der Bahn längs der großen Achse führen kleine Bahnänderungen zu großen Abweichungen, sie ist *instabil*. (Die periodischen Bahnen im Kreisbillard sind *neutral stabil*.) Die **Stabilitätstheorie** befasst sich mit einer mathematischen Beschreibung der Stabilität dynamischer Systeme. Hier können wir nur einen kurzen Blick darauf werfen. Zunächst ist die Stabilität einer Bahn eine

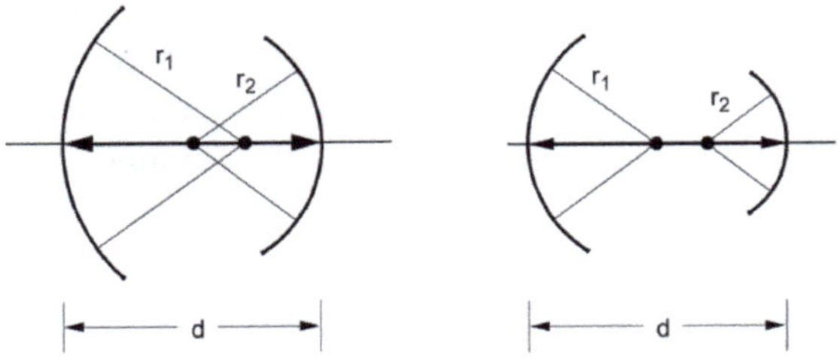

Bild 1.33 Bahnen gegeneinander gerichteter Kugelspiegel sind stabil (links) oder instabil (rechts).

lokale Eigenschaft. Es geht darum, wie sich benachbarte Bahnen verhalten. Für unsere beiden Billardbahnen hängt die Stabilität von der Krümmung der Randkurve in den Reflexionspunkten ab. Wir können dort die Billardkurve durch einen Kreis mit dem Krümmungsradius an diesem Punkt ersetzen (siehe Seite 17). Dann haben wir eine Situation wie im Bild 1.33 dargestellt, hier für unterschiedliche Krümmungsradien an den Reflexionspunkten.

Diese Situation ist bekannt und hat viele Anwendungen. Zwei gegeneinander gerichtete Hohlspiegel, genauer Kugelspiegel, in einem Abstand d sind beispielsweise wichtig für **optische Resonatoren**, insbesondere **Laserresonatoren**. Hier kann man eine einfache Stabilitätsbedingung[4)] herleiten. Die Anordnung ist

$$\text{stabil für } r_1 + r_2 > d\,, \quad \text{instabil für } r_1 + r_2 < d\,, \quad \text{neutral stabil für } r_1 + r_2 = d\,.$$

Für unsere Ellipse ist schon anschaulich klar, dass ein Krümmungskreis am Reflexionspunkt der Bahn längs der kleinen Achse außerhalb der Ellipse liegt. Sein Radius r_b ist daher größer als die kleine Halbachse, $r_b > b$. Für die große Achse a ist es umgekehrt, der Krümmungskreis mit Radius r_a liegt innerhalb der Ellipse und es gilt $r_a < a$. Man kann aber auch für die Ellipse die Krümmungsradien berechnen (siehe **www.geogebra.org/m/dtttnkea**) mit dem Ergebnis

$$r_a = \frac{b^2}{a} = a\,\frac{b^2}{a^2} = a\,(1-\varepsilon^2) < a \quad \text{und} \quad r_b = \frac{a^2}{b} = b\,\frac{a^2}{b^2} = \frac{b}{1-\varepsilon^2} > b\,.$$

Daraus folgt direkt mit $d = 2a$ und $r_1 + r_2 = 2r_a < 2a = d$, dass die Bahn längs der großen Achse instabil ist. Die Bahn längs der kleinen Achse ist jedoch wegen $d = 2b$ und $r_1 + r_2 = 2r_b > 2b = d$ stabil. Neutrale Stabilität haben wir für einen Kreis.

Für die Ellipse könnten wir auch, wenn wir wollten, die Dickefunktion $d(\varphi)$ von Seite 22 explizit berechnen. Wir wollen es aber mit der Mathematik nicht übertreiben, sondern nur darauf hinweisen, dass die maximale Dicke gleich der Länge $2a$ der großen Achse ist, und die minimale gleich der kleinen Achsenlänge $2b$. Entlang dieser beiden Achsen findet man die periodischen Bahnen, deren Stabilität wir oben untersucht haben.

4 Siehe dazu die Ausführungen in dem Buch H. J. Korsch, *Physik mit 2x2-Matrizen*, Carl Hanser Verlag 2021.

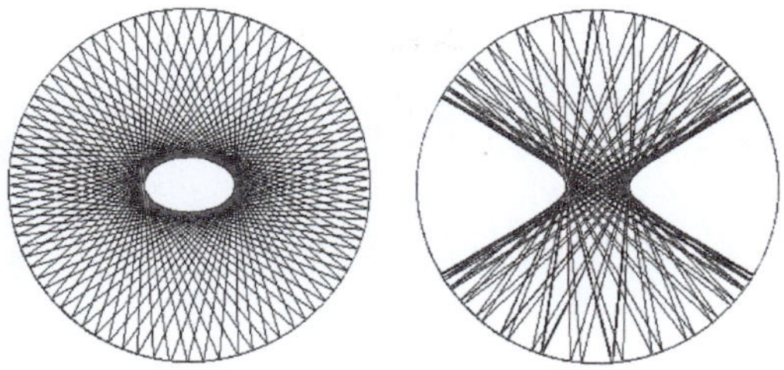

Bild 1.34 Bahnen im elliptischen Billard mit kleinen Startwinkeln (links) und größeren (rechts).

Wenn wir allgemeinere Bahnen im elliptischen Billard betrachten, so finden wir zwei Typen. Im Bild 1.34 sieht man ein elliptisches Billard mit $\varepsilon = 0{,}2$, das heißt einer großen Halbachse von $a \approx 1{,}02\,b$, also eine fast kreisförmige Ellipse. Trotzdem sind die Bahnen sehr unterschiedlich von denen eines Kreisbillards. Für kleinere Werte des Startwinkels α (linkes Bild) füllt die Bahn einen äußeren ringförmigen Bereich, ähnlich der Bahn im Kreisbillard, aber für größere α-Werte findet man ein anderes Verhalten (rechtes Bild), bei dem die Bahn einen sanduhrähnlichen Bereich ausfüllt.

Was können wir tun, um uns einen besseren Überblick von der Dynamik zu verschaffen? Wir könnten auf die Darstellung der Bahnen verzichten und uns nur die Auftreffpunkte φ und die Auftreffwinkel α ansehen. Hier haben die Billardexperten es für nützlich gefunden, statt α und φ die Größen

$$p = \cos\alpha \quad \text{und} \quad S(\varphi) = \frac{1}{U}\int_0^{\varphi} \sqrt{r^2(\tilde{\varphi}) + \left(r'(\tilde{\varphi})\right)^2}\,\mathrm{d}\tilde{\varphi}$$

zu verwenden. Dabei ist p die Projektion der Bahn auf die Tangente (siehe Bild 1.29) und S ist die **Bogenlänge** bis zum Auftreffpunkt (vgl. die Aufgabe auf Seite 33), dividiert durch den Umfang U der Billardkurve. Dann wird die Bahn zu einer Folge von Punkten (S_0,p_0), (S_1,p_1), (S_2,p_2), … oder (S_n,p_n), $n = 0, 1, \ldots$.

Für ein Kreisbillard ergibt sich dabei ein eintöniges Bild. Da α auf jeder Bahn konstant bleibt, ist auch $p = \cos\alpha$ konstant, und in einer Darstellung in der (S,p)-Ebene erhalten wir für jede Bahn nur Punkte, die eine horizontale Gerade ausfüllen, es sei denn, dass sich für eine periodische Bahn nur einzelne Punkte ergeben. Für ein elliptisches Billard sieht dies aber anders aus, wie im Bild 1.35 zu sehen ist. Dort sind die Punkte (S_n,p_n) für achtzehn verschiedene Anfangsbedingungen geplottet.

Zunächst sehen wir, dass sich alle Punkte einer Bahn auf einer Kurve anordnen. Für größere Werte von $|p|$, also kleine Winkel α, sind dies leicht gewellte Kurven, die man als kleine Störungen der geraden Linien eines Kreisbillards ansehen kann.

Für kleinere $|p|$ umrundet jede Bahn zwei Zentren. Sehen wir uns zuerst eine Bahn ganz im Zentrum an. Dabei ist $\alpha = \pi/2$ und $\varphi = \pi/2$ oder $3\pi/2$, das heißt, es handelt sich um eine Bahn, die längs der kleinen Halbachse hin und her springt. Wie wir schon gesehen haben, ist diese Bahn stabil, und eine benachbarte Bahn bleibt in ihrer Nachbarschaft. Im Ortsraum füllt sie einen sanduhrförmigen Bereich aus, wie das rechte Bild 1.34 zeigt.

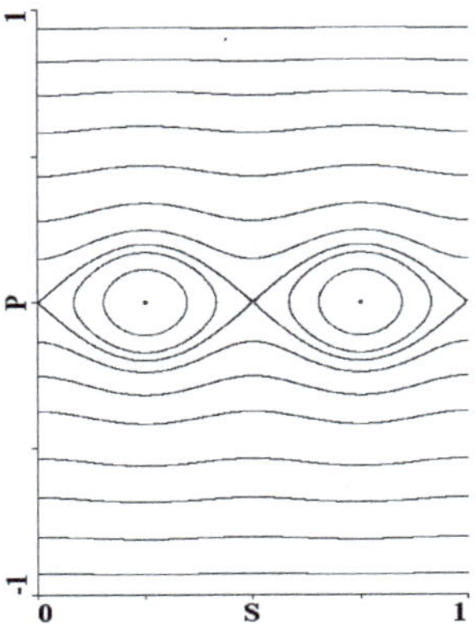

Bild 1.35 Elliptisches Billard: Bahnen im Phasenraum (S, p).

Die beiden Gebiete unterschiedlicher Dynamik werden, ähnlich wie bei dem Verhalten einer Schaukel mit Überschlag, durch eine Bahn getrennt, eine sogenannte **Separatrix**, die die beiden Ellipsenpunkte auf der großen Halbachse verbindet. Diese Separatrix ist genau die instabile Bahn längs der großen Halbachse. Es existieren auch hier natürlich viele periodische Bahnen, die aber nicht mehr so leicht zu lokalisieren sind wie bei dem Kreisbillard.

Diametrale Bahnen: Bei dem elliptischen Billard bestimmen die beiden Bahnen entlang der kleinen und der großen Achse die Struktur der gesamten Dynamik im Phasenraum. Sie sind auch für allgemeinere Billardkurven von Bedeutung, und es ist interessant, dass solche Bahnen *immer* existieren, also Bahnen der Periode zwei, die zwischen gegenüberliegenden Randpunkten hin und her reflektiert werden. Das hat natürlich die direkte Konsequenz, dass eine solche **diametrale Bahn** senkrecht auf die Randkurve auftreffen muss. Bei dem elliptischen Billard ergaben sich diese Bahnen zwanglos aus den Symmetrien der Randkurve, und für das Kreisbillard erlaubte jeder Randpunkt eine solche Bahn längs des Kreisdurchmessers. Es lässt sich durch eine einfache Überlegung zeigen, dass *jede* Billardkurve zwei solche diametrale Bahnen besitzt. Wie kann man das einsehen? Lesen wir dazu doch einmal auf Seite 22 nach!

Typische Billards: Das elliptische Billard ist aber kein *typisches* Billard! Für fast alle anderen Billards findet man ein ganz anderes Verhalten. Ein Beispiel ist im Bild 1.36 zu sehen. Gezeigt ist das (numerisch berechnete) Zeitverhalten der Punkte (S_n,p_n) für eine Reihe ausgewählter Bahnen für die Randkurve

$$r(\varphi) = 10 + g\cos(2\varphi)\,,$$

für $g = 1$. Wenn wir dieses Verhalten beschreiben sollten, würden wir eventuell sagen: „Es sieht aus wie eine komplizierte Inselstruktur in einem chaotischen See." Interessanterweise wurden die vielen Punkte im chaotischen See von einer *einzigen* Bahn erzeugt! Man kann also durch diese chaotische Bahn die eingebetteten Inseln lokalisieren. In den Zentren dieser Inseln findet man stabile periodische Bahnen, die mehrere solcher Inseln verbinden.

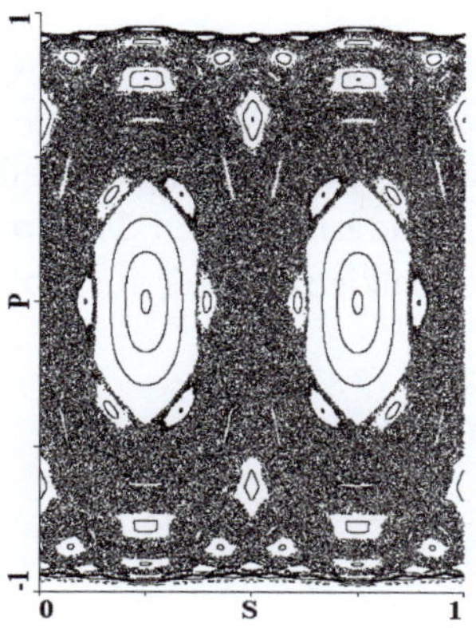

Bild 1.36 Phasenraumdynamik für ein typisches, nicht-elliptisches Billard.

Wenn man die Chaotizität verringert, hier durch eine Verkleinerung des Parameters g, dann verkleinert sich der chaotische See, bis er im Grenzfall $g = 0$ für ein Kreisbillard ganz verschwindet. Wenn man umgekehrt vom Kreisbillard ausgeht und g langsam erhöht, dann ist es von Interesse zu untersuchen, *wo* chaotische Bahnen zuerst auftauchen. Genauso kann man sich fragen, welche Stabilitätsinseln als letzte überleben, wenn g über den Wert $g = 1$ weiter vergrößert wird.

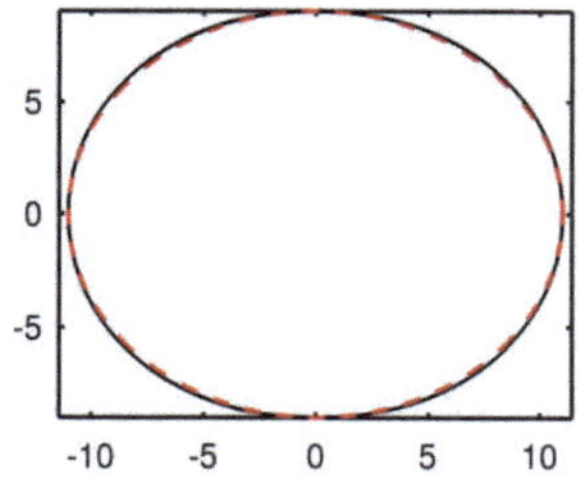

Bild 1.37 Vergleich der Randkurve des Billards aus Bild 1.36 (—–) mit einer Ellipse (- - -).

Bemerkenswert ist auch, dass sich die Form dieses Billards mit solch einer chaotischen Dynamik für $g = 1$ kaum von einer Ellipse unterscheidet. Das Bild 1.37 zeigt die Billardkurve als durchgezogene Linie im Vergleich mit einer Ellipse (gestrichelte Linie). Der grundlegende Unterschied zwischen den beiden Billardtypen liegt darin, dass die elliptischen Billards neben der Erhaltung der Energie noch eine weitere Erhaltungsgröße besitzen, das Produkt der Drehimpulse bezüglich der beiden Brennpunkte bleibt konstant: Sie ist ein sogenanntes **integrables System**. Das ist nicht mehr der Fall für andere Billards. Mehr zu diesem faszinierenden Gebiet der **Chaosforschung** müssen wir der Literatur überlassen. Die oben dargestellten Beispiele sind dem Buch H. J. Korsch, H.-J. Jodl, T. Hartmann, *Chaos*, Springer 2008 entnommen.

1.7 Optik: Kaustiken & Regenbögen

Im vorangehenden Abschnitt hatten wir schon einige Vorgänge kennengelernt, die nicht nur für die Bewegung von Teilchen wichtig sind, sondern auch in der Optik eine große Rolle spielen, wie Reflexion und Brechung. Das soll jetzt weiter ausgebaut werden.

Brennpunkte & Brennlinien

Ein bekanntes Phänomen in der Optik ist die **Kaustik**. Sie entsteht, wenn die Lichtstrahlen eines Lichtbündels Tangenten einer Grenzlinie sind. Dann erscheint dort eine helle Linie, eine **Brennlinie**, in Extremfällen nur ein einzelner Punkt, ein **Brennpunkt**. Solche Brennpunkte lassen sich für einige einfache Reflexionskurven angeben.

Für eine **Parabel** $y = ax^2$ wird ein parallel zur y-Achse einfallendes Strahlenbündel in den Punkt $x = 0$, $y = \frac{1}{4a}$ reflektiert, den **Brennpunkt** der Parabel. Der Mittelpunkt des Krümmungskreises am Scheitelpunkt liegt doppelt soweit entfernt bei $y = \frac{1}{2a}$ (siehe Bild 1.17).

Da die Evolute der Parabel ein wichtiges Beispiel darstellt, wollen wir versuchen, sie hier einmal direkt zu berechnen. Wir wählen dazu einen etwas ungewöhnlichen Weg, der uns als Nebenprodukt auch eine grundlegende Technik erklärt, mit der man einhüllende Kurven berechnen kann. Wir hatten gelernt, dass die Evolute die Einhüllende aller Normalen ist. Die Tangente der Parabel $y = ax^2$ im Punkt x_0, $y_0 = ax_0^2$ können wir angeben als eine Gerade durch diesen Punkt mit der Steigung $2ax_0$ der Parabel, also als $y = 2ax_0(x - x_0) + ax_0^2$. De Normale hat dann die Steigung $-\frac{1}{2ax_0}$ und lässt sich, wenn wir x_0 durch den Parameter τ ersetzen, in der Form

$$y(x,\tau) = -\frac{1}{2a\tau}(x - \tau) + a\tau^2 = \frac{1}{2}a - \frac{x}{2a\tau} + a\tau^2$$

schreiben. Das liefert uns das Feld der Normalen. Wodurch ist die einhüllende Kurve ausgezeichnet? Erstens muss jeder ihrer Punkte auf einem Strahl liegen, also diese Gleichung erfüllen, und zweitens muss sie tangential zu diesem Strahl sein. Das heißt, eine kleine Änderung der Bahnparameter darf keine Auswirkungen haben. Mathematisch bedeutet dies, dass die partielle Ableitung von $y(x,\tau)$ nach dem Parameter τ in diesem Punkt gleich null sein muss. Das ergibt

$$\frac{\partial y}{\partial \tau} = \frac{x}{2a\tau^2} + 2a\tau \stackrel{!}{=} 0 \quad \Longrightarrow \quad x = -4a^2\tau^3$$

$$\Longrightarrow \quad y = \frac{1}{2a} + \frac{4a^2\tau^3}{2a\tau} + a\tau^2 = \frac{1}{2a} + 3a\tau^2 = \frac{1}{2a} + 3a\left(\frac{x}{4a^2}\right)^{2/3},$$

also für $a = 1$ die Formel auf Seite 18.

Die **Brennpunkte der Ellipse** $\frac{x^2}{a^2} + \frac{y^2}{b^2} = 1$ mit $0 < b < a$ liegen bei $x = \pm e$ auf der x-Achse (siehe Seite 19), und alle Strahlen, die von einem Brennpunkt ausgehen, werden an der Randkurve reflektiert und in den anderen Brennpunkt fokussiert. Dies hat neben optischen auch medizinische Anwendungen wie beim **Nierensteinzertrümmerer**, wobei statt mit Licht mit Stoßwellen gearbeitet wird. Die Parabel und die Ellipse sind aber sehr spezielle Fälle. Für Reflexionen an allgemeineren Randkurven findet man statt der Brennpunkte ausgedehntere Strukturen, die Kaustiken. Wir beginnen mit einem bekannten Beispiel:

Die Kaustik in der Kaffeetasse: Die **Kaffeetassen-Kaustik** ist wohl das bekannteste Phänomen, das fast jeder schon einmal beobachtet hat. Nehmen wir zur Vereinfachung an, dass unsere Lichtstrahlen, wie im Bild 1.38 dargestellt, von links parallel auf den rechten Rand der kreisförmigen Tasse auftreffen. Den linken Rand betrachten wir als lichtdurchlässig. Dann werden die Lichtstrahlen nach dem Reflexionsgesetz an dem gegenüber liegenden Rand reflektiert. Das reflektierte Bündel ist auf einen eng begrenzten Raum beschränkt und tangential zu einer Einhüllenden. Wenn wir den Rand der Tasse als einen Einheitskreis betrachten und Polarkoordinaten bezüglich des Kreismittelpunkts verwenden mit dem Polarwinkel φ, dann wird die Einhüllende, also die Kaustik, durch die Gleichungen

$$x(\varphi) = \cos\varphi - \tfrac{1}{2}\cos\varphi\,\cos 2\varphi\,, \quad y(\varphi) = \sin\varphi - \tfrac{1}{2}\cos\varphi\,\sin 2\varphi\,, \quad -\tfrac{\pi}{2} \leq \varphi \leq \tfrac{\pi}{2}$$

beschrieben, wobei der Kreisradius gleich eins gewählt wurde. Die Herleitung dieser Gleichung überlassen wir einer Übungsaufgabe:

Wenn man eine Gleichung für einen am Kreispunkt $x_0 = \cos\varphi$, $y_0 = \sin\varphi$ reflektierten Strahl aufstellt, dann lässt sich die Einhüllende dieser Strahlenfamilie genauso berechnen, wie oben am Beispiel der Parabel. (Antwort Seite 202)

Diese Kurve hat eine scharfe Spitze (engl. „Cusp") bei $x = \frac{1}{2}$ und $y = 0$. Das linke Bild zeigt den Strahlengang für zehn einfallende Strahlen sowie die Kaustikkurve,

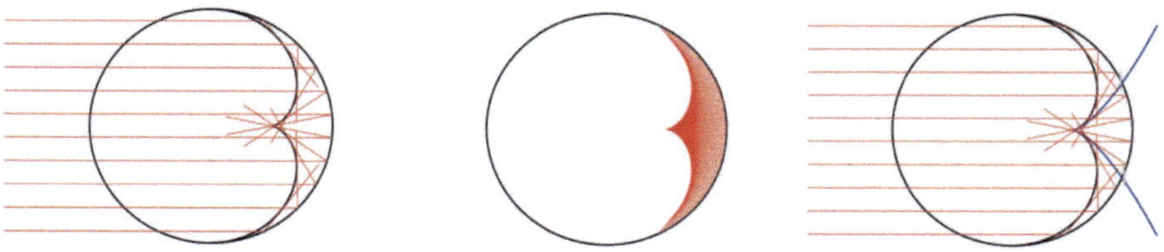

Bild 1.38 Kaustik in der Kaffeetasse. Die Reflexion eines parallelen Lichtbündels erzeugt eine Brennlinie auf der Oberfläche.

das mittlere Bild für hundert Strahlen, wobei nur die Strahlen im Bereich zwischen Kreisrand und Kaustik dargestellt sind.

Die Strahlen, die die starke Helligkeit in der Spitze erzeugen, werden alle in einer kleinen Umgebung des zentralen Strahls reflektiert. Wir können daher die Kreiskurve durch eine nach links geöffnete Parabel annähern, also durch

$$x = \sqrt{1 - y^2} \approx 1 - \frac{1}{2}y^2$$

für kleine Werte von y^2 (siehe Seite 191). Dann ist der Brennpunkt der Parabel (siehe Seite 48) um die Strecke $\frac{1}{2}$ vom Scheitelpunkt entfernt, er liegt also genau in der Spitze der Brennlinie. Wir können auch näherungsweise in der Nähe des Zentralstrahls die oben angegebene Formel für die Brennlinie für kleine Winkel φ entwickeln. Wir erhalten dann mit $x = \frac{1}{2} + \frac{3}{4}\,y^{2/3}$, eine gute Näherung an die Kaustik-Spitze, wie das Resultat rechts im Bild zeigt,

Es sollte noch erwähnt werden, dass (a) die Kaustikkurve eine sogenannte **Nephroide** ist, und dass (b) weitere Kaustiken existieren, wenn man mehrfache Reflexionen der Bahn an der Randkurve betrachtet, sowie dass (c) in einer realen Kaffeetasse diese idealisierten Kaustikkurven durch schrägen Lichteinfall, nicht-parallele Lichtbündel und weitere Einflüsse verzerrt sind.

Ein weiteres Beispiel einer Kaustik finden wir auf Seite 19. Dort wird die Evolute einer Ellipse angegeben, also die Ortslinie der Mittelpunkte ihrer Krümmungskreise. Mit den uns jetzt geläufigen Techniken ist es nicht schwer, diese Formel auch herzuleiten, ausgehend von der Parameterdarstellung der Ellipse als $x = a\cos\varphi$, $y = b\sin\varphi$. Wie dort im mittleren Bild 1.18 dargestellt, ist sie auch die Einhüllende aller Normalen der Ellipse, also die Kaustik eines Strahlenfeldes, das entsteht, wenn Lichtstrahlen senkrecht von der elliptischen Randkurve nach innen emittiert werden. Dies ist hier im Bild 1.39 noch einmal dargestellt für Ellipsen mit $a = 10$ und $b = 6$, $b = 8$ und $b = 9$. Mit abnehmender Exzentrizität wird die Ellipse mehr und mehr kreisförmig und die Kaustik und die Brennpunkte nähern sich dem Kreismittelpunkt.

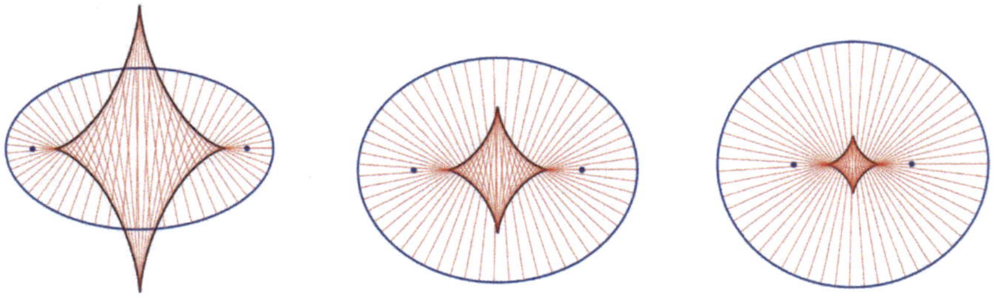

Bild 1.39 Kaustik, gebildet durch die Evoluten einer Ellipse. Dabei nimmmt die Exzentrizität der Ellipsen von links nach rechts ab.

Kugelspiegel

Bei einem Kugelspiegel unterscheiden wir zwischen einem konkaven Spiegel (Hohlspiegel) und einem konvexen Spiegel (Wölbspiegel). Die allgemeinen Abbildungseigenschaften sind recht ungewöhnlich und wir werden in Abschnitt 2.9 darauf zurückkommen (siehe Seite 119), aber wenn wir uns auf achsennahe (paraxiale) Stahlen beschränken, wird alles einfacher.

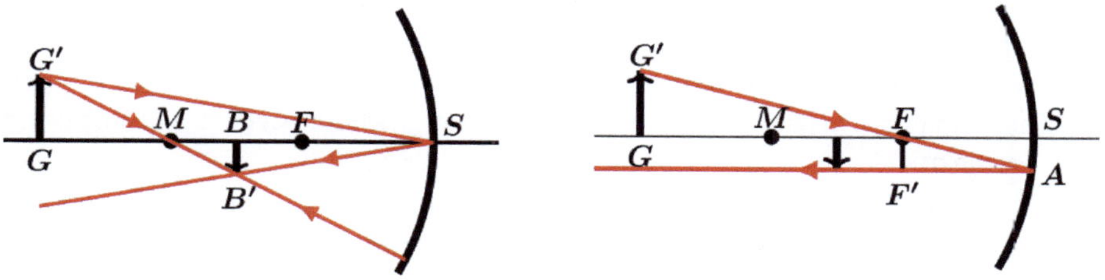

Bild 1.40 Strahlengang für einen konkaven Kugelspiegel. Ein Gegenstand bei G wird in ein Bild bei B abgebildet.

Bild 1.40 zeigt einen solchen konkaven Hohlspiegel, das heißt, ein zweidimensionales Schnittbild, den Ausschnitt einen Kreises mit Radius r, an dessen Innenseite die Lichtstrahlen reflektiert werden. Der Brennpunkt F liegt auf der optischen Achse in der Mitte zwischen dem Kreismittelpunkt M und dem Scheitelpunkt S. Aber Vorsicht, dies ist kein echter Brennpunkt des Kugelspiegels, sondern nur in der paraxialen Näherung (siehe auch Seite 50). Wir platzieren einen Gegenstand bei G in einer Entfernung $\overline{GS}$ vom Scheitelpunkt des Spiegels mit der Höhe $h = \overline{GG'}$ und fragen uns, an welcher Position B wir sein Bild finden und welche Höhe $h' = \overline{BB'}$ es hat, wie groß also der Abbildungsmaßstab $p = h'/h$ ist. Dabei helfen uns drei einfache Strahlengänge:

- Strahlen, die parallel zur optischen Achse einfallen, werden in den Brennpunkt F reflektiert und umgekehrt.
- Strahlen durch den Mittelpunkt M des Kugelspiegels werden in sich selbst reflektiert.
- Strahlen in den Scheitelpunkt S werden symmetrisch bezüglich der optischen Achse reflektiert.

Links im Bild 1.40 sind zwei solche Strahlen eingezeichnet, die vom oberen Rand G' des Gegenstandes ausgehen, ein Mittelpunktstrahl und ein Scheitelpunktstrahl. Sie schneiden sich im oberen Bildpunkt B'. Das Bild rechts zeigt den gleichen Aufbau, nur ist ein Brennstrahl vom Punkt G' eingezeichnet, der nach Reflexion am Spiegel in A parallel zur optischen Achse austritt und natürlich durch den Bildpunkt B' verläuft (alternativ könnte man auch einen Strahl von G' parallel zur optischen Achse verwenden, der dann in den Brennpunkt reflektiert wird). Wir suchen jetzt eine Gleichung für den Abbildungsmaßstab und den Zusammenhang zwischen den Positionen von Gegenstand und Bild.

Die beiden Winkel zwischen den Ästen des Scheitelpunktstrahls und der optischen Achse im Punkt S sind nach dem Reflexionsgesetz gleich. Wenn wir mit $g = \overline{GS}$ die **Gegenstandsweite** und mit $b = \overline{GS}$ die **Bildweite** bezeichnen, also ihre Abstände vom Spiegel, gilt

$$\frac{\overline{GG'}}{\overline{GS}} = \frac{\overline{BB'}}{\overline{BS}} \quad \Longrightarrow \quad \frac{\overline{BB'}}{\overline{GG'}} = \frac{\overline{BS}}{\overline{GS}} = \frac{b}{g} \quad \Longrightarrow \quad p = \frac{h'}{h} = -\frac{b}{g},$$

wobei wir der Konvention folgen, dass man die laterale Bildgröße h' und den Abbildungsmaßstab negativ wählt, wenn das Bild im Vergleich zum Gegenstand umgekehrt erscheint.

Die **Spiegelgleichung** verknüpft Gegenstandsweite g und Bildweite b mit der Brennweite $f = \overline{FS}$. Wir finden sie mithilfe des Brennstrahls im rechten Bild. Seine Schnittwinkel mit der optischen Achse am Brennpunkt F sind gleich, und daher sind die beiden Dreiecke $GG'F$ und $F'FA$ ähnlich und es gilt

$$\frac{\overline{GG'}}{\overline{GS}} = \frac{\overline{BB'}}{\overline{BS}} \quad \Longrightarrow \quad -\frac{h}{h'} = \frac{\overline{GG'}}{\overline{BB'}} = \frac{\overline{GF}}{\overline{FA}} \approx \frac{\overline{GF}}{\overline{FS}} = \frac{g-f}{f} = \frac{g}{f} - 1\,.$$

Andererseits ist $-h/h' = -1/p = g/b$ und wenn wir dies gleichsetzen, ergibt sich

$$\frac{g}{f} - 1 = \frac{g}{b} \quad \Longrightarrow \quad \frac{1}{f} - \frac{1}{g} = -\frac{1}{b} \quad \Longrightarrow \quad \frac{1}{g} + \frac{1}{b} = \frac{1}{f}\,.$$

Für konvexe Spiegel, also Wölbspiegel, kann man die Bildkonstruktion genauso vornehmen. Das Bild 1.41 zeigt ein Beispiel mit einem Scheitelpunktstrahl und einem Mittelpunktstrahl. Als eine kleine Übung sollte man auch den Verlauf eines Brennpunktstrahls skizzieren. Im Unterschied zu dem konkaven Spiegel liegen hier der Brennpunkt und das Bild im unzugänglichen Bereich, und man spricht dann von virtuellen Größen. In einer Vorzeichenkonvention wählt man dann Brennweite f und Bildweite b negativ mit der Konsequenz, dass die Spiegelgleichung auch hier gültig ist.

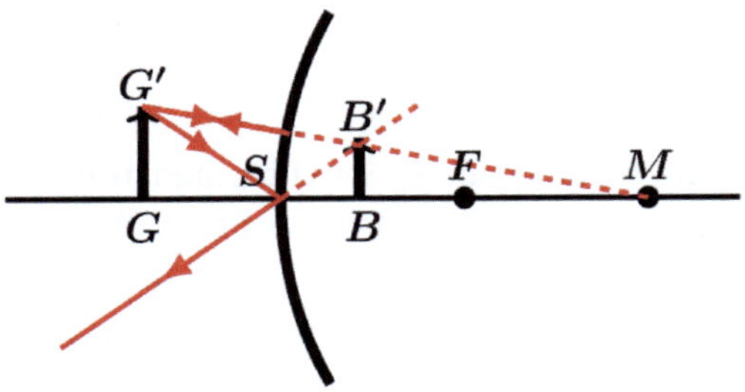

Bild 1.41 Strahlengang für einen konvexen Kugelspiegel. Ein Gegenstand bei G wird in ein virtuelles Bild bei B abgebildet.

Man sollte sich davon überzeugen, dass für die in den Bildern dargestellten Konfigurationen die Spiegelgleichung erfüllt ist. Hier ist $r = 4\,\text{cm}$ und der Gegenstand ist bei dem konkaven Spiegel 2 cm links vom Mittelpunkt positioniert, bei der konvexen 5,5 cm. (Antwort Seite 203)

Unsere Herleitung der Abbildungseigenschaften beruhte auf der paraxialen Näherung, also für achsennahe Strahlen. Wenn das nicht mehr gegeben ist, muss man mehr rechnerischen Aufwand treiben. Wir betrachten hier nur ein einfaches Beispiel:

Spiegelnde Kugeln: Wir wollen uns einmal ansehen, wie eine Kugel sich in einer zweiten Kugel spiegelt, was man leicht mit zwei silbernen Christbaumkugeln realisieren kann. Wir nehmen an, dass ihre Radien gleich r sind und ihre Mittelpunkte den Abstand ℓ haben, wie im Bild 1.42. Dann treffen aus allen Richtungen Lichtstrahlen auf die Kugel (1) mit Mittelpunkt M_1 und werden von ihr reflektiert. Ein Teil davon trifft dann auf die Kugel (2), und wiederum ein Teil davon landet im Auge des Beobachters. Der sieht diese Strahlen dann als ein Spiegelbild der Kugel (1) in der Kugel (2).

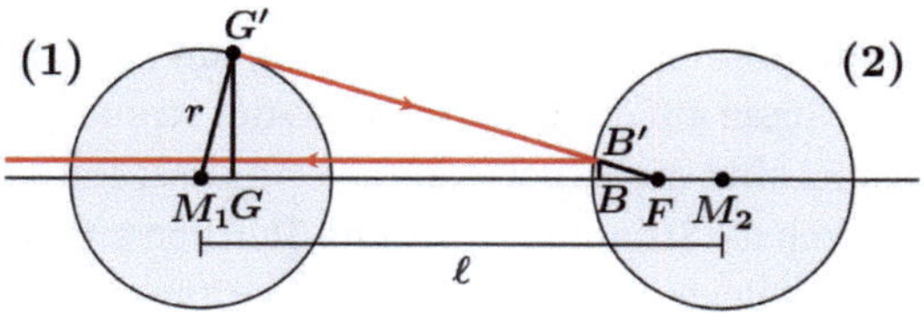

Bild 1.42 Das Spiegelbild der Kugel 1 in der Kugel 2 wird begrenzt durch Tangentialstrahlen.

Mit ein wenig Rechenaufwand können wir zeigen, dass dieses Spiegelbild der Kugel näherungsweise verkleinert ist um den Faktor

$$p(\ell) = \frac{1}{2(\ell/r - 1)} \quad \text{mit} \quad p(\ell) \leq p(\ell') \quad \text{für} \quad \ell \leq \ell' \quad \text{und} \quad p(2r) = \frac{1}{2}\,.$$

Zur Begründung dieser Formel wählen wir einen Beobachterstandort weit entfernt in Richtung der Verbindungslinie der beiden Kugeln auf der linken Seite und stellen uns vor, dass die Kugel 1 für die an Kugel 2 reflektierten Strahlen durchlässig ist. Dann erreichen uns alle Strahlen, die parallel zur Verbindungsachse auslaufen, sie sind also Brennstrahlen in Richtung des Brennpunkts F auf der Ache im Abstand $r/2$ vom Mittelpunkt. Zum Spiegelbild der Kugel 1 in der Kugel 2 gehört auf alle Fälle der zentrale Strahl längs der Achse und auch ein kleines Strahlenbündel in seiner Nachbarschaft bis hin zu einem Strahl, der die Kugel 1 tangential berührt, wie im Bild zu sehen. Dieser Strahl erzeugt die äußere Begrenzung des Spiegelbilds bei B'. Auf die Bildhöhe $\overline{BB'}$ wird das Intervall $|GG'|$ der Kugel 1 abgebildet.

Jetzt können wir beginnen zu rechnen. Nach dem Strahlensatz lässt sich das Abbildungsverhältnis durch $\overline{BF} \approx r/2$ und $\overline{M_1F} \approx \ell - r/2$ ausdrücken und es folgt

$$p = \frac{\overline{BB'}}{\overline{GG'}} = \frac{\overline{BF}}{\overline{M_1F}} \approx \frac{r/2}{\ell - r/2} = \frac{1}{2(\ell/2 - 1)} .$$

Das ist natürlich noch nicht alles, denn es spiegelt sich ja auch die Kugel 2 in der Kugel 1 und dieses Spiegelbild wird wieder zurückgespiegelt und wir sehen es innerhalb des oben betrachteten Spiegelbildes von 1 an 2, wieder um einen Faktor p verkleinert. Das Ganze setzt sich dann fort zu einer unendlichen Folge von Spiegelbildern. Mehr dazu erfahren wir in einer Anwendung auf die chaotische Streuung dreier harter Kugeln auf Seite 68.

Streuung & Regenbögen

Bei der Streuung geht es darum zu beschreiben, wie ein Teilchenstrahl von einem Hindernis umgelenkt wird. Das kann man dann im Idealfall benutzen, um aus einer Messung der gestreuten Teilchen Rückschlüsse auf die Eigenschaften des streuenden Objekts zu ziehen. Ein klassisches Beispiel sind die Experimente von Ernest Rutherford, die **Rutherford-Streuung**, wobei durch die Streuung von Alpha-Teilchen an Gold-Atomen die Existenz eines Atomkerns nahegelegt wurde. Hier wollen wir für einfache Systeme die grundlegenden Ideen darstellen. Dabei bleiben wir bei Streuprozessen in der Ebene, die Ausdehnung auf drei Raumdimensionen wird dann im folgenden Kapitel nachgeholt.

Harte-Kugel-Streuung

Wir beginnen mit der Streuung einer Punktmasse an einer harten zweidimensionalen „Kugel“, also einem Kreis mit Radius r. Wir wählen unsere x-Koordinate durch den Kugelmittelpunkt in Richtung des Teilchenstrahls, der einen Abstand b von der Achse hat, den man als **Stoßparameter** bezeichnet. Bei dem Stoß auf die Kugel wird das Teilchen elastisch reflektiert und um einen Winkel, den **Streuwinkel** ϑ (gesprochen „theta“), abgelenkt, wie auf dem Bild 1.43 dargestellt. Dieser Streuwinkel hängt ab von dem Stoßparameter b und man bezeichnet $\vartheta(b)$ als die **Ablenkfunktion**. Ihre Ableitung $\frac{\mathrm{d}\vartheta}{\mathrm{d}b}$ nach dem Stoßparameter liefert die Dichte der gestreuten Teilchen aus dem Stoßparameterintervall Δb in den Winkelbereich $\Delta\vartheta$, also die Streuintensität in Richtung ϑ.

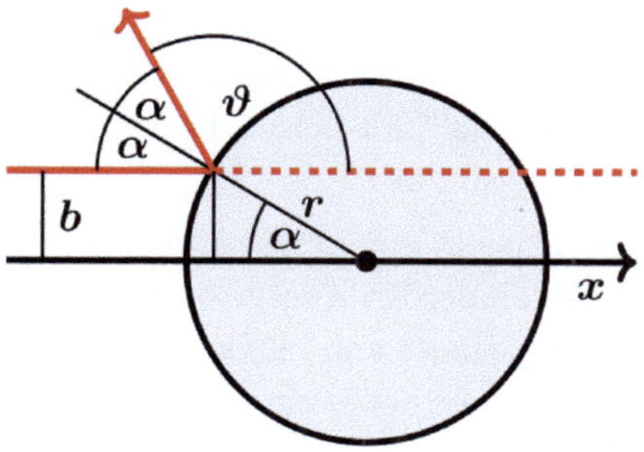

Bild 1.43 Ablenkung eines Teilchens mit Stoßparameter b an einer harten Kugel um den Streuwinkel ϑ.

Für die harte Kugel können wir die Ablenkfunktion recht einfach berechnen. Dazu definieren wir den Winkel α zwischen der einfallenden Teilchenbahn und der Normalenrichtung im Auftreffpunkt, den Einfallswinkel. Dieser Winkel erfüllt $\sin\vartheta = \frac{b}{r}$. Mit dem Reflexionsgesetz „Einfallswinkel gleich Ausfallswinkel" erhalten wir $\vartheta + 2\alpha = \pi$, also $\alpha = \frac{\pi}{2} - \frac{\vartheta}{2}$ und daher mithilfe von $\sin\alpha = \sin(\frac{\pi}{2} - \frac{\vartheta}{2}) = \cos\frac{\vartheta}{2}$ (siehe Seite 193), also

$$\cos\frac{\vartheta}{2} = \frac{b}{r} \quad \text{oder} \quad \vartheta(b) = 2\arccos\frac{b}{r} \quad \text{für} \quad b < r\,.$$

Das Bild 1.44 zeigt die Ablenkfunktion $\vartheta(b)$. Für einen zentralen Stoß, $b = 0$, wird das Teilchen zurückgeworfen, also $\vartheta = 180°$. Mit wachsendem Stoßparameter fällt der Ablenkwinkel monoton ab bis zu einem Wert von $\vartheta = 0°$ bei dem Stoßparameter $b = r$. Für $b \geq r$ schließlich ergibt sich keine Ablenkung mehr. Für $b/r = 1/\sqrt{2} \approx 0{,}71$ ist $\vartheta = 90°$, wir haben also eine Ablenkung senkrecht zur Stoßrichtung. Es sei noch einmal betont, dass es sich hier statt stoßender Teilchen auch um die Reflexion von Lichtstrahlen an spiegelnden Kugeln handeln kann. Dazu findet man mehr in Abschnitt 2.9.

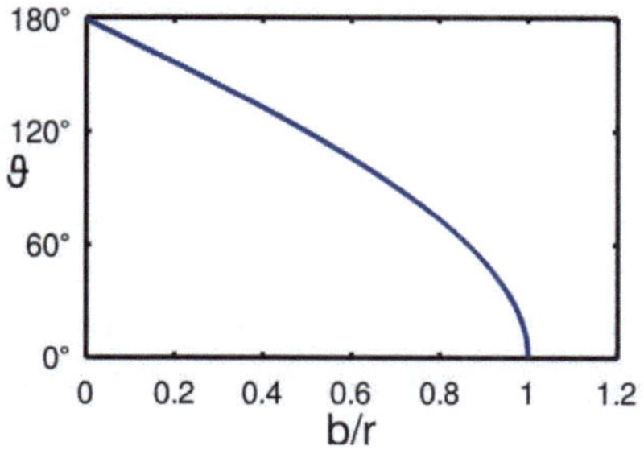

Bild 1.44 Ablenkfunktion $\vartheta(b)$ für den Stoß an einer harten Kugel mit Radius r.

Regenbogenstreuung

Wir kommen jetzt zu einem Phänomen, das uns allen bekannt ist, dem **Regenbogen**. Diese eindrucksvolle Himmelserscheinung beruht auf der Brechung des Sonnenlichts an kleinen Wassertropfen in der Luft, etwa nach einem Regenschauer. Das spielt sich natürlich in drei Raumdimensionen ab, aber der zugrunde liegende physikalische Prozess lässt sich auch als ein ebenes Problem verstehen. Es ist die Brechung und Reflexion von Licht an einer zweidimensionalen „Kugel“, also einer kreisförmigen Scheibe aus einem homogenen Material mit Brechungsindex n.

Ein Lichtstrahl fällt von links ein, parallel zur x-Achse in einem Abstand b, den wir oben als **Stoßparameter** bezeichnet haben. Er wird an der Kreiskurve nach dem Brechungsgesetz gebrochen, dann an dem gegenüberliegenden Rand reflektiert und beim Austritt ein zweites Mal gebrochen. Insgesamt erfährt er dabei eine Ablenkung um den **Streuwinkel** ϑ. Bei diesen Brechungs- und Reflexionsprozessen wird der Lichtstrahl natürlich jeweils auch teilweise reflektiert bzw. durchgelassen, aber das wollen wir hier nicht weiter verfolgen. Wir beschränken uns auf den Hauptstrahlengang, wie im Bild 1.45 dargestellt. Die offenkundige Symmetrie des Strahlengangs erlaubt eine einfache Berechnung der Ablenkfunktion $\vartheta(b)$.

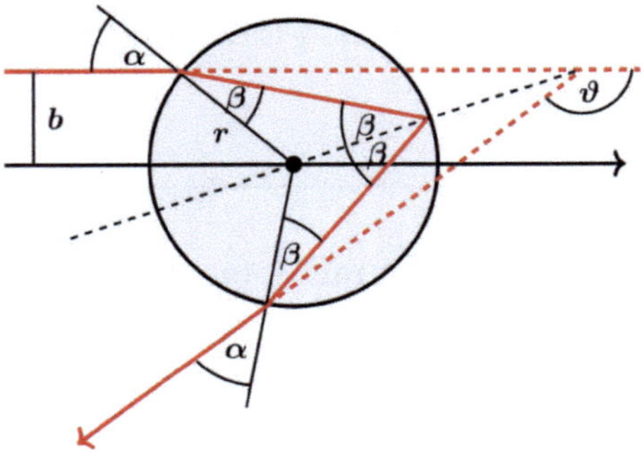

Bild 1.45 Brechung eines Lichtstrahls an einem kugelförmigen Tropfen.

Bei jeder Brechung sind die Winkel α und β durch das Brechungsgesetz $\sin\alpha = n\sin\beta$ verknüpft und der Winkel α ist gegeben durch $\sin\alpha = b/r$. Die Richtung des Lichtstrahls ändert sich bei jeder Brechung um den Winkel $\alpha - \beta$ und bei jeder Reflexion um $\pi - 2\beta$, insgesamt also um den Ablenkwinkel

$$\vartheta(b) = \left|2(\alpha - \beta) + (\pi - 2\beta)\right| = \left|2\arcsin\frac{b}{r} - 4\arcsin\frac{b}{nr} + \pi\right| \quad \text{für} \quad b < r\,.$$

Das Bild 1.46 zeigt links diese Ablenkfunktion $\vartheta(b)$ für den Brechungsindex von Wasser für rotes Licht ($n_{\text{rot}} = 1{,}33$). Sie besitzt ein ausgeprägtes Minimum bei einen Stoßparameter $b \approx 0{,}87\,r$ mit einem Ablenkwinkel von 138°. Dieses Extremum ist die Ursache des Regenbogens, denn hier werden Lichtstrahlen aus einem verhältnismäßig großem Stoßparameterbereich Δb in einen kleines Winkelintervall $\Delta\vartheta$ abgelenkt. Ja, die Streuintensität $\frac{d\vartheta}{db}$ wird bei diesem **Regenbogenwinkel** sogar singulär. Es sei hier schon darauf hingewiesen, dass wir diesen Regenbogen am Himmel aus der Einfallsrichtung des Lichts beobachten, wenn wir mit der Sonne im Rücken in Richtung der Wassertropfen am Himmel blicken. Wir sehen den Regenbogen also unter einem Öffnungswinkel von $180° - 138° = 42°$.

Das rechte Bild zeigt das Schicksal eines äquidistanten Strahlenbündels in der Umgebung des Strahls mit maximaler Ablenkung. Man sieht, das sich hier eine Kaustik ausbildet (siehe Seite 49), deren Asymptotik in den Regenbogenstrahl einmündet. Dies ist das grundlegende Phänomen, aber es gibt aber noch eine ganze Reihe von weiteren interessanten Eigenschaften dieser Regenbogenstreuung, die wir hier kurz auflisten wollen:

- Die bisherige Analyse beruht auf der **Strahlenoptik**. Sie liefert eine extreme Streuintensität bei dem Regenbogenwinkel von 42° für rotes Licht (gemessen aus der Richtung der Einstrahlung). Streuung zu größeren Winkeln ist verboten. Also ist es hier dunkel, während es innerhalb heller ist. Wenn man den Wellencharakter des Lichts berücksichtigt, wird die Singularität bei dem Regenbogenwinkel beseitigt und man findet ein Intensitätsmaximum bei einem etwas kleineren Winkel. Auch ist dann die Intensität außerhalb nicht mehr gleich null.
- Wenn wir die beiden Bilder zur Regenbogenstreuung betrachten, so sehen wir, dass in dem erlaubten Winkelbereich jeweils *zwei* Lichtstrahlen beitragen. Wenn man dies im Wellenbild darstellt, so ergeben sich für beide Strahlengänge wegen der unterschiedlichen optischen Weglängen unterschiedliche Phasen, und ihre Überlagerung führt zu Interferenzoszillationen der Intensität (siehe dazu auch die Ausführungen auf Seite 139), den **Interferenzbögen**.
- Der Brechungsindex des Wassers hängt von der Frequenz des Lichts ab. Diese **Dispersion** ist hier zwar schwach, macht sich aber doch bemerkbar. Zum Beispiel ist der Brechungsindex für blaues Licht gleich $n_{\text{blau}} = 1{,}34$, also nur wenig größer als der des roten Lichts von $n_{\text{rot}} = 1{,}33$, aber dies führt doch zu einer deutlichen Änderung des Regenbogenwinkels (siehe Bild 1.46). Da das Sonnenlicht ein breites

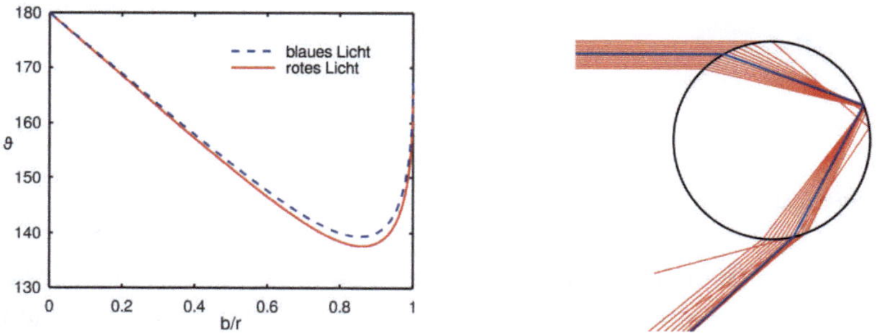

Bild 1.46 Links: Ablenkfunktion $\vartheta(b)$ für Streuung an einer Kugel zeigt ein Minimum, charakteristisch für Regenbogenstreuung. Rechts: Streuung eines äquidistanten Strahlenbündels in der Umgebung des Strahls maximaler Ablenkung.

Frequenzspektrum enthält, ergibt sich so unser bekanntes Bild des bunten Regenbogens mit einer Farbfolge von rot nach blau von außen nach innen.

- Es gibt aber noch einen weiteren Strahlengang, bei dem der Lichtstrahl im Wassertropfen ein zweites Mal an der Innenwand reflektiert wird. Dann muss bei der Berechnung der Ablenkfunktion oben ein weiterer Term $\pi - 2\beta$ hinzugefügt werden. Das führt dann zu einem zweiten Regenbogen, dem **Nebenregenbogen**. Er ist schwächer und hat eine umgekehrte Farbfolge.

Wer an weiteren Informationen über diese Themen interessiert ist, der findet sie auf der schon oben angegebenen Wikipedia-Seite zum **Regenbogen** oder unter **http://theissenonline.de/Physik/Regenbogen_Theorie_mit_Anhaengen.pdf**.

1.8 Planetenbewegung & Wurfparabeln

In der klassischen Dynamik spielen Kreisbewegungen eine wichtige Rolle, wie auch bei den Planetenbewegungen im folgenden Abschnitt. Sie lassen sich in erster Näherung als Kreisbahnen um die Sonne beschreiben. Genauer betrachtet sind es eigentlich Ellipsenbahnen, in deren Brennpunkt die Sonne steht, nicht jedoch auf der alten britischen Pfundnote, die neben Sir Isaac Newton Planetenbahnen zeigt, bei denen die Sonne im Mittelpunkt der Ellipse steht. Danach untersuchen wir andere bekannte dynamische Systeme wie die Wurfbewegung im Schwerefeld, bei der eine Kreisbewegung nur im Verborgenen zu erkennen ist.

Bild 1.47 Die alte britische Pfundnote zeigt neben Sir Isaac Newton Planetenbahnen mit der Sonne im Mittelpunkt.

Planetenbewegung

Wir sind hier zwar im Flachland und unsere Planeten bewegen sich in einem dreidimensionalen Raum, aber wenn wir nur einen einzelnen Planeten betrachten, dann ergibt sich eine Bewegung in einer Ebene, der Bahnebene.

Es ist allgemein bekannt, dass sich ein Planet auf einer Ellipsenbahn um die Sonne bewegt. Das ist natürlich ein sehr idealisiertes Bild, in dem alle Wechselwirkungen mit anderen Objekten vernachlässigt werden und der Planet als eine Punktmasse m

betrachtet wird, die sich unter Einwirkung der Gravitationskraft um ein festes Zentrum bewegt. Im Idealfall ist es eine Kreisbewegung mit Bahnradius r und einer konstanten Bahngeschwindigkeit v. Die Bahndaten ergeben sich aus dem Gleichgewicht zwischen der **Zentrifugalkraft** mv^2/r und der **Zentripetalkraft**, der **Gravitationskraft** mK/r^2 mit einer Konstante K. Mehr dazu später.

Wenn man aber genauer rechnet und eine allgemeine gekrümmte Bahnkurve in der Ebene zulässt, dann ist die **Zentrifugalkraft** (oder Fliehkraft) senkrecht zur Bahn gerichtet und gleich mv^2/ρ mit dem Radius ρ des Krümmungskreises. Es lässt sich zeigen, dass für die Gravitationskraft die Bahnkurve eine **Ellipse** ist mit der großen Halbachse a und der kleinen Halbachse b (siehe Seite 19), wobei die Sonne in einem Brennpunkt steht. Dabei beschreibt man die Abweichung von der Kreisform durch die numerische Exzentrizität $\varepsilon = \sqrt{1 - b^2/a^2}$ (gesprochen „epsilon"). Bei den Ellipsen in dem Bild 1.39 auf Seite 50 variiert ε zwischen 0,8 und 0,4. Für unsere **Erdbahn** ist mit $\varepsilon = 0{,}0167$ die Abweichung von der Kreisbahn sehr viel geringer. Die Länge a der großen Halbachse der Erdbahn bezeichnet man als eine **astronomische Einheit** (AE), $a = 1\,\text{AE} \approx 150 \cdot 10^6\,\text{km}$.

Die Ellipsenform der Planetenbahnen geht auf **Johannes Kepler** zurück. Die von ihm aufgestellten **Keplerschen Gesetze** lauten:

- **Erstes Keplersches Gesetz:** Die Bahn eines jeden Planeten ist eine Ellipse, wobei die Sonne in einem Brennpunkt steht.
- **Zweites Keplersches Gesetz:** Die Geschwindigkeit der Planeten auf ihrer Bahnellipse ändert sich so, dass ein von der Sonne zum Planeten gezogener Strahl in gleichen Zeiten gleich große Flächen überstreicht. Eine Aussage, die äquivalent ist zu der Erhaltung des Drehimpulses unter einer Zentralkraft.
- **Drittes Keplersches Gesetz:** Die Quadrate der Umlaufzeiten zweier Planeten verhalten sich zueinander wie die dritten Potenzen der großen Halbachsen ihrer Bahnellipsen.

Sir **Isaac Newton** hat dann mithilfe der **Evolute** (siehe Seite 18) bestätigen können, dass diese Bahnkurve auf eine Radialkraft zurückzuführen ist, die proportional ist zum inversen Quadrat des Abstands von der Sonne.

Wir wollen dies hier nicht für die gesamte Bahnkurve nachrechnen, aber wir können uns vergewissern, dass mit dem newtonschen Ansatz die Gleichgewichtsbedingung „Zentrifugalkraft gleich Zentripetalkraft" für die Scheitelpunkte der Ellipsenbahn erfüllt ist. (Antwort Seite 204)

Als kleine Zwischenübung zeigen wir, dass aus der Gleichung $mv^2/r = mK/r^2$ für den einfachsten Fall einer Kreisbahn mit Radius r das dritte Keplersche Gesetz folgt, dass also das Verhältnis der zweiten Potenz der Umlaufzeit T und der dritten Potenz der großen Halbachse a konstant ist. Zunächst erhalten wir $rv^2 = K$ und mit $v = 2\pi r/T$

und $r = a$ folgt direkt $av^2 = a4\pi^2 a^2/T^2 = K$ oder $T^2/a^3 = 4\pi^2/K$. Das gilt, wenn man genauer rechnet, auch für alle elliptischen Planetenbahnen in unserem Sonnensystem mit der großen Halbachse a.

Wir sollten aber hier noch etwas sorgfältiger argumentieren, denn wir haben unterstellt, dass die Sonne ruht, dass also ihre Masse unendlich ist. Wenn wir eine endliche Sonnenmasse M annehmen und eine Planetenmasse m, dann kann man die Beschreibung der Bewegung beider Massen vereinfachen durch den Übergang zu Relativkoordinaten im **Zweikörperproblem**. Damit beschreibt man die Bewegung des Schwerpunkts mit einer Gesamtmasse $m+M$ und die einer reduzierten Masse $\mu = mM/(m+M)$ (gesprochen „mü"). Dann ist die Kraft zwischen den beiden Massen, die **Gravitationskraft**

$$F_g(r) = \frac{mMG}{r^2} \quad \text{mit der } \textbf{Gravitationskonstante} \quad G = 6{,}67430 \cdot 10^{-11}\,\frac{\mathrm{m}^3}{\mathrm{kg\,s}^2}\,,$$

und wir identifizieren die oben benutzte Konstante als $K = MG$. Setzt man die Kraft $F_g = mMG/r^2$ gleich der Zentripetalkraft $F_z = \mu v^2/r$, so erhält man für eine Kreisbahn eines Planeten mit $r = a$ und $v = 2\pi a/T$ das dritte Keplersche Gesetz als

$$\frac{a^3}{T^2} = \frac{(m+M)\,G}{4\pi^2} \quad \text{oder näherungsweise} \quad \frac{a^3}{T^2} \approx \frac{MG}{4\pi^2} \quad \text{für} \quad m \ll M\,,$$

denn die Planetenmassen m sind viel kleiner als die Sonnenmasse M.

Wenn wir das überprüfen wollen, so berechnen wir mit der oben angebenen Gravitationskonstante G und der Sonnenmasse $M \approx 2 \cdot 10^{30}$ kg die rechte Seite der Gleichung als $MG/4\pi^2 \approx 3{,}4 \cdot 10^{18}\,\mathrm{m^3s^{-2}}$. Das sollte für alle Planeten unseres Sonnensystems erfüllt sein, was man für die Erdbahn mit Bahnradius $a \approx 150 \cdot 10^6$ km $= 150 \cdot 10^9$ m und einer Umlaufzeit T von einem Jahr, also $T = 365 \cdot 24 \cdot 60 \cdot 60 \approx 3{,}15 \cdot 10^7$ Sekunden überprüfen kann. Wir erhalten so $a^3/T^2 \approx 3{,}4 \cdot 10^{18}\,\mathrm{m^3s^{-2}}$.

Damit lassen sich dann näherungsweise die großen Halbachsen a' aller Planeten aus ihren Umlaufzeiten T', die ja durch Messungen bekannt sind, durch die große Halbachse a der Erdbahn, also durch die astronomische Einheit AE, ausdrücken: ${a'}^3 = (a^3/T^2)\,{T'}^2$.

Als eine kleine Übung wollen wir hier die (uns allen bekannte) **Erdbeschleunigung** g *berechnen*. Auf der Erdoberfläche ist die Schwerkraft für eine Masse m' gleich $m'g$. Das muss natürlich übereinstimmen mit der Gravitationskraft $F_g = m'mG/r^2$ mit der **Erdmasse** $m \approx 5{,}97 \cdot 10^{24}$ kg und dem Erdradius $r = 6371$ km $\approx 6{,}37 \cdot 10^6$ m. (Wer sich diese Zahl schlecht merken kann: Sie lässt sich leicht aus dem Erdumfang von 40 000 km berechnen. Auch die Erdmasse findet man leicht, wenn man weiß, dass die mittlere Dichte der Erde etwa sechs mal so groß ist wie die von Wasser.)

Wir erhalten dann $g = mG/r^2$. Setzen wir noch die Gravitationskonstante G von oben ein, so ergibt sich in der Tat den bekannten Wert $g \approx 9{,}81\,\mathrm{ms^{-2}}$. (Bitte nachrechnen!)

In diesem Zusammenhang könnte man sich auch für **Doppelsterne** interessieren. Wohl der bekannteste ist der **Sirius**, der hellste Stern am Himmel. Er besteht aus zwei Sternen, einer hat in etwa die Masse unserer Sonne, der andere hat etwa die doppelte Masse. Ihre Helligkeit variiert aufgrund ihrer Rotationsbewegung mit einer Periode von etwa 50 Jahren.

Man findet auf der Webseite zum **Sirius** einen Wert von etwa 20 AE für die große Halbachse der (hier sehr exzentrischen) Ellipsenbahn des Doppelsternsystems. Lässt sich dieser Wert mit der keplerschen Formel bestätigen? (Antwort Seite 204)

Wir sollten diese Betrachtungen aber nicht beenden, ohne wenigstens zu erwähnen *wie* man die oben angegebenen Werte für die Erdmasse $m \approx 5{,}97 \cdot 10^{24}\,\text{kg}$ und die Gravitationskonstante $G \approx 6{,}67 \cdot 10^{-11}\,\text{m}^3\text{kg}\,\text{s}^{-2}$ denn eigentlich erstmals ermitteln konnte. Einfach zu bestimmen ist ihr Produkt, wie wir oben gesehen haben. Um aber eine einzelne dieser Größen zu bestimmen, benötigt man weitere experimentelle Daten. Nach einem Vorschlag Newtons könnte man die Auslenkung eines Pendels messen, das sich an der Seite eines genügend großen Berges befindet, denn von der Masse des Berges wird die Pendelmasse angezogen. Um die Bergmasse zu ermitteln, muss die Bergform einfach sein und seine Masse aus einem möglichst homogenen Gestein bestehen, dessen Dichte man kennt. Dieses Experiment wurde tatsächlich im Jahr 1774 am Berg Schiehallion im schottischen Hochland durchgeführt. In dem sogenannten **Schiehallion-Experiment** konnte man die Dichte der Erdmasse mit einem Fehler von weniger als 20 Prozent bestimmen. Kurze Zeit später, im Jahr 1797, gelang **Henry Cavendish** durch eine direkte Messung der Gravitationsanziehung zweier Massen im Labor eine Bestimmung von Erdmasse und Gravitationskonstante, deren Werte nur um etwa ein Prozent von den heutigen Werten abweichen. Damit war eine genaue Bestimmung der Massen anderer Körper im Sonnensystem möglich.

Wurfparabeln

Nach den Ausflügen in die Optik in Abschnitt 1.7 werden wir zeigen, dass viele unserer Überlegungen über Lichtstrahlen auch in der klassischen Mechanik nützlich sind. Wir demonstrieren das an dem wohl einfachsten und bekanntesten dynamischen System, der Flugbahn einer Masse im Schwerefeld. Dabei wollen wir wieder vereinfachen und annehmen, dass es sich um eine Punktmasse m in einem konstanten, nach unten gerichteten Kraftfeld handelt, beschrieben durch die Gravitationskonstante g, und dass wir den Einfluss der Luftreibung vernachlässigen können. Wir beschreiben die Bewegung in der (x,z) Ebene durch die Bewegungsgleichungen, die wir mit den Anfangsbedingungen $x(0) = z(0) = 0$ lösen können:

$$\ddot{x} = 0 \text{ und } \ddot{z} = -g \quad \Longrightarrow \quad x(t) = v_x t\,, \quad z(t) = v_z t - \frac{g}{2} t^2\,.$$

Eliminieren wir daraus die Zeit t, so erhalten wir

$$z(x) = \frac{v_z}{v_x} x - \frac{g}{2v_x^2} x^2\,.$$

Dabei haben wir angenommen, dass unsere Punktmasse zur Zeit $t = 0$ im Koordinatennullpunkt startet mit den Anfangsgeschwindigkeiten v_x und v_z in x- bzw. z-Richtung. Die Energie E, die Summe aus kinetischer Energie $\frac{m}{2}(\dot{x}^2 + \dot{z}^2)$ und potentieller Energie mgz, bleibt erhalten, was man durch Differenzieren nach der Zeit bestätigen kann. Die Bahnkurve in der (x,z)-Ebene ist eine nach unten geöffnete Parabel mit einem Maximum von $h = v_z^2/2g$, der Wurfhöhe, bei der halben Wurfweite $w = 2v_x v_z/g$.

Dies ist eine Bewegung auf einer krummlinigen Bahn, und es ist sinnvoll, hier die Beschleunigung oder die Kraft in zwei Komponenten zu zerlegen, eine Komponente a_t in Tangentialrichtung, die **Bahnbeschleunigung**, und eine Komponente a_n in Normalenrichtung, die **Zentripetalbeschleunigung**. Nach Multiplikation mit der Masse ist das die **Zentripetalkraft**, die dafür verantwortlich ist, dass sich der Körper auf einer gekrümmten Bahn bewegt. Eine kurze Rechnung, man findet sie auf der Webseite zur **Zentripetalkraft**, zeigt, dass die Zentripetalbeschleunigung ausgedrückt werden kann durch

$$a_n = kv^2 = \frac{v^2}{\rho}$$

mit der Krümmung k und dem Radius $\rho = 1/k$ des Krümmungskreises. Das Bild 1.48 zeigt die Wurfparabel und ihre Evolute, die Ortslinie der Mittelpunkte der Krümmungskreise (siehe Seite 18). Die Zentripetalkraft wirkt dann in Richtung der Evolute. Betrachten wir insbesondere den Scheitelpunkt S der Bahn. Hier ist die Krümmung maximal und der Krümmungskreisradius minimal. Der Kreismittelpunkt M liegt um $\rho = v_x^2/g$ unterhalb des Scheitelpunkts S, doppelt so weit wie der Brennpunkt F.

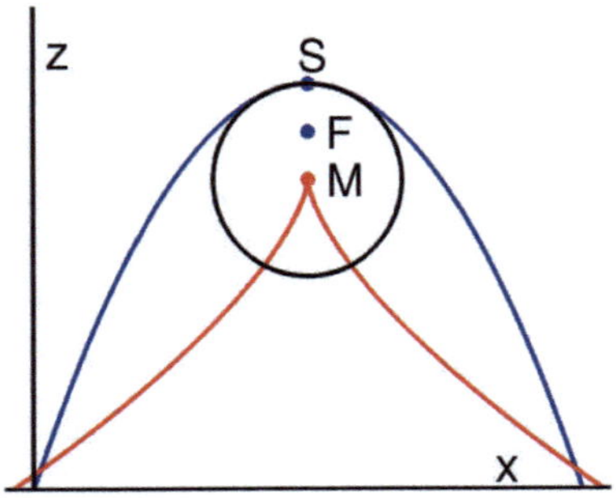

Bild 1.48 Die Evolute der Wurfparabel hat eine Spitze im Mittelpunkt M des Krümmungskreises im Scheitelpunkt S des Parabel.

Im Scheitelpunkt S wird die Zentrifugalbeschleunigung durch die Erdbeschleunigung kompensiert, und auf unsere Punktmasse wirkt keine Kraft. Auch in seiner Umgebung ist die Bewegung nahezu kräftefrei, Die wird beispielsweise in einem **Parabelflug** ausgenutzt, um in einem Flugzeug für einen kurzen Zeitraum Schwerelosigkeit zu erzeugen. Außerdem erkennen wir hier eine Beziehung zu der bekannten Looping-Aufgabe: „Welche Geschwindigkeit muss die Gondel einer Achterbahn im höchsten Punkt eines Loopings mit Radius ρ mindestens haben, damit die Passagiere nicht herausfallen?“. Mit $v^2/\rho = g$ ergibt das für die Minimalgeschwindigkeit $v = \sqrt{g\rho}$.

Also haben wir auch hier gesehen, dass die meist in der Optik angesiedelte Evolute eine Rolle in der klassischen Mechanik spielt, was schon Sir Isaak Newton bemerkt hatte (siehe Seite 59). Jetzt werden wir demonstrieren, das das Gleiche auch für die Kaustik gilt.

Betrachten wir einmal die Wurfparabel aus unserem Bild oben und ändern bei gleicher Anfangsbedingung und gleicher Anfangsenergie, also gleichem Quadrat der Bahngeschwindigkeit $v^2 = v_x^2 + v_z^2$, nur den Abwurfwinkel, nennen wir ihn φ, mit $\tan\varphi = v_z/v_x$. Es ergeben sich natürlich wieder parabelförmige Bahnen

$$z\varphi) = x\tan\varphi - \frac{g}{2v^2\cos^2\varphi}x^2\,.$$

Wie sieht die Menge *aller* dieser Bahnen aus? Das Bild 1.49 zeigt eine Anzahl dieser Bahnen mit äquidistanten Abwurfwinkeln. Es erinnert nicht ohne Grund an einen Springbrunnen. Zunächst sehen wir, dass die Wurfweite $w(\varphi) = (v^2/g)\sin 2\varphi$ den maximalen Wert $w_{\max} = v^2/g$ für einen Abwurfwinkel von 45° erzielt, also für $v_x = v_z$, was wir eventuell noch wissen, oder durch eine einfache Rechnung bestätigen können. Außerdem fällt uns eine Einhüllende auf, die optisch ebenfalls wie eine Parabel aussieht.

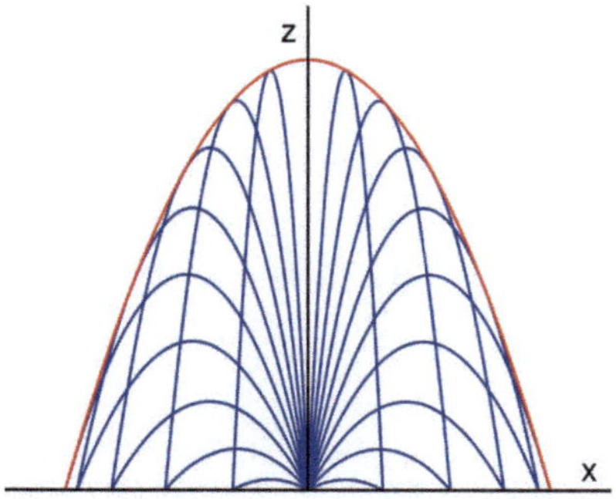

Bild 1.49 Wurfparabeln mit gleichem Startpunkt und gleicher Anfangsgeschwindigkeit für verschiedene Abwurfwinkel sowie ihre Einhüllende.

Wir wollen dies durch eine Berechnung bestätigen. Dazu gehen wir genauso vor wie in dem Beispiel auf Seite 48. Wir wählen den Parameter τ als $\tau = \tan\varphi$ und schreiben die Bahnen als

$$z(x,\tau) = \tau x - \frac{g}{2v^2}(1+\tau^2)x^2 \quad \text{mit} \quad \frac{\partial z}{\partial\tau} = x - \frac{g}{v^2}\tau x^2\,.$$

Die Bahnen sind tangential zu der Kaustik, das heißt es muss gelten

$$\frac{\partial z}{\partial \tau} \stackrel{!}{=} 0 \quad \Longrightarrow \quad \tau = \frac{v^2}{gx}$$

$$\Longrightarrow \quad z(x) = \tau x - \frac{g}{2v^2}(1+\tau^2)x^2 = \frac{v^2}{g} - \frac{gx^2}{2v^2} - \frac{v^2}{2g} = \frac{v^2}{2g} - \frac{g}{2v^2}x^2 \, .$$

Es ergibt sich also für die Kaustik tatsächlich eine Parabel mit einem Maximum bei der größten Wurfhöhe $h_{max} = y^2/2g$, die die x-Achse bei der größten Wurfweite $y^2/2g$ schneidet.

Wo liegt der Brennpunkt der Hüllparabel der Wurfparabelschar? (Antwort Seite 204)

1.9 Chaotische Streuung

Die Beschreibung des Stoßes einer Punktmasse an einer harten Kugel oder der Reflexion eines Lichtstrahls an einer vollständig reflektierenden Kugel ist recht einfach (siehe Seite 54). Interessanter wird es, wenn zwei Kugeln im Spiel sind. Dann spiegelt sich jede Kugel in der anderen und auch die Spiegelbilder spiegeln sich.

Aber noch aufregender wird es, wenn wir es mit drei Kugeln zu tun haben. Hier wollen wir uns auf eine Konfiguration in einer Ebene beschränken. Unsere drei zweidimensionalen „Kugeln", also Kreise, mit den gleichen Radien r sind so platziert, dass ihre Mittelpunkte ein gleichseitiges Dreieck bilden im Abstand R vom Dreiecksmittelpunkt. Wir nummerieren diese raumfesten Kugeln mit 1, 2 und 3 im mathematisch positivem Umlaufsinn und wählen die Einfallsbahnen einer Punktmasse oder eines Lichtstrahls parallel zu einer Dreiecksachse im Abstand b, dem Stoßparameter. Dann erfolgt eine Serie von elastischen Reflexionen, bis unser stoßendes Teilchen bzw. unser Lichtstrahl wieder ausläuft, abgelenkt um den Ablenkwinkel ϑ, wie im Bild 1.50 dargestellt.

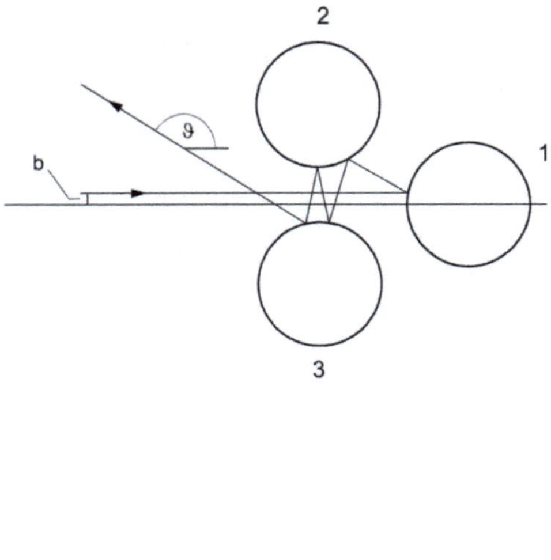

Bild 1.50 Mehrfache Stöße eines Teilchens mit einer Dreieckskonfiguration dreier harter Kugeln in der Ebene.

Was könnte uns nun noch interessieren? Das wäre einmal die **Ablenkfunktion** $\vartheta(b)$ und zum anderen die Anzahl $n(b)$ der Stöße, also der Reflexionen. Diese müssen wir hier natürlich durch ein Computerprogramm berechnen lassen, aber wir können versuchen, die Resultate zu verstehen. Wir wollen uns hier auf eine Betrachtung der **Stoßzahl** $n(b)$ beschränken. Als ein Beispiel zeigt das Bild 1.51 diese Stoßzahl für $r = 6$ und $R = 10$ in einem Stoßparameterintervall $0 \leq b \leq 4$. Dabei wurden die Stoßbahnen für 3000 äquidistante Stoßparameter berechnet.

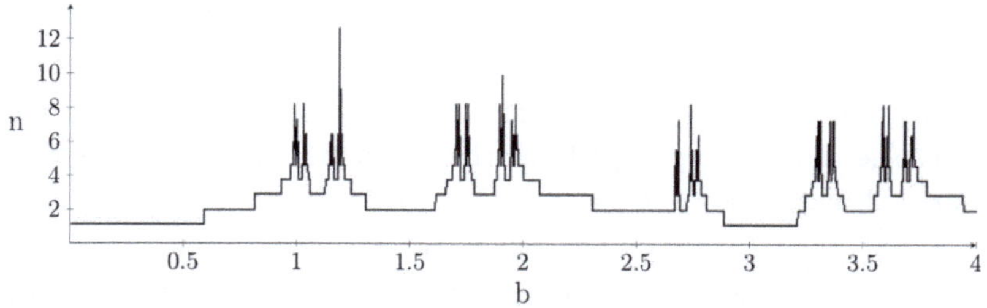

Bild 1.51 Stoßzahl $n(b)$ als Funktion des Stoßparameters b für $r = 6$ und $R = 10$.

Beginnen wir mit dem einfachen Bereich kleiner Stoßparameter. Hier erfolgt nur eine einzige Reflexion an der Kugel 1. Bei einem Stoßparameter $b \approx 0{,}6$ ist die reflektierte Bahn tangential zur Kugel 2, und für größere Werte von b wird diese Kugel getroffen und die Stoßzahl erhöht sich auf $n = 2$. Wird der Stoßparameter weiter erhöht, so setzt sich dieser Prozess fort, wobei allerdings die Stoßzahl auch wieder absinken kann, wenn eine Kugel nicht mehr getroffen wird. Ein ähnliche Verhalten finden wir auch in dem Intervall um $b = 3$. Hier wird nur an Kugel 2 reflektiert, bis für kleinere Stoßparameter danach die Kugel 1 getroffen wird und für größere die Kugel 3.

Insgesamt sieht das Ganze so aus: Die Stoßzahl $n(b)$ ist stückweise konstant und innerhalb dieser Intervalle haben die Bahnen die gleiche Topologie. An den Rändern springt n um eins, es wird eine neue Kugel getroffen und die Bahn verändert sich um ± 1. Diese Diskontinuitäten werden durch Bahnen erzeugt, die tangential eine Kugel berühren. Dabei entwickelt die Funktion $n(b)$ kamin- oder kathedralenartige Strukturen, die bei einer Einschränkung des Stoßparameterbereichs durch Hineinzoomen immer wieder in ähnlicher Form auftreten, wie im Bild 1.52, für wiederum 3000 Stoßbahnen in dem kleinen(!) Intervall $1{,}95 \leq b \leq 1{,}96$. Ein weiteres Hineinzoomen führt zu sehr ähnlichen Bildern. Die Stoßzahlfunktion ist näherungsweise **selbstähnlich**.

Die Stoßbahnen in den Intervallen zwischen den Unstetigkeitspunkten lassen sich durch die gleiche Stoßsequenz charakterisieren, zum Beispiel durch die Angabe der getroffenen Kugeln wie $1 \longrightarrow 2 \longrightarrow 3 \longrightarrow 2 \longrightarrow 3$ für die Bahn im ersten Bild. Aber dies lässt sich auch einfacher notieren, denn eine Kugel kann nicht zweimal direkt hintereinander getroffen werden. Also können wir die Stoßsequenz *binär* kodieren, beispielsweise durch ›1‹ bei einer Stoßfolge in positiver zyklischer Richtung wie $1 \longrightarrow 2$, $2 \longrightarrow 3$ oder $3 \longrightarrow 1$, und andernfalls durch ›0‹. Dann schreibt sich diese Stoßfolge als

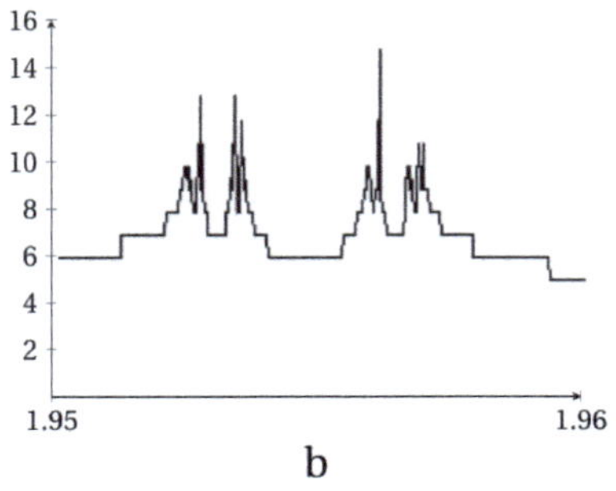

Bild 1.52 Vergrößerung des Stoßparameterintervalls $1{,}95 < b < 1{,}96$ von Bild 1.51.

›1101‹. Für kleine Kugelradien gibt es eine eins-zu-eins-Korrespondenz zwischen allen solchen binären Folgen und den topologisch verschiedenen Bahnen, für größere Werte von r gibt es Abschattungseffekte und das Verhalten wird unübersichtlicher.

Wichtig ist, dass beliebig lange Stoßfolgen existieren, sie bilden sogenannte **Stoßkomplexe** mit langer Lebensdauer, man muss die zugehörigen Stoßparameter nur zu finden wissen. Von besonderem Interesse sind die unendlich langen Stoßbahnen, engl. „sticking trajectories". Eine Unterklasse dieser Bahnen unendlich langer Lebensdauer bilden **periodische Bahnen**. Fünf Beispiele solcher periodischer Bahnen zeigt Bild 1.53.

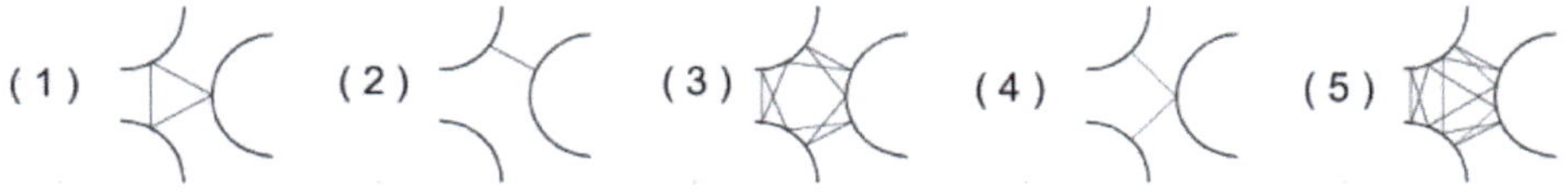

Bild 1.53 Beispiele instabiler periodischer Bahnen.

Um die symbolischen Codes anzugeben, beginnen wir die Bahn bei der Kugel 1 im positiven Umlaufsinn. Außerdem erfordert die Periodizität der Bahn, dass in ihrer Codierung genauso viele Nullen wie Einsen auftreten (modulo drei). Die Dreiecksbahn (1) hat die Periode $p = 3$ mit dem symbolischen Code ›111‹, die Zwei-Kugel-Bahn (2) mit $p = 2$ und ›10‹ existiert natürlich genauso zwischen den anderen Kugeln. Bahn (3) hat die längere Periode $p = 9$ und den Code ›110110110110‹, Bahn (4) hat $p = 4$ und Code ›1001‹ und Bahn (5) mit ›1110111011101110‹ hat Periode $p = 12$. Alle diese Bahnen können auch in umgekehrter Richtung durchlaufen werden, und dabei muss in den symbolischen Codes die Eins und die Null vertauscht werden. Es gibt (abzählbar) unendlich viele periodische Bahnen, deren Anzahl exponentiell mit wachsender Periode wächst.

Periodische Bahnen sind natürlich auf das Innere des Dreikugelsystems beschränkt. Was haben sie also mit unseren Streubahnen zu tun? Die Antwort ist einfach: Alle diese Bahnen sind *instabil*, das heißt, jede kleinste Abweichung führt zu einer Bahn, die sich davon entfernt und schließlich in den Außenraum entkommt. Invertiert man dann

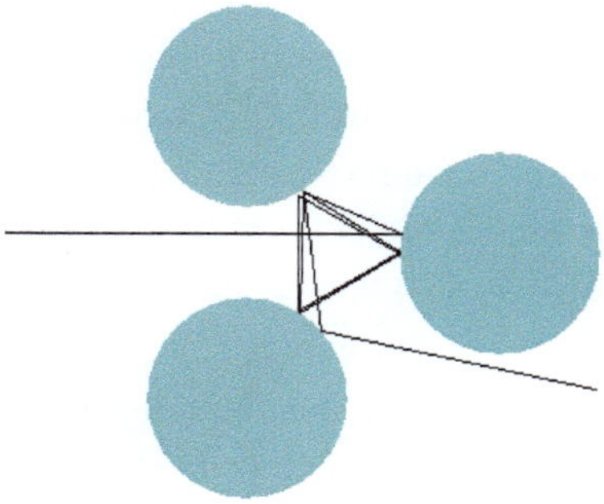

Bild 1.54 Langlebige Bahn, die sich einer instabilen Dreiecksbahn annähert.

die Geschwindigkeit, so ergibt sich eine Bahn, die sich von außen der periodischen Bahn annähert. Ein Beispiel zeigt das Bild 1.54 (wieder für $r/R = 0{,}6$) eine Bahn mit einer Stoßzahl $n = 15$ bei $b = 1{,}17754705829$, die sich für längere Zeit der periodischen Dreiecksbahn (1) annähert, sich dann aber wieder von ihr entfernt. Auf diese Weise wird klar, dass jede periodische Bahn unendlich viele langlebige Stoßkomplexe erzeugt. Darüber hinaus existieren viele „sticking trajectories" unabhängig von periodischen Bahnen.

Zum Abschluss dieses Ausflugs in die Welt der chaotischen Streuung sollte allerdings noch herausgearbeitet werden, was an dieser Streuung „chaotisch" ist. Dazu betrachten wir zunächst das Verhalten der Stoßzahl für drei Kreise mit dem größeren Radius $r = 8$, wieder mit $R = 10$, also den gleichen Dreiecksmittelpunkten. Das Bild 1.55 zeigt $n(b)$ im Intervall $0{,}5 \leq b \leq 1$. Die Funktion verhält sich jetzt *wesentlich* wilder als die im Bild 1.51 für $r = 6$.

Aber solch ein wildes Verhalten rechtfertigt noch nicht die Bezeichnung „chaotisch". Das können wir aber dadurch untermauern, dass wir die Menge aller Bahnen unendlicher Lebensdauer durch eine Fraktaldimension charakterisieren (siehe auch Seite 14). Bestimmen lässt sich diese Dimension durch ein „Hineinzoomen", also eine sukzessive Vergrößerung von Teilintervallen, wie schon oben kurz beschrieben. Dazu müssen

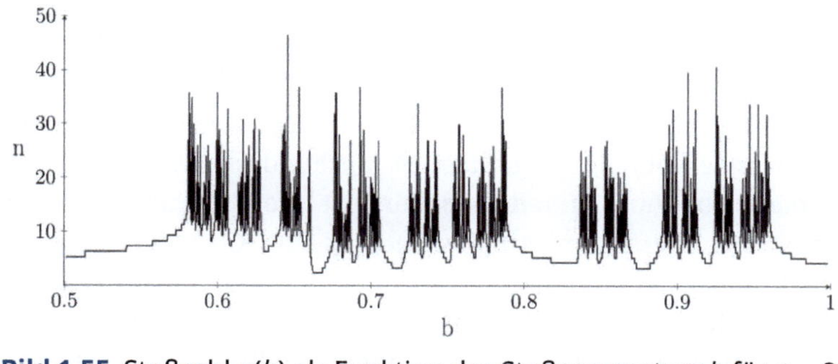

Bild 1.55 Stoßzahl $n(b)$ als Funktion des Stoßparameters b für $r = 8$ und $R = 10$.

wir bestimmen, wie die Intervalle Δb des Stoßparameters dabei skalieren, wenn man in Richtung einer Bahn unendlicher Stoßzahl hineinzoomt. Mit dem so numerisch ermittelten Skalierungsparameter m und der approximativen Selbstähnlichkeit mit der Verdopplung $n = 2$ (auf jedem Stoßparameter-Plateau erscheinen zwei kleinere Plateaus) erhalten wir die Fraktaldimension $d = \ln n/\ln m$, wie auf Seite 14 beschrieben. Eine detaillierte Beschreibung findet man in dem auf Seite 47 angegebenen Buch zum Thema Chaos.

Es ist sehr illustrativ, das ganze Streuproblem durch die Lichtreflexion an spiegelnden Kugeln zu betrachten. Dabei spiegeln sich die drei Kugeln ineinander, wobei sich jede Kugel in den beiden anderen spiegelt. Jede Kugel oder jedes Kugelbild erzeugt dann $n = 2$ Spiegelbilder. Den Skalierungsfaktor m erhält man dann aus dem Verkleinerungsfaktor $p = m^{-1} = \big(2(\ell/r - 1)\big)^{-1}$ für die Spiegelung zweier Kugeln von Seite 54. Dabei ist ℓ der Abstand der beiden Kugelmittelpunkte, also hier gleich $\ell = \sqrt{3}\,R$.

Dann ist die Fraktaldimension nach den Ausführungen auf Seite 15 gegeben durch

$$d = \frac{\ln n}{\ln m} = \frac{\ln 2}{\ln 2(\sqrt{3}\,R/r - 1)} \,.$$

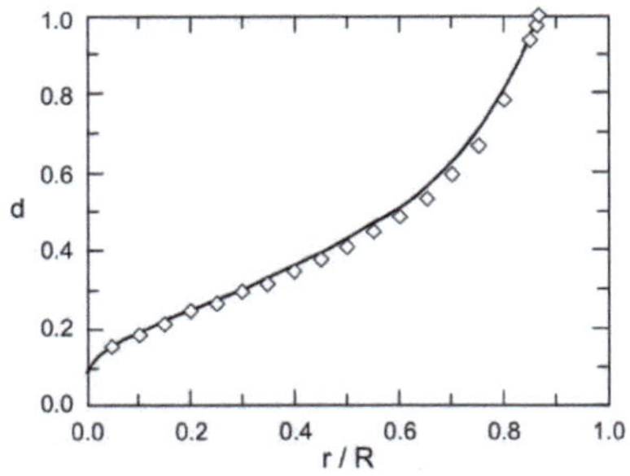

Bild 1.56 Fraktale Dimension d als Funktion von r/R. Numerische Werte ($\diamond$) im Vergleich mit der Näherungsformel.

Gemäß der Formel steigt die Fraktaldimension für kleine Werte von r/R von $d = 0$ steil an und wächst dann monoton bis zu einem Werte $d = 1$ für den maximal möglichen Wert $r/R = 1/\sqrt{3}$, bei dem sich alle drei Kugeln berühren. Das Bild 1.56 zeigt die Fraktaldimension gegeben durch diese einfache Formel als Funktion von r/R. Im Vergleich dazu sind auch numerisch bestimmte Werte angeben. Es zeigt sich einer bemerkenswert gute Übereinstimmung mit der simplen Spiegelungsformel.

Wir sollten aber unsere Betrachtungen über das Flachland nicht abschließen ohne einen Hinweis auf ein wundervolles Buch aus dem 19. Jahrhundert von **Edwin A. Abbott: Flatland: A Romance of Many Dimensions** (der Text ist online zugänglich und es existieren auch deutsche Übersetzungen). Das Buch ist eine Karikatur der viktorianischen Gesellschaft und erzählt die Geschichte einer „flachen“ Gesellschaft mit komplexen Verhaltensregeln und einem besonderen Charme, in der die Charaktere Dreiecke, Quadrate, oder andere **regelmäßige Polygone** sowie Kreise und Liniensegmente sind.

2 Im Raum

In diesem und dem folgenden Kapitel werden wir aus dem Flachland in höherdimensionale Räume aufbrechen. Wir beginnen mit dem dreidimensionalen Raum, genauer mit einem euklidischen Raum. Dort gilt wieder die euklidische Geometrie, aber zur Beschreibung eines Raumpunkts benötigen wir *drei* Zahlenwerte, die man meist als (x,y,z) bezeichnet. Wir haben also ein **kartesisches Koordinatensystem** mit drei Achsen, die senkrecht aufeinander stehen. Hier stolpern wir über ein kleines Problem, denn jede Koordinatenachse hat eine Richtung, also die Richtung positiver Zahlenwerte. Bei der zweidimensionalen (x,y)-Ebene haben wir, wie es üblich ist, unsere x-Achse horizontal nach rechts gerichtet und die Richtung der y-Achse nach oben gewählt. Jetzt müssen wir uns entscheiden, in welche Richtung wir die z-Achse legen wollen. Wir entscheiden uns für „nach vorne" und haben damit ein **Rechtssystem** erhalten. Genauer lässt sich das so ausdrücken: „Dreht man die positive x-Achse auf dem kürzesten Weg in Richtung der positiven y-Achse, dann bewegt sich eine Rechtsschraube in Richtung der positiven z-Achse."

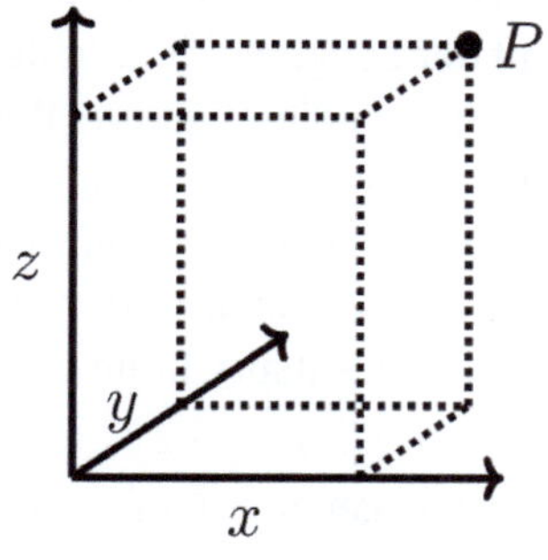

Bild 2.1 Dreidimensionales kartesisches Koordinatensystem

Wie in der Ebene schneiden sich alle Koordinatenlinien, also Linien, bei denen zwei der x, y, z konstant sind, in rechten Winkeln, und der euklidische zweidimensionale Abstand zweier Punkte (x_1,y_1,z_1) und (x_2,y_2,z_2) wird zu

$$s^2 = (x_2 - x_1)^2 + (y_2 - y_1)^2 + (z_2 - z_1)^2 \,.$$

In diesem dreidimensionalen euklidischen Raum ist das infinitesimale Linienelement $\mathrm{d}s$, also die **Metrik** (siehe Seite 32), gegeben durch

$$\mathrm{d}s^2 = \mathrm{d}x^2 + \mathrm{d}y^2 + \mathrm{d}z^2 \,.$$

Dies ist ein flacher Raum und wir sollten jetzt schon vorgewarnt sein, dass diese Eigenschaft für den Raum, in dem wir leben, keine Selbstverständlichkeit ist, denn ein Raum kann auch *gekrümmt* sein. Im nächsten Kapitel werden wir mehr darüber hören. Vorher müssen wir aber etwas mehr über den Begriff der **Krümmung** erfahren.

Als Einstieg beschreiben wir im nächsten Abschnitt zweidimensionale Flächen, eingebettet in einen dreidimensionalen euklidischen Raum. Hier kann man die Krümmung einer Fläche quasi „von außen“ beschreiben, aber wir müssen dann lernen, solch eine Krümmung auch innerhalb der Fläche zu beschreiben, also „von innen“. Etwas anderes bleibt uns in unserem eventuell gekrümmten dreidimensionalen Raum nicht übrig, denn wir können ihn ja nicht „von außen“ betrachten.

2.1 Gekrümmte Ebenen

Reelle Funktionen einer einzigen reellen Variablen x schreiben wir oft als $y = f(x)$ und stellen diese Funktion gern als eine Kurve in der (x,y)-Ebene dar. Solche Funktionen können ein sehr kompliziertes Verhalten zeigen, deshalb wollen wir uns hier auf sogenannte **glatte Funktionen** beschränken. Das sind Funktionen, deren Ableitung $f'(x)$ existiert, die also in jedem Punkt differenzierbar sind. Ja, man fordert sogar, dass auch alle ihre Ableitungen wieder differenzierbar sind. Die Kurve $y = f(x)$ ist dann eine glatte Kurve und hat in jedem Punkt eine Tangente mit der Steigung $f'(x)$. In den Kurvendiskussionen der Schule beschreibt man die Eigenschaften dieser Kurve. Ihre Maxima und Minima sind gegeben durch die Punkte x mit $f'(x) = 0$ mit $f''(x) < 0$ bzw. $f''(x) > 0$. Für $f'(x) = f''(x) = 0$ und $f'''(x) \neq 0$ ergibt sich ein Wendepunkt mit waagerechter Tangente. Hier liegen die Funktionswerte lauf der einen Seite von x oberhalb und auf der anderen Seite unterhalb der Tangente. Dies entspricht im zweidimensionalen Fall einem **Sattelpunkt**.

Jetzt wollen wir aber Funktionen *auf* der (x,y)-Ebene betrachten, genauer Funktionen, die man schreiben kann als $z = f(x,y)$. Hier müssen zunächst erklären, was wir unter der „Ableitung“ einer solchen Funktion verstehen. Wir können beispielsweise so tun, als hinge diese Funktion nur von x ab und y wäre eine Konstante. Dann erhalten wir als

Ableitung nach x die sogenannte **partielle Ableitung**, geschrieben als $\partial f/\partial x$, wie schon auf Seite 34 erwähnt (siehe auch Seite 189). Genauso bildet man $\partial f/\partial y$ als partielle Ableitung nach y. Hängt dann die Funktion wie $f(x(t),y(t))$ von einem Parameter t ab, dann ist die „totale Ableitung“ oder das **totale Differential** gleich

$$\frac{\mathrm{d}f}{\mathrm{d}t} = \frac{\partial f}{\partial x}\frac{\mathrm{d}x}{\mathrm{d}t} + \frac{\partial f}{\partial y}\frac{\mathrm{d}y}{\mathrm{d}t} \quad \text{oder} \quad \mathrm{d}f = \frac{\partial f}{\partial x}\mathrm{d}x + \frac{\partial f}{\partial y}\mathrm{d}y\,.$$

Ganz entsprechend lassen sich höhere partielle Ableitungen bilden wie $\partial^2 f/\partial x^2$ oder $\partial^2 f/\partial x \partial y$. Wir wollen annehmen, dass wir es mit einer **glatten Funktion** zu tun haben, bei denen alle partiellen Ableitungen unendlich oft differenzierbar sind. In jedem Punkt (x,y) gibt es dann eine **Tangentialebene** der Funktion, also eine Ebene im Raum, die die gekrümmte Funktionsfläche in diesem Punkt berührt. Die **Flächennormale** ist eine Gerade, die in diesem Punkt auf der Tangentialebene senkrecht steht.

An den **Maxima** und **Minima** der Funktion ist diese Tangentialebene horizontal, also parallel zur (x,y)-Ebene, und liegt lokal oberhalb bzw. unterhalb der Funktionsfläche. Wir vermuten wieder, dass die Ableitung von $f(x,y)$ dort gleich null ist, genauer die beiden partiellen Ableitungen. Es existiert auch hier eine dritte Art von Punkten mit ähnlichen Eigenschaften wie ein Minimum oder Maximum, der **Sattelpunkt**. Auch dort ist die Tangentialebene horizontal und die Ableitungen sind gleich null, aber die Funktionswerte liegen teilweise oberhalb und teilweise unterhalb der Tangentialebene. Eine solche Fläche ähnelt in der Umgebung dieses Punkts einem Pferdesattel, daher auch der Name.

Wir haben also drei Arten solcher Punkte, man nennt sie **extremale Punkte** oder **Extrema**: Maxima, Minima und Sattelpunkte.

Hier wollen wir einen kurzen Blick werfen auf die allgemeine Bestimmung eines extremalen Punkts einer Funktion $f(x,y)$ (zweimal partiell differenzierbar) und seines Charakters. Wir schreiben dazu die ersten partiellen Ableitungen wie $\partial f/\partial x$ als f_x, f_y und die zweiten als f_{xx}, f_{yy}, f_{xy} und f_{yx}.

Einen extremen Punkt bestimmen wir aus einer Lösung der Gleichungen $f_x = 0$ und $f_y = 0$. Zur Ermittlung seines Charakters berechnen wir an diesem Punkt die zweiten partiellen Ableitungen und die Größe $D = f_{xx}\,f_{yy} - f_{xy}\,f_{yx}$. Ist $D > 0$, so liegt für $f_{xx} < 0$ und $f_{yy} < 0$ ein Maximum vor, für $f_{xx} > 0$ und $f_{yy} > 0$ ein Minimum. Für $D < 0$ haben wir einen Sattelpunkt. Für $D = 0$ sind weitere Untersuchungen erforderlich.

Als Beispiel betrachten wir die Funktion

$$f(x,y) = x^2 - y^2\,,$$

die im Bild 2.2 dargestellt ist. Hier sind im Punkt $(x,y) = (0,0)$ beide partiellen Ableitungen $f_x = 2x$ und $f_y = -2y$ gleich null. Entlang der Geraden $y = 0$ ist $f = x^2$, also eine nach oben geöffnete Parabel mit positiven Werten, und entlang der Geraden $x = 0$

ist $f = -y^2$, also negativ. Es liegt also ein Sattelpunkt vor. Das gleiche finden wir mit dem Kriterium aus dem Exkurs oben. Dazu berechnen wir die zweiten partiellen Ableitungen $f_{xx} = 2$, $f_{yy} = -2$, und $f_{xy} = f_{yx} = 0$ mit $D = f_{xx} f_{yy} - f_{xy} f_{yx} = -4$, was einen Sattelpunkt charakterisiert. Eine weitere kleine Übung dazu:

Wo liegt ein Extremum der Funktion $f(x,y) = x^2 + y^2 - 4xy + 6y$ und welchen Charakter hat es? (Antwort Seite 204)

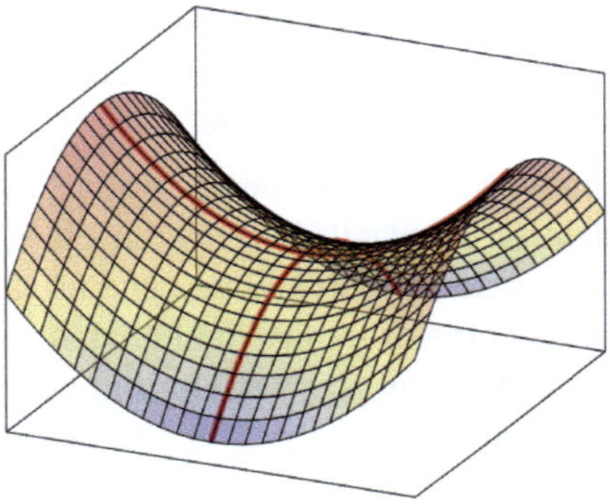

Bild 2.2 Typische Sattelpunktsfläche, dargestellt durch die Funktion $f(x,y) = x^2 - y^2$.

2.2 Die Polyederformel

Wir setzen unsere Erweiterung der ebenen Geometrie um eine weitere Raumdimension fort mit einem Blick auf einfache geometrische Körper. Ein **Würfel** ist uns allen bekannt. Er hat sechs Quadrate als Seitenflächen, zwölf gleichlange Kanten und acht Ecken. Nach dem griechischen Wörtern für „sechs" und „Fläche" bezeichnet man ihn auch als ein regelmäßiges Hexaeder. Das erinnert uns sofort an ein regelmäßiges **Tetraeder**, ein Vierflächner, zusammengesetzt aus vier gleichseitigen Dreiecken. Ein Tetraeder hat sechs Kanten und vier Ecken. Das **Ikosaeder** im Bild 2.3 besitzt zwanzig Seitenflächen.

Solche **platonischen Körper** sind von deckungsgleichen regelmäßigen Polygonen begrenzt, also von gleichseitigen Dreiecken, Vierecken oder Fünfecken. Es gibt fünf davon, außer den schon genannten ein **Oktaeder** mit acht gleichseitigen Dreiecksflächen und ein **Dodekaeder** mit zwölf regelmäßigen Fünfecken als Seitenflächen, benannt nach den griechischen Zahlen für die Anzahl ihrer Seitenflächen. Alle Ecken dieser platonischen Körper liegen auf der Oberfläche ihrer **Umkugel**.

Für alle diese Körper kann man die Anzahl E der Ecken, K der Kanten und S der Seitenflächen abzählen (Das sollte man auch tun!). Sie sind in der Tabelle 2.1 aufgelistet.

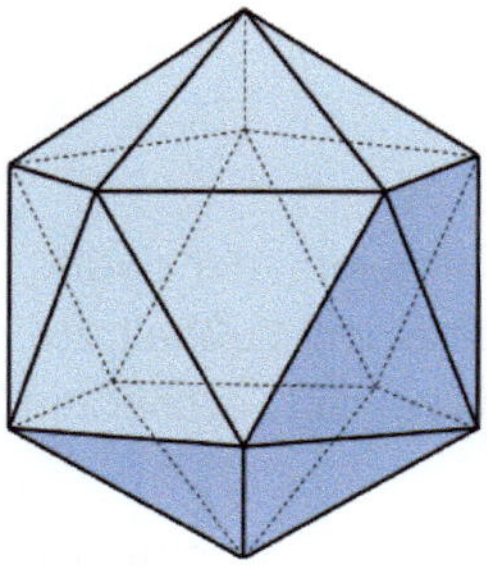

Bild 2.3 Ikosaeder, ein platonischer Körper mit zwanzig Seitenflächen aus gleichseitigen Dreiecken.

Tabelle 2.1 Die fünf platonischen Körper

Name	Ecken	Kanten	Seitenflächen
Tetraeder	4	6	4 Dreiecke
Hexaeder	8	12	6 Quadrate
Oktaeder	6	12	8 Dreiecke
Dodekaeder	20	30	12 Fünfecke
Ikosaeder	12	30	20 Dreiecke

Wenn man von der Summe der Anzahl der Ecken und der Seitenflächen die Anzahl der Kanten abzieht, erhält man immer das Ergebnis „zwei“. Das gilt aber nicht nur für die platonischen Körper, sondern allgemeiner für konvexe „Vielflächner“ oder **Polyeder**, dreidimensionale Körper, die nur durch ebene Flächen begrenzt werden. „Konvex“ bedeutet dabei, dass jede Verbindungsgerade zwischen ihren Punkten in ihrem Inneren liegt, dass sie also keine „Einbuchtungen“ oder „Nasen“ aufweisen. Wenn wir das voraussetzen, gilt die **eulersche Polyederformel**, benannt nach dem schweizer Mathematiker **Leonhard Euler** (1707–1783):

$$E - K + S = 2\,.$$

Dabei haben wir die drei Anzahlen in der Reihenfolge der Dimensionen der Objekte angeordnet. Ecken E sind nulldimensional, Kanten K eindimensional und Seitenflächen S zweidimensional.

Wir testen die eulersche Polyederformel einmal für ein **Ikosaeder** mit zwanzig gleichseitigen Dreiecken als Seitenflächen (Bild 2.3). Dann ist natürlich $S = 20$. Jedes Dreieck hat drei Ecken (klar!), es gibt also insgesamt $3 \cdot 20 = 60$ Ecken und bei einem Zusammenbau treffen jeweils fünf davon an einer Ecke aufeinander. (Man bezeichnet die Anzahl der Kanten, die an einer Ecke aufeinandertreffen, als den **Grad** dieser Ecke.) Das Ikosaeder besitzt also $E = 60/5 = 12$ Ecken vom Grad fünf. Genauso gibt es insgesamt 60 Dreiecksseiten, von denen je zwei an einer Kante aufeinandertreffen. Also ist $K = 60/2 = 30$ und folglich haben wir $E - K + S = 12 + 20 - 30 = 2$, genau wie es sein sollte.

Bild 2.4 Ikosaederstumpf, der durch Abschneiden der zwölf Ecken eines Ikosaeders entsteht. Er ähnelt einem Fußball, zusammengesetzt aus zwölf Fünfecken und zwanzig Sechsecken.

Wenn wir jetzt brutal unser Ikosaeder abstumpfen und die zwölf Ecken abschneiden (sie werden dann zu Fünfecken), erhalten wir unseren bekannten **Fußball**. Das ist ein **Ikosaederstumpf**, zusammengenäht aus zwölf Fünfecken und zwanzig Sechsecken, also aus $F = 12 + 20 = 32$ Flächen. An jeder Kante treffen zwei Flächen und an jeder Ecke drei Kanten und drei Flächen aufeinander, sodass sich $K = (5 \cdot 12 + 6 \cdot 20)/2 = 90$ Kanten und $E = (5 \cdot 12 + 6 \cdot 20)/3 = 60$ Ecken ergeben. Es gilt also auch hier wieder $E - K + F = 60 + 32 - 90 = 2$.

Die Polyederformel gilt allerdings nicht nur für konvexe Polyeder, sondern auch für weitere „gutmütige", wie beispielsweise für sternkonvexe, bei denen es einen Punkt gibt, von dem aus alle Verbindungsgeraden zu allen Polyederpunkten innerhalb des Polyeders liegen. Sie gilt aber nicht für alle. Erklärungen dazu findet man auf der Wikipedia-Seite zum **Polyedersatz**, wo auch das typische Gegenbeispiel eines „Polyeder-Donuts" zu finden ist, ein Polyeder mit 30 Ecken, 30 Flächen und 60 Kanten, für das also gilt $E - K + F = 0$. Ursache für diese Abweichung ist das charakteristische „Loch des Donuts". Mehr dazu später.

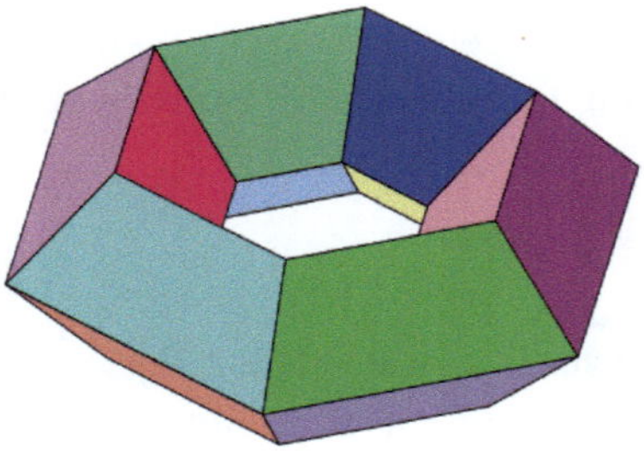

Bild 2.5 Polyeder mit einer torusähnlichen Struktur.

Zum Abschluss dieses Abschnitts wollen wir noch kurz auf die oben aufgelisteten fünf **platonischen Polyeder** zurückkommen, also Tetraeder, Hexaeder, Oktaeder, Dodekaeder und Ikosaeder (siehe Tabelle 2.1). Dabei werden wir den Begriff der Dualität kennenlernen und uns dann davon überzeugen, dass es genau fünf solche Körper gibt.

Duale Polyeder: Betrachten wir zunächst ein Hexaeder, also einen Würfel. Wenn wir jeden Mittelpunkt seiner sechs Seitenflächen mit denen seiner Nachbarn verbinden, erhalten wir ein Polyeder mit sechs Eckpunkten, ein Oktaeder. Es besitzt acht Seitenflächen, oberhalb derer jeweils einer der acht Eckpunkte des Würfels liegt. Die Anzahl der Kanten des Würfels und des so erzeugten Oktaeders bleibt jeweils gleich zwölf. Wenn man statt eines Würfels von einem Oktaeder ausgeht, erzeugt man auf die gleiche Weise durch Verbindung der acht Seitenmitten einen Würfel. Man nennt diese beiden Polyeder „dual“. Genauso ein duales Paar bilden Dodekaeder und Ikosaeder. Da bei diesem Prozess jeweils die Seitenzahl S und die Eckenzahl E vertauscht werden, während die Kantenzahl K erhalten bleibt, bleibt die eulersche Polyederformel $E - K + S = 2$ dabei unverändert. Das Tetraeder mit vier Seitenflächen und vier Eckpunkten geht dabei wieder in ein Tetraeder über, es ist „selbst-dual“.

Diese Dualitätsfransformation ist nicht auf die platonischen Körper beschränkt, sondern lässt sich auch für allgemeinere Polyeder durchführen. Dabei wird die Rolle von Seitenflächen und Ecken vertauscht und die Anzahl der Kanten oder Ecken der Seitenflächen geht über in den Grad der Eckpunkte des Polyeders. Zum Beispiel besteht der duale Partner unseres „Fußballs“, also eines abgestumpften Ikosaeders, mit 32 Seitenflächen (12 Fünfecke und 20 Sechsecke) und 60 Ecken vom Grad drei aus einem Polyeder mit 60 dreieckigen Seitenflächen und 32 Ecken, 12 vom Grad fünf und 20 vom Grad sechs.

Warum fünf platonische Körper? Einen Beweis, dass es nur fünf platonische Körper gibt, findet man schon bei Euklid. Hier wollen wir es aber mit der eulerschen Polyederformel versuchen. Die S Seitenflächen sind Polygone mit jeweils n Ecken. Dabei muss gelten $n \geq 3$. Man könnten meinen, es gäbe dann insgesamt nS Kanten, aber dabei würde jede Kante doppelt gezählt. Also gilt $K = nS/2$. An jeder Ecke treffen sich m Kanten mit $m \geq 3$. Jede Seite hat n Ecken, aber m Seitenflächen treffen sich an jeder Ecke. Also gilt $E = nS/m$. Setzen wir das in die eulersche Formel ein, so erhalten wir

$$2 = E - K + S = \frac{nS}{m} - \frac{nS}{2} + S = \frac{2n - mn + 2m}{2m} S \quad \Longrightarrow \quad S = \frac{4m}{2n - mn + 2m} .$$

Damit das erfüllt kann, muss gelten $2n - mn + 2m > 0$ mit $n,m \geq 3$, da S positiv ist. Das ist nur möglich für fünf Paare (n,m), nämlich (3,3), (3,4), (3,5), (4,3) und (3,3). Man prüft nach, dass dies genau die fünf platonischen Polyeder liefert.

2.3 Die Kugel

Nun können wir unser zentrales Thema angehen: die **Kugel** im dreidimensionalen Raum. Die Definition einer Kugel ist einfach: Der Kugelkörper einer Kugel um den Nullpunkt ist die Menge aller Raumpunkte (x,y,z), deren Abstand vom Nullpunkt kleiner oder gleich $r > 0$ ist, für die also gilt

$$\sqrt{x^2 + y^2 + z^2} \leq r .$$

Die Punkte, für die hier das Gleichheitszeichen gilt, liegen auf der **Kugeloberfläche**. Ein wenig Vorsicht ist geboten, denn es ist nicht eindeutig, ob mit dem Wort „Kugel“ der gesamte Kugelkörper gemeint ist (manchmal benutzt man dafür auch das Wort „Ball“) oder nur die Oberfläche.

Wir bezeichnen die beiden extremalen Punkte auf der z-Achse als den Nordpol mit $z = +r$ und den Südpol mit $z = -r$. Man kann (und sollte!) sich überlegen, dass jede Schnittkurve der Kugeloberfläche mit einer Ebene, falls sie die Kugel überhaupt schneidet, einen Kreis ergibt. Die größten möglichen Schnittkreise haben den Radius der Kugel, man nennt sie **Großkreise**. Die Schnittebene geht dabei durch den Kugelmittelpunkt. Andere Kreise auf der Kugelfläche werden als **Kleinkreise** bezeichnet.

Polyeder und Graphen: Die eulersche Polyedergleichung lässt sich auch in einer anderen Weise interpretieren. Dazu wollen wir zunächst unsere dreidimensionalen Polyeder „flachklopfen", das heißt, wir projizieren sie auf eine ihrer Seitenflächen. Das ist beispielsweise in Bild 2.6 illustriert am Beispiel eines hausähnlichen Polyeders mit Walmdach, das wir auf seine Grundfläche abbilden. Wir prüfen nach, dass unser Polyeder mit $E = 10$ Ecken, $K = 17$ Kanten und $S = 9$ Seitenflächen die eulersche Formel $E - K + S = 2$ mit $10 - 17 + 9 = 2$ erfüllt. Das flachgedrückte Bild in der Mitte, in dem wir die Eckpunkte hervorgehoben haben, enthält gleich viele Ecken und Kanten wie das Polyeder links. Die Kanten schließen Flächen ein, aber wenn wir sie zählen, dann finden wir nur acht, denn die Grundfläche, auf die wir projiziert haben, ist verloren gegangen. Wir einigen uns darauf, immer die gesamte Außenfläche mitzuzählen. Dann haben wir wieder $S = 9$ Flächen.

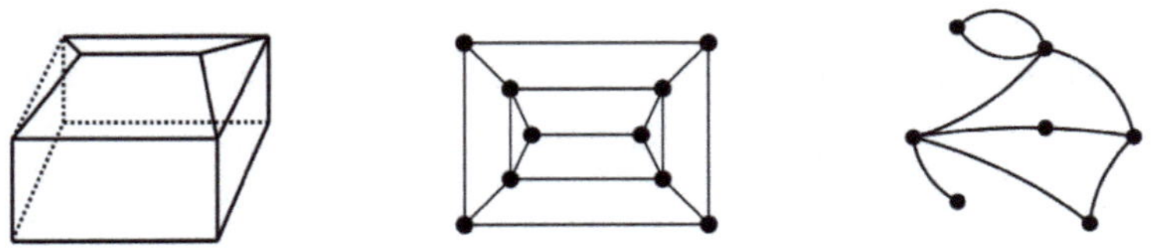

Bild 2.6 Links: ein hausförmiges Polyeder. Mitte: das Polyeder aus dem Bild links, flachgedrückt in die Grundebene. Rechts: verbundener planarer Graph mit sieben Knoten, neun Kanten und vier Flächen.

Diese Struktur von durch Kanten verbundenen Punkten, **Knoten**, bezeichnet man als einen **Graphen** und ihre mathematische Theorie als **Graphentheorie**. Man untersucht lediglich die abstrakte Netzstruktur an sich, wobei Art, Lage und Beschaffenheit der Knoten und Kanten unberücksichtigt bleiben. Man kann also ein solches Netz beliebig verformen.

Bei einem **verbundenen Graphen** kann man von jedem Knoten über eine Folge von Kanten zu jedem anderen Knoten gelangen, und ein **planarer Graph** lässt sich in einer Ebene so ausbreiten, dass sich keine Kanten kreuzen. Für verbundene planare Graphen lassen sich dann „Flächen" zwischen den Kanten definieren und wir wissen jetzt schon, dass die Anzahl E der Knoten, die Anzahl K der Kanten und die Anzahl S der Flächen durch die eulersche Formel $E - K + F = 2$ verknüpft sind. Der Graph rechts im Bild 2.6 hat $E = 7$ Knoten, $K = 9$ Kanten und $S = 4$ Flächen, wobei die gesamte Außenfläche mitgezählt wird, und es gilt $E - K + S = 7 - 9 + 4 = 2$.

Hier könnten wir kurz nachdenken, ob sich da nicht eine Möglichkeit eröffnet, um die eulersche Formel für Graphen zu beweisen. Wenn wir in dem Graphen im rechten Bild beispielsweise den Knoten oben links längs zu seinem mit ihm verbundenen Nachbarknoten bewegen und ihn dort zum Verschwinden bringen, dann erniedrigt sich K um zwei und S und E erniedrigen sich jeweils um eins, sodass $E - K + S = 6 - 7 + 3 = 2$ erhalten bleibt. Diesen Prozess können wir fortsetzen bis nur noch ein einziger Knoten übrig bleibt, der von einer einzigen Fläche umgeben ist, und es gilt dann $E = S = 1$ und $K = 0$, also $E - K + S = 1 - 0 + 1 = 2$. Dabei kann es aber auch auftreten, dass ein Knoten nur durch eine Kante verbunden ist, ohne eine zusätzliche Fläche aufzuspannen. Eine solche Situationen findet man unten links im rechtem Bild 2.6. Dann können wir einen solchen Knoten nebst einer Kante zum Verschwinden bringen, ohne die Flächenzahl zu verändern, und auch hier bleibt $E - K + S$ unverändert. Mit diesem Verfahren lässt sich also die eulersche Formel begründen.

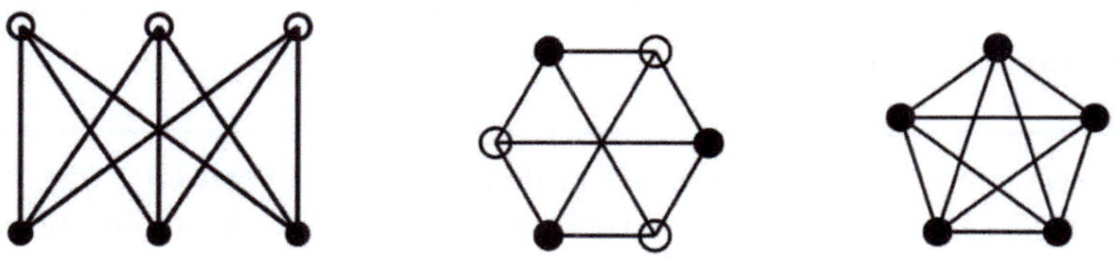

Bild 2.7 Links: das Drei-Häuser-Problem mit Kreuzungen der Kanten. Mitte: der nicht-planare Graph $K_{3,3}$. Rechts: der nicht-planare Graph K_5.

Man fragt sich natürlich noch, wie ein nicht-planarer Graph aussehen könnte. Dazu gibt es ein bekanntes Beispiel, das klassische **Drei-Häuser-Problem**, ein mathematisches Rätsel, bei dem drei Häuser jeweils mit drei Versorgungsunternehmen (Strom, Wasser, Gas) verbunden werden müssen, ohne dass sich die Leitungen kreuzen. Dies ist in einer Ebene unlösbar. Nicht natürlich, wenn man Kreuzungen zulässt, wie links im Bild 2.7, wobei die Versorungsunternehmen durch offene, die Häuser durch gefüllte Kreise gekennzeichnet sind. Dieser nicht-planare Graph, er wird als $K_{3,3}$ bezeichnet, lässt sich umformen zu einem Graphen, bei dem die sechs Knoten auf den Eckpunkten eines Sechsecks angeordnet sind, wobei sich offene und geschlossene Kreise abwechseln; Wie im mittleren Bild. Ein weiteres Beispiel eines nicht-planaren Graphen ist der Graph K_5, ein Fünfeck von Knoten, bei denen jeder mit jedem verbunden ist, wie rechts im Bild. Man hat beweisen können, dass jeder nicht-planare Graph mindestens einen dieser beiden Typen enthalten muss.

Volumen und Oberfläche

Das **Volumen** V einer Kugel mit Radius r ist gleich $V = \frac{4}{3}\pi r^3$. Wie können wir uns davon überzeugen? Dazu ließe sich als erster Test wieder die Monte-Carlo-Methode von Seite 7 verwenden. Wir erzeugen also wieder N gleichmäßig verteilte Zufallspunkte (x,y,z) mit $-r < x,y,z < +r$, also in einem Würfel mit Kantenlänge $2r$ und Volumen $(2r)^3$, und zählen die Anzahl N_K der Punkte, die innerhalb der Kugel liegen, also diejenigen mit $x^2 + y^2 + z^2 < r^2$. Dann liefert $N_K(2r)^3/N$ eine Näherung für das Kugelvolumen. Wir probieren dies aus mit der gleichen Anzahl von $N = 2000$ Punkten wie im zweidimensionalen Fall. Das Ergebnis 4,3 kommt dem exakten Wert $4\pi/3 = 4{,}1888\ldots$ aber nicht nahe genug. Woran kann das liegen? Richtig gedacht: Der Würfel ist „größer" als das Quadrat, was immer das heißen mag, jedenfalls lässt er sich mit 2000 Punkten nicht so gut abdecken. Wenn wir N verzehnfachen erhalten wir den Wert 4,18, was schon besser aussieht. In gleicher Weise lässt sich auch das Volumen anderer Körper bestimmen, beispielsweise eines Ellipsoids oder eines Hühnereis durch Einschluss in einen Quader.

Es gibt allerdings auch eine einfache Methode, die es erlaubt, das Volumen eines Rotationskörpers zu berechnen, mit dem exakten Ergebnis für die Kugel:

Nehmen wir einmal an, wir haben eine Funktion $x = \rho(z)$ im Intervall $a \leq z \leq b$ in der (x,z) Ebene. Jetzt rotieren wir diese Funktion mit einer vollen Umdrehung um die z-Achse. Dann erhalten wir einen **Rotationskörper**. Um dessen Volumen zu bestimmen, teilen wir das z-Intervall in kleine Abschnitte Δz, unseren Rotationskörper also in dünne zylindrische Scheiben mit Radius $\rho(z)$. Das Scheibenvolumen ist das Produkt von Kreisfläche $\pi\rho^2(z)$ und Dicke Δz, ist also gleich $\pi\,\rho^2(z)\,\Delta z$. Um das gesamte Volumen zu ermitteln, müssen wir alle diese kleinen Volumina summieren, und erhalten daraus für $\Delta z \longrightarrow 0$ das Integral

$$V = \lim_{\Delta z \to 0} \sum_{\Delta z} \pi\,\rho^2(z)\,\Delta z = \pi \int_a^b \rho^2(z)\,\mathrm{d}z\,.$$

Für eine Kugel mit Radius r haben wir $\rho^2(z) = r^2 - z^2$ und $a = -r$, $b = r$ und daher

$$V = \pi \int_a^b \rho^2(z)\,\mathrm{d}z = \pi \int_{-r}^{r} (r^2 - z^2)\,\mathrm{d}z = \pi\left[r^2 z - \tfrac{1}{3}z^3\right]_{-r}^{r} = \tfrac{4}{3}\,\pi r^3\,.$$

Die **Oberfläche** der Kugel ist gleich $F = 4\pi r^2$. Diese Formel können wir durch einen genialen Trick herleiten. Wir erinnern uns alle daran, dass ein Fußball aus zwölf Fünfecken und 20 Sechsecken zusammengenäht wird (siehe Seite 74). Wenn wir deren Ecken mit der Kugelmitte verbinden, erhalten wir 32 Pyramiden. Jetzt wissen wir aus der elementaren Geometrie, dass das Volumen jeder dieser Pyramiden gleich einem Drittel des Produkts von Grundfläche und Höhe ist. Wenn wir mehr und mehr solcher Pyramiden nehmen, ganz gleich, ob ihre Grundfläche ein regelmäßiges n-Eck ist oder nicht, dann bleibt diese Relation bestehen. Da die Höhe aller dieser Pyramiden sich dem Radius r die Kugel nähert, erhalten wir für die Kugelfläche in diesem Limit $F = 3V/r = 4\pi r^2$.

Manchmal wird auch die Kugeloberfläche dadurch berechnet, dass man das Kugelvolumen nach r ableitet. Für die Kugel ergibt sich dann das korrekte Ergebnis. Wie lässt sich das begründen? (Antwort Seite 205)

Es existieren aber noch viele andere Verfahren, um Kugelvolumen und -oberfläche zu berechnen. Berühmt ist eine Abbildung der Kugel auf einen Zylinder, die auf Archimedes zurückgeht. Mehr darüber findet man bei Wikipedia unter dem Stichwort **Über Kugel und Zylinder** und auch weiter unten auf Seite 81.

Kugelkoordinaten

Jetzt ist es Zeit, dass wir eine andere Wahl der Koordinaten kennenlernen, die **Kugelkoordinaten** oder **sphärische Polarkoordinaten**. Eine dieser drei Koordinaten ist der Abstand vom Nullpunkt, also r. Alle Punkte mit einem festen Wert von r liegen auf der Oberfläche einer Kugel mit Radius r. In der $(x.y)$-Ebene, der Menge aller Punkte mit $z = 0$, ergibt sich für einen festen Wert von r ein Kreis. In dieser Ebene gehen wir zu Polarkoordinaten über mit dem Winkel φ. Jetzt wird es etwas schwieriger. Schauen wir auf die (x,z)-Ebene, also die Menge aller Punkte mit $y = 0$, dann erhalten wir dort für ein festes r wieder einen Kreis, den Kreis $x^2 + z^2 = r^2$. Wir wollen auch in diesem Kreis wieder Polarkoordinaten einführen, aber dabei messen wir den Polarwinkel, man nennt ihn ϑ, vom Nordpol aus. Er variiert im Intervall $0 \leq \vartheta \leq \pi$. Malen wir doch einfach einmal diese Ebene auf ein Blatt Papier und bestätigen die Formel $z = r\cos\vartheta$.

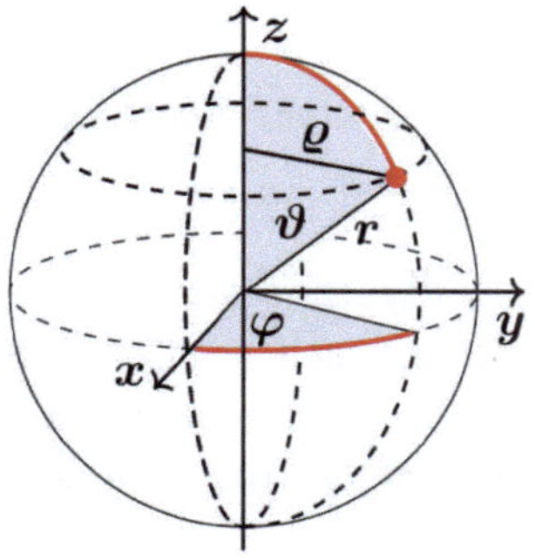

Bild 2.8 Kugelkoordinaten auf der Oberfläche einer Kugel mit Koordinatenlinien für φ (Längengrad) und ϑ (Breitengrad).

Was passiert jetzt, wenn wir diesen Kreis um die z-Achse drehen mit einem Drehwinkel φ? Richtig gedacht, es ist immer noch ein Kreis um den Nullpunkt mit dem Radius r. Bei dieser Drehung bleiben die Werte von z und ϑ erhalten, und unser Punkt liegt jetzt in einer Ebene parallel zur (x,y)-Ebene in einem Abstand z und in einem Abstand $\rho = r \sin\vartheta$ von der z-Achse. Dann sind seine x- und y-Komponenten gleich $x = \rho\cos\varphi$ und $y = \rho\sin\varphi$. Insgesamt ergeben sich damit die Transformationsgleichungen

$$x = r\,\sin\vartheta\,\cos\varphi\,,\quad y = r\,\sin\vartheta\,\sin\varphi\,,\quad z = r\,\cos\vartheta\,.$$

Das Bild 2.8 zeigt für einen konstanten Wert von r, also auf der Oberfläche einer Kugel mit diesem Radius, die Koordinatenlinien für jeweils feste Werte von ϑ oder φ. Beides sind Kreislinien. Für die Linien mit konstantem ϑ ist auch die z-Koordinate konstant, und die beiden anderen Koordinaten haben wir oben schon berechnet als $x = \rho\,\cos\varphi$ und $y = \rho\,\sin\varphi$ mit $\rho = r\,\sin\vartheta$. Das können wir umrechnen in

$$x^2 + y^2 = \rho^2(\cos^2\varphi + \sin^2\varphi) = \rho^2\,.$$

Das ist ein Kreis mit dem Radius ρ. Die Linien mit konstantem φ sind Halbkreise mit dem Radius r der Kugel, also halbe Großkreise, die um die Kugelachse um einen Winkel φ gegenüber der (x,z)-Ebene gedreht sind. Beide Koordinatenlinien schneiden sich in rechten Winkeln, außer an den beiden Polen. Wie kann man sich das klarmachen? Das geht recht einfach, wenn man die mathematischen Hilfsmittel der Vektorrechnung zur Verfügung hat, aber ohne sie wird es umständlich. Wir können hier aber auf eine Begründung verzichten, denn wir werden auf Seite 84 in einfacher Weise zeigen können, dass die Kugelkoordinaten ihre Orthogonalität von den ebenen Polarkoordinaten erben.

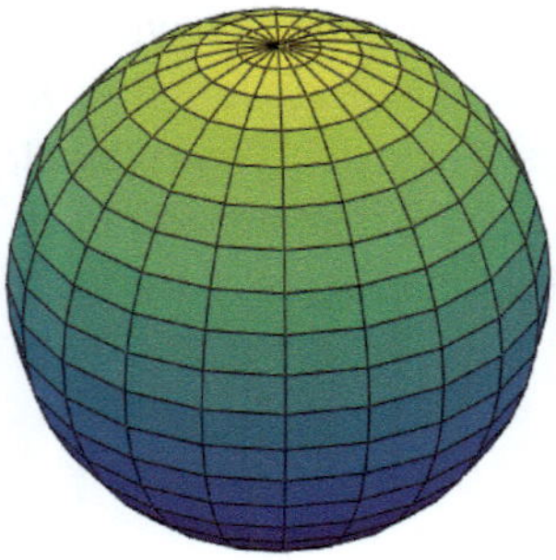

Bild 2.9 Winkelkoordinatenlinien auf der Kugeloberfläche

Nehmen wir also an, dass die φ- und ϑ-Koordinatenlinien senkrecht aufeinander stehen. Da beide auf der Oberfläche einer Kugel mit dem Radius r liegen, zeigt eine r-Koordinatenlinie auf einem radialen Strahl nach außen, steht also auch senkrecht auf der Kugeloberfläche. Wir haben also auch her ein **orthogonales Koordinatensystem**.

Ein differentiell kleines **Flächenelement** auf der Kugel ergibt sich wegen der Orthogonalität der Koordinaten einfach als Produkt der beiden Linienelemente in den Koordinatenrichtungen, $\mathrm{d}s_\vartheta = r\,\mathrm{d}\vartheta$ und $\mathrm{d}s_\varphi = \rho\,\mathrm{d}\varphi = r\,\sin\vartheta\,\mathrm{d}\varphi$, als

$$\mathrm{d}F = r^2\sin\vartheta\,\mathrm{d}\vartheta\,\mathrm{d}\varphi = r^2\mathrm{d}\Omega \quad \text{mit dem } \textbf{Raumwinkelelement} \quad \mathrm{d}\Omega = \sin\vartheta\,\mathrm{d}\vartheta\,\mathrm{d}\varphi\,,$$

das man traditionell mit dem großen griechischen Buchstaben Ω (gesprochen „Omega“) bezeichnet. Das **Volumenelement** ergibt sich, wieder wegen der Orthogonalität, durch Multiplikation mit dr

$$dV = r^2 \sin\vartheta \, dr \, d\vartheta \, d\varphi = r^2 dr \, d\Omega \, .$$

Die Kugelkoordinaten sollten uns bekannt sein, denn es sind (fast) unsere geographischen Koordinaten auf der Erdoberfläche, die in der Geographie und bei der Navigation verwendet und auch als GPS-Koordinaten in unserem Navigationsgerät angezeigt werden. Mehr darüber in Abschnitt 2.6. Dabei wird die Erde als eine Kugel idealisiert mit einen Radius von etwa $R = 6371$ km. Die ϑ-Koordinatenlinien sind sind die **Längenkreise**, ein halber Längenkreis von Pol zu Pol heißt **Meridian**, die φ-Koordinatenlinien sind Kleinkreise, wir bezeichnen sie als **Breitenkreise**. Nur der Äquator für $\vartheta = \pi/2$ ist ein Großkreis.

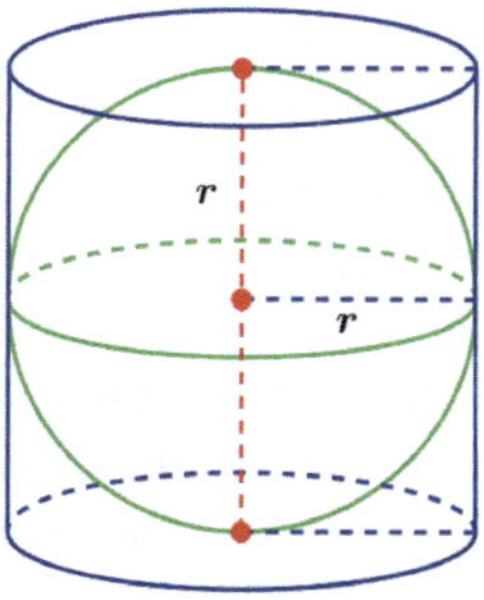

Bild 2.10 Projektion einer Kugeloberfläche auf einen Zylinder

Von Interesse ist auch, dass man die Oberfläche einer Kugel mit Radius r auf die Fläche einen Zylinders mit gleichem Radius projizieren kann, dessen Achse mit der Kugelachse übereinstimmt, wie im Bild 2.10 illustriert. Die Punkte auf dem Zylindermantel können wir beschreiben durch die Koordinaten h, die Höhe über der (x, y)-Ebene durch den Nullpunkt, und den Polarwinkel ϕ. Dann bilden sich die Breitenkreise der Kugel für $z = r\cos\vartheta$ auf Zylinderkreise der gleichen Höhe $h = z$ ab und auch die Polarwinkel ϕ bzw. φ auf Zylinder und Kugel, sind gleich. Ein infinitesimales Flächenelement der Kugel mit den orthogonalen Linienelementen $ds_\vartheta = r\, d\vartheta$ und $ds_\varphi = \rho\, d\varphi = r\, \sin\vartheta\, d\varphi$ wird abgebildet auf ein Flächenelement auf der Zylinderflächen mit den orthogonalen Linienelementen $ds_\phi = r\, d\phi$ und $ds_z = dz = -r\, \sin\vartheta\, d\vartheta$. Eine wichtige Eigenschaft dieser **Zylinderprojektion** ist, dass sie **flächentreu** ist, denn es gilt

$$|ds_\vartheta \, ds_\varphi| = |r^2 \sin\vartheta \, d\vartheta \, d\varphi| = |ds_z \, ds_\phi| \, .$$

Wenn wir also die gesamte Kugeloberfläche so auf den Zylindermantel projizieren, ist ihre Oberfläche gleich der Zylindermantelfläche, und die lässt sich einfach berechnen als das Produkt aus Umfang $2\pi r$ und Höhe $2r$, also als $F = 4\pi r^2$ und ist gleich der Fläche der Kugel. Diese Zylinderprojektion geht zurück auf Archimedes, wie schon auf Seite 79 erwähnt. Die aus der Geographie bekannte Mercator-Projektion ist eine solche Zylinderprojektion, die jedoch in Richtung der Zylinderachse verzerrt ist, um eine winkeltreue Darstellung zu liefern. Mehr darüber auf Seite 109.

Wir werfen noch einen Blick auf die **Metrik**. In kartesischen Koordinaten war das Quadrat des Linienelements $\mathrm{d}s$, also des infinitesimalen Abstands, gleich

$$\mathrm{d}s^2 = \mathrm{d}x^2 + \mathrm{d}y^2 + \mathrm{d}z^2 \,.$$

Das folgt aus der Orthogonalität dieser Koordinaten. Bei den Kugelkoordinaten bleibt die Orthogonalität erhalten, und wir können die Linienelemente in den Koordinatenrichtungen, also $\mathrm{d}s_r = \mathrm{d}r$, $\mathrm{d}s_\vartheta = r\,\mathrm{d}\vartheta$ und $\mathrm{d}s_\varphi = r\sin\vartheta\,\mathrm{d}\varphi$, nach dem Satz des Pythagoras schreiben als

$$\mathrm{d}s^2 = \mathrm{d}s_r^2 + \mathrm{d}s_\vartheta^2 + \mathrm{d}s_\varphi^2 = \mathrm{d}r^2 + r^2\mathrm{d}\vartheta^2 + r^2\sin^2\vartheta\,\mathrm{d}\varphi^2 \,.$$

Stereografische Projektion

Wir haben schon die flächentreue Zylinderprojektion der Kugeloberfläche kennengelernt und ihre Verwandte, die winkeltreue Mercator-Projektion. Die **stereografische Projektion**, die wir hier vorstellen, hat eine Reihe von Eigenschaften, die für viele Anwendungen von großem Vorteil sind. Außerdem ist sie recht einfach zu verstehen. Sie ist eine **Zentralprojektion** von einem Punkt aus, im Bild 2.11 ist es der Nordpol N, auf der Kugelfläche. Dabei wird jeder Kugelpunkt P auf einen Punkt P' in einer Ebene projiziert, die meist tangential ist zu dem gegenüber liegenden Punkt, hier also zum Südpol S. Dabei wird allerdings der ausgewählte Kugelpunkt selbst, hier der Nordpol, ins Unendliche abgebildet. Wenn man zu den Punkten der Ebene den Punkt „Unendlich" (oder ∞) hinzufügt, erhält man so eine bijektive Abbildung zwischen der Kugelfläche und dieser so **kompaktifizierten Ebene**.

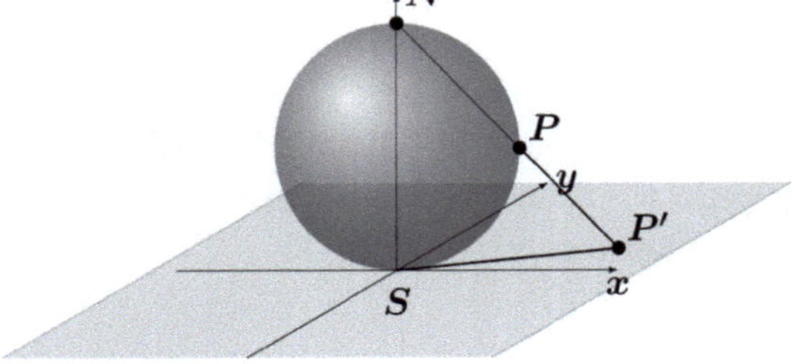

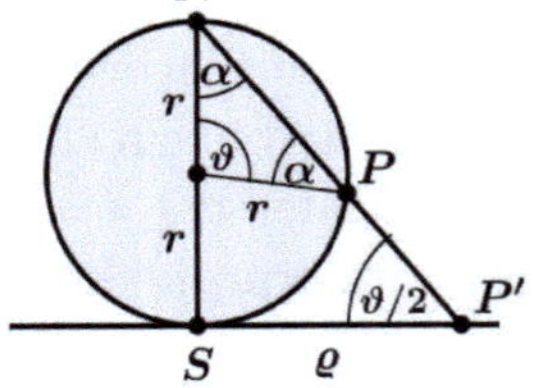

Bild 2.11 Links: stereografische Projektion einer Kugel auf eine Ebene mit dem Nordpol als Projektionszentrum. Rechts: Schnittebene durch das Dreieck mit den Eckpunkten N, P und Kugelmittelpunkt.

Verwendet man sphärische Polarkoordinaten (r,ϑ,φ) auf der Kugel und ebene Polarkoordinaten in der Ebene, so bleibt der Winkel φ bei der Projektion erhalten. Den radialen Abstand ρ in der Ebene erhält man durch eine kleine Überlegung. Im Bild rechts erkennt man, dass das Dreieck mit den Eckpunkten N, P und dem Kugelmittelpunkt gleichschenklig ist. Daher müssen die beiden Winkel α gleich groß sein und, da die Winkelsumme gleich π ist, ergibt sich $\alpha = \pi/2 - \vartheta/2$. Jetzt können wir in dem Dreieck N, P', S den Winkel bei P' als $\pi/2 - \alpha = \vartheta/2$ bestimmen und erhalten die Radiuskoordinate ρ in der Ebene mit der Kotangensfunktion (siehe Seite 192) als $\rho = 2r\cot(\vartheta/2)$.

Es ist einleuchtend, dass diese Projektion die Objekte auf der Nordhalbkugel weit nach außen abbildet und stark verzerrt. Deshalb wird sie in dieser Form hauptsächlich für eine Abbildung der Südhalbkugel verwendet. Will man die Nordhalbkugel abbilden, wählt man als Projektionszentrum den Südpol und platziert die Projektionsebene tangential am Nordpol.

Jetzt kommen wir zu den wichtigen Abbildungseigenschaften dieser Zentralprojektion: Sie ist kreis- und winkeltreu.

- **Kreistreue:** Kreise auf der Kugel werden auf Kreise oder Geraden in der Ebene abgebildet und umgekehrt. Aber Vorsicht, denn dabei werden in der Regel nicht die Kreismittelpunkte aufeinander abgebildet! Kreise durch das Projektionszentrum werden auf Geraden abgebildet, die Meridiane auf Radialstrahlen durch den Nullpunkt.
- **Winkeltreue:** Winkel auf der Kugel werden auf gleiche Winkel in der Ebene abgebildet.

Beide Eigenschaften lassen sich recht einfach geometrisch zeigen, einen anschaulichen Beweis der Kreistreue findet man auf der Wikipedia-Seite **Stereografische Projektion**.

Die Winkeltreue wollen wir hier beweisen:

Betrachten wir zuerst eine Gerade a' durch den Punkt P' in der Projektionsebene. Ihr Bild auf der Kugel ist ein Kreis durch den Punkt P und durch das Projektionszentrum N. Eine Tangente a an diesen Kreis im Nordpol ist dann parallel zu der Geraden a'.

Eine zweite Gerade b' durch P' in der Projektionsebene bildet mit der Geraden a' einen Winkel γ'. Wenn wir auch b' auf die Kugelfläche abbilden, ergibt sich ein zweiter Kreis, wieder durch die Punkte P und N. Die beiden Kreise schneiden sich in P mit einem Winkel γ. Wir wollen zeigen, dass die beiden Winkel γ und γ' übereinstimmen. Das erreichen wir durch einen Trick. Wir betrachten zunächst die Umgebung des Nordpols N. Hier ist auch die Tangente b an den zweiten Kreis parallel zu der Geraden b' in der Projektionsebene. Daher ist der Winkel zwischen a und b gleich dem zwischen a' und b', also gleich γ'.

Nun sind aber aus Symmetriegründen die Schnittwinkel der beiden Kreise auf der Kugel gleich groß, also gilt $\gamma' = \gamma$, was zu zeigen war.

Wenn wir in der Projektionsebene Polarkoordinaten verwenden (siehe Seite 9), dann wird das ebene Koordinatennetz durch die stereografische Projektion auf die Kugelkoordinaten abgebildet, und damit überträgt sich wegen der Winkeltreue auch ihre Orthogonalität.

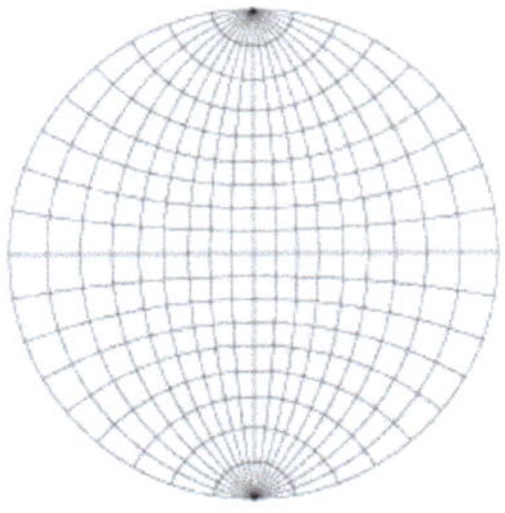

Bild 2.12 Wulffsches Netz, das die stereografische Projektion der Längen- und Breitengrade einer Kugeloberfläche darstellt.

In dem Bild 2.12 wurde der Projektionspunkt auf dem Äquator gewählt und eine Projektionsebene, die Nord- und Südpol enthält. Dargestellt sind die Projektionen der Längen- und Breitengrade auf der gegenüberliegenden Halbkugel in 10° Abstand. Da dies alles Kreise sind, werden sie in der Projektion auch auf Kreise abgebildet, und da sich die Längen- und Breitengrade in rechten Winkeln schneiden, gilt das wegen der Winkeltreue auch für die Projektionslinien. Man nennt das dann entstehende Koordinatengitter ein **wulffsches Netz**. Es hat Anwendungen in der Kristallographie, wobei man einen Kristall in das Zentrum einer Kugel setzt und die **Gittervektoren** des Kristalls auf die Kugelfläche abbildet, die dann auf das wulffsche Netz projiziert wird. Die Winkeltreue der Abbildung ermöglicht dann eine bequeme Analyse der Gitterstruktur.

Die riemannsche Zahlenkugel

Wenn man die Projektionsebene als die komplexe Zahlenebene $\mathbb{C}$ interpretiert, dann liefert die Projektion auf die Kugelfläche eine bijektive Abbildung der kompaktifizierten komplexen Ebene $\hat{\mathbb{C}} = \mathbb{C} \cup \{\infty\}$ (siehe Seite 23) auf die Kugelfläche. Man wählt hier zweckmäßig eine Einheitskugel und projiziert vom Nordpol N auf eine (komplexe) Ebene, die die Äquatorebene enthält. Dann ist die stereografische Projektion S zwischen den Punkten (x_1,x_2,x_3) mit $x_1^2 + x_1^2 + x_1^2 = 1$ auf der Kugelfläche und den komplexen Zahlen $z = x + \mathrm{i}y$ der Projektionsebene gegeben durch

$$(x_1,x_2,x_3) \xrightarrow{S} z = \frac{x_1 + \mathrm{i}x_2}{1 - x_3} \quad \text{für} \quad (x_1,x_2,x_3) \neq (0,0,1) \quad \text{und} \quad (0,0,1) \xrightarrow{S} \infty\,.$$

Wie man aus dem Bild 2.13 für $x_2 = 0$ sieht, folgt diese Transformationsgleichung aus dem Strahlensatz mit $x/x_1 = 1/(1 - x_3)$.

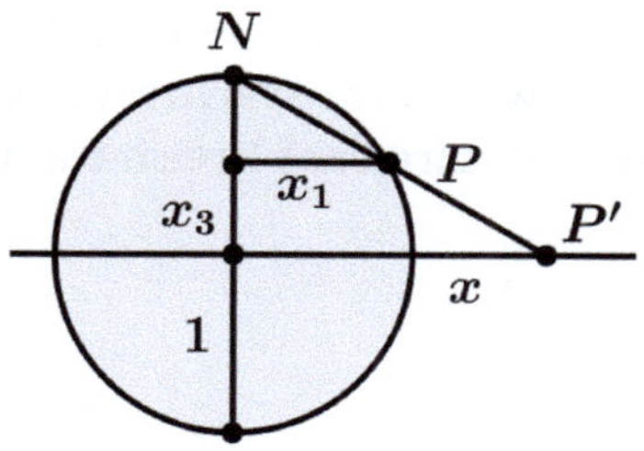

Bild 2.13 Abbildung der Zahlenkugel (x_1,x_2,x_3) mit $x_1^2 + x_2^2 + x_3^2 = 1$ auf die komplexe Ebene (hier für $x_2 = 0$).

Auf welchen Punkt der komplexen Zahlenebene wird der Südpol abgebildet? Was geschieht mit dem Äquator? Wo findet man das Bild des Meridians $x_2 = 0$? (Antwort Seite 205)

Die Umkehrabbildung $T = S^{-1}$ der stereografischen Projektion S, also die Abbildung der komplexen Ebene auf die Zahlenkugel, ist gleich

$$z \quad \xrightarrow{T} \quad \left(\frac{z + z^*}{1 + zz^*}, \frac{z - z^*}{\mathrm{i}(1 + zz^*)}, \frac{zz^* - 1}{1 + zz^*} \right) = (x_1,x_2,x_3) \quad \text{für} \quad z \neq \infty \,,$$

und ∞ wird auf den Punkt (0,0,1) abgebildet, was man leicht durch Hintereinanderschaltung der beiden Abbildungen S und $T = S^{-1}$ bestätigt. Mehr dazu findet man auf der Wikipedia-Seite zu dieser **riemannschen Zahlenkugel**. Man muss bei der Lektüre dieser und ähnlicher Seiten beachten, dass man in der Mathematik oft schon die kompaktifizierte komplexe Ebene $\mathbb{C}^* = \mathbb{C} \cup \{\infty\}$ selbst als die „Zahlenkugel" bezeichnet.

Wir wollen hier noch die (wichtige!) **Inversion** $z \xrightarrow{I} 1/z$ betrachten mit $0 \xrightarrow{I} \infty$ und $\infty \xrightarrow{I} 0$. Für das Bild der Inversion unter T erhalten wir

$$\begin{aligned} \frac{1}{z} \quad \xrightarrow{T} \quad & \left(\frac{1/z + 1/z^*}{1 + (1/z)(1/z^*)}, \frac{1/z - 1/z^*}{\mathrm{i}(1 + (1/z)(1/z^*))}, \frac{(1/z)(1/z^*) - 1}{1 + (1/z)(1/z^*)} \right) \\ &= \left(\frac{z + z^*}{1 + zz^*}, - \frac{z - z^*}{\mathrm{i}(1 + zz^*)}, - \frac{zz^* - 1}{1 + zz^*} \right) = (x_1, - x_2, - x_3) \end{aligned}$$

für $z = (x_1,x_2,x_3)$. Das ist eine **Drehung** auf der riemannschen Zahlenkugel um die x_1-Achse mit einem Drehwinkel π. Eine Drehung ist offensichtlich kreis- und winkeltreu, und daher auch die Inversion $z \to 1/z$ als Komposition von $T = S^{-1}$, der Drehung im Raum und der stereografischen Projektion S, wie im Diagramm illustriert:

$$\begin{array}{ccc} z & \xrightarrow{\text{Inversion}} & 1/z \\ T = S^{-1} \Big\downarrow & & \Big\uparrow S \\ (x_1,x_2,x_3) & \xrightarrow{\text{Drehung}} & (x_1, - x_2, - x_3) \end{array}$$

Damit wollen wir unsere Betrachtungen zur stereografischen Projektion beenden. Weitere Anregungen dazu findet man in der Literatur, beispielsweise in diesem Artikel von G. Glaeser: **Stereografische Projektion, Inversion und außerirdische Kreismuster**.

Geodäten

Viele werden wissen, dass der kürzeste Weg zwischen zwei Punkten auf der Oberfläche einer Kugel durch einen Großkreisbogen gegeben ist. Es lassen sich problemlos Verbindungswege finden, die länger sind als der Großkreisbogen, aber warum gibt es keine kürzeren? Experimentell können wir natürlich einfach ein Gummiband zwischen den beiden Punkten auf einem Globus spannen. Das wird den kürzesten Weg einnehmen, aber ist es wirklich ein Großkreisbogen?

Man kann auch auf eine (im ersten Moment) einleuchtende Weise einen vermeintlich „kürzesten" Verbindungsweg konstruieren (Und das wird fälschlicherweise auch oft so gemacht!): Dazu benutzt man eine der üblichen Karten in der Mercator-Projektion (siehe Seite 81) und zeichnet dort eine gerade Linie zwischen den beiden Punkten. Man kann sich davon überzeugen, dass dies *kein* Großkreis ist, aber es ist doch auf der Karte eine Gerade, also die kürzeste Verbindungslinie! Der Fehler besteht darin, dass die Mercator-Darstellung die wahren Weglängen nicht maßstabsgetreu wiedergibt, sie ist nicht „längentreu". Mehr dazu findet man weiter unten auf Seite 110.

Es macht also Sinn, nach etwas Besserem zu suchen, und wir wollen eine allgemeinere Methode anwenden, um die Großkreislösung zu finden. Wir machen dabei Gebrauch von unseren Überlegungen in Abschnitt 1.5.

Wir beginnen mit dem Linienelement auf der Kugeloberfläche in den Koordinaten $x_1 = \vartheta$ und $x_2 = \varphi$. Dazu betrachten wir ein kleines Oberflächenelement in diesen Koordinaten. Es hat die Seitenlängen $r\Delta\vartheta$ (die Bogenlänge längs des Meridians) und $r \sin\vartheta\,\Delta\varphi$ (die Bogenlänge längs des Breitenkreises mit Radius $r \sin\vartheta$). Dann ist das Linienelement Δs, die Länge der Diagonale, gegeben durch den Satz von Pythagoras und das Linienelement $\mathrm{d}s$ erhalten wir daraus im Grenzfall:

$$\Delta s^2 = r^2\Delta\vartheta^2 + r^2 \sin^2\vartheta\,\Delta\varphi^2 \qquad \Longrightarrow \qquad \mathrm{d}s^2 = r^2\mathrm{d}\vartheta^2 + r^2 \sin^2\vartheta\,\mathrm{d}\varphi^2$$

(siehe Seite 31) mit den metrischen Koeffizienten $g_{11} = r^2$ und $g_{22} = r^2 \sin^2\vartheta$. Jetzt müssen wir nur noch die Christoffel-Symbole nach den Formeln auf Seite 35 berechnen,

$$\Gamma^1_{22} = -\frac{1}{2g_{11}}\frac{\partial g_{22}}{\partial x_1} = -\sin\vartheta\cos\vartheta\,, \quad \Gamma^2_{12} = \Gamma^2_{21} = \frac{1}{2g_{22}}\frac{\partial g_{22}}{\partial x_1} = \frac{\cos\vartheta}{\sin\vartheta} = \cot\vartheta$$

(alle anderen sind gleich null), und die Euler-Lagrange-Gleichungen aufschreiben:

$$\ddot{x}_1 + \Gamma^1_{22}\dot{x}_2^2 = \ddot{\vartheta} - \sin\vartheta\cos\vartheta\,\dot{\varphi}^2 = 0\,, \quad \ddot{x}_2 + (\Gamma^2_{12} + \Gamma^2_{12})\dot{x}_1\dot{x}_2 = \ddot{\varphi} + 2\cot\vartheta\,\dot{\vartheta}\,\dot{\varphi} = 0\,.$$

Um zu überprüfen, dass ein Großkreisbogen diese Euler-Lagrange-Gleichungen löst, machen wir uns das Ganze wieder leicht und wählen ein Koordinatensystem, bei dem der erste unserer beiden Punkte der Nordpol ist. Dann liegt der zweite bei den Winkeln ϑ_b, φ_b und die Großkreisverbindung ist der Meridian mit $\varphi(t) = \varphi_b$, also konstant, und $\vartheta(t) = \vartheta_b t$, $0 \le t \le 1$. Wie wir überprüfen, ist dies eine Lösung der Differentialgleichungen.

Kugelzweiecke und -dreiecke

In der Geometrie der euklidischen Ebene werden gerne die Eigenschaften von Dreiecken untersucht, also von drei Punkten in der Ebene, die durch Geraden verbunden sind. Auf der Kugel wird die Rolle der Geraden von Geodäten übernommen, also von Großkreisbogen.

Im Gegensatz zu der euklidischen Ebene gibt es auf der Kugel auch **Zweiecke**. Die beiden Seiten werden durch zwei Geodäten, also Großkreise, gebildet, die sich in zwei genau gegenüberliegenden Punkten, den „diametralen" Punkten P_+ und P_- schneiden. Sie haben daher die Länge πr. Ein Großkreis ist die Schnittfläche einer Ebene durch den Kugelmittelpunkt mit der Kugel. Also entsteht ein Zweieck durch den Schnitt zweier solcher Ebenen mit der Kugelfläche, die sich auf der Verbindungslinie der Punkte P_+ und P_- schneiden. Eine dieser Ebenen ist also um den Öffnungswinkel φ bezüglich der anderen gedreht. Damit kennen wir auch die Fläche des erzeugten Zweiseits, sie ist ein $\varphi/2\pi$-tel der Kugelfläche, also gleich $F = 2\varphi r^2$. Ein Beispiel für solch ein **Kugelzweieck** ist die Fläche zwischen zwei Meridianen auf dem Globus.

Bei den **Dreiecken** in der Ebene (siehe Seite 2) sind die drei Eckpunkte A, B, C durch Geraden verbunden, auf der Kugeloberfläche also durch Großkreisbogen, wie im Bild 2.14 weiter unten dargestellt. Aber es gibt nicht nur ein einziges **Kugeldreieck** mit diesen Eckpunkten, denn auch die restliche Fläche ist ein Dreieck! Wir müssen also jeweils genauer festlegen, welches Dreieck gemeint ist.

Zunächst wollen wir annehmen, dass unsere Kugel den Radius eins hat. Dann ist die Länge eines Großkreisbogens zwischen zwei Punkten gleich dem Winkel (im Bogenmaß) zwischen den Radialstrahlen zu den Punkten. Wir geben dann die Längen der drei Seiten a, b, c durch diese Winkel an. Die Innenwinkel α, β, γ an den Eckpunkten des Kugeldreiecks definieren wir als Winkel zwischen den Tangenten der Seitenlinien.

Die **Sphärische Trigonometrie** beschäftigt sich mit der Lehre von den Kugeldreiecken und wir finden dort zahllose(!) Formeln, die uns bei der Lösung von Problemen helfen können. Ein Beispiel ist der **Halbwinkelsatz** für Kugeldreiecke, der Innenwinkel und Seitenlängen verknüpft:

$$\sin^2 \frac{\alpha}{2} = \frac{\sin(s-b)\,\sin(s-c)}{\sin b\,\sin c} \quad \text{mit dem halben Dreiecksumfang} \quad s = (a+b+c)/2\,.$$

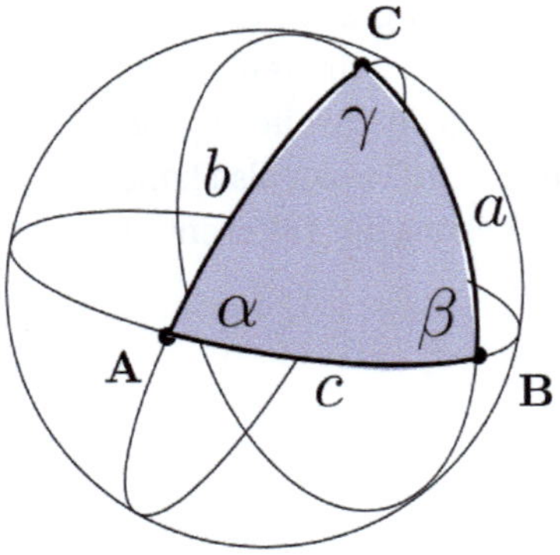

Bild 2.14 Ein eulersches Kugeldreieck.

Entsprechende Formeln gelten für die anderen Winkel. Als vertrauensbildende Maßnahme sollte man überprüfen, ob für ein kleines gleichseitiges Dreieck das bekannte Resultat von $\alpha = \pi/3$ herauskommt!

Wir beschränken uns hier auf diejenigen **Kugeldreiecke**, deren Winkel alle kleiner sind als π, sogenannte **eulersche Kugeldreiecke**. Wenn eine Seite die Länge π hat, dann liegen sich die Randpunkte diametral gegenüber. Für eulersche Dreiecke kann das nicht der Fall sein, sie liegen also auf einer Halbkugel. Die Formel für die Dreiecksfläche ist hier sehr einfach, sie ist gleich

$$F = (\alpha + \beta + \gamma - \pi)\, r^2 = \varepsilon\, r^2 \quad \text{mit} \quad \varepsilon = \alpha + \beta + \gamma - \pi\,.$$

Eine Herleitung dieser Flächenformel ist elementar möglich durch eine geschickte Kombination verschiedener Zweiecke. Man findet sie auf der Wikipedia-Seite zum **Kugeldreieck**.

Auf Seite 3 wurde die heronsche Formel zur Berechnung der ebenen Dreiecksfläche vorgestellt, die *nur* von den Seitenlängen abhängt. Eine entsprechende Formel existiert auch für die Fläche F eines Kugeldreiecks auf der Einheitskugel, jedoch ist sie weitgehend unbekannt, und wir sollten sie daher hier unbedingt erwähnen. Sie lautet

$$\cos\frac{F}{2} = \frac{1 + \cos a + \cos b + \cos c}{4\,\cos\frac{a}{2}\,\cos\frac{b}{2}\,\cos\frac{c}{2}} \qquad \text{(Seitenlängen } a, b, c \text{ im Bogenmaß)}\,.$$

Die (nicht ganz einfache(!)) Herleitung dieser Formel findet man in dem Artikel **Verschiedene Betrachtungen über die Fläche von Kugeldreiecken** von Leonhard Euler.

Im Grenzfall kleiner Seitenlängen wird die Kugelfläche eben und die eulersche Flächenformel geht in der heronsche Formel von Seite 3 über, was man mithilfe der Taylor-Entwicklung mit einiger Geduld(!) zeigen kann. (Antwort Seite 205)

Wir beobachten hier zwei wichtige Eigenschaften der Kugeldreiecke: Erstens ist ihre Winkelsumme größer als π, im Unterschied zu Dreiecken in der Ebene mit Winkelsumme π. Der „sphärische Exzess" $\varepsilon = \alpha + \beta + \gamma - \pi$ gibt den Winkelüberschuss an. Zweitens sollte der Grenzfall $r \longrightarrow \infty$ eine flache, euklidische Geometrie liefern. Das ist tatsächlich der Fall, und ein wichtiger **Satz von Legendre** sagt aus, dass für große Werte von r ein (kleines) Kugeldreieck näherungsweise durch ein ebenes Dreieck mit den gleichen Seitenlängen dargestellt werden kann. Dessen Winkel sind dann gleich dem Winkel des sphärischen Dreiecks, jeweils vermindert um $\varepsilon/3$. Dieser Satz fand wichtige Anwendungen im Vermessungswesen, um näherungsweise die Erdkrümmung zu berücksichtigen.

Zum Abschluss noch eine weitere kleine Übungsaufgabe:

Auf einer Einheitskugel befindet sich ein gleichseitiges Dreieck, dessen Eckpunkte die euklidische Entfernung δ haben. Wie groß ist die Fläche F dieses Dreiecks auf der Kugeloberfläche? (Antwort Seite 206)

Paralleltransport

Wie man in einer euklidischen Ebene eine Gerade parallel verschiebt, ist uns allen anschaulich klar. Wir wollen uns dennoch kurz damit beschäftigen und einige Aspekte herausarbeiten, die auf gekrümmten Flächen wichtig werden. Zunächst ist es zweckmäßig, die Verschiebung einer gerichteten Größe zu betrachten, die wir als einen „Vektor" bezeichnen und durch einen kleinen Pfeil darstellen. Wenn wir diesen Vektor entlang einer Geraden parallel verschieben, dann bleibt dabei die Länge des Vektors konstant und auch der Winkel zwischen dem Vektor und der Geraden. Der Winkel ändert sich aber, wenn der Weg keine Gerade ist, sondern eine gekrümmte Kurve.

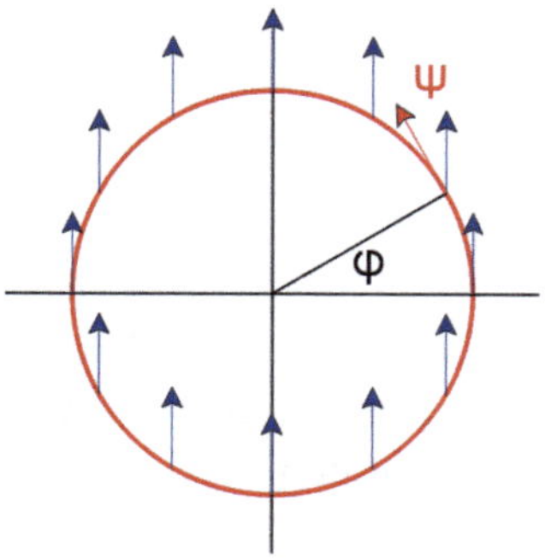

Bild 2.15 Paralleltransport eines Vektors in der euklidischen Ebene entlang einer Kreislinie.

Wir wollen einen solchen Vektor längs einer Kreiskurve um den Ursprung parallel verschieben, wie im Bild 2.15 gezeigt. Dabei bleibt die Richtung unseres Vektors gleich, aber es ändert sich der Winkel Ψ zwischen Kreiskurve und Vektor. Wenn wir die Kreiskurve durch den Polarwinkel φ parametrisieren, dann zeigt eine kurze Überlegung die Übereinstimmung: $\Psi = \varphi$. Nach einem vollen Kreisumlauf hat sich der Vektor für einem „mitbewegten" Beobachter um 2π gedreht. Das ist ein Paralleltransport in der euklidischen Ebene.

Für eine gekrümmte Fläche müssen wir eine parallele Verschiebung längs einer Kurve erst einmal *definieren*. Dabei hilft uns ein einfaches Bild. Wir stellen uns vor, dass wir uns in einem System befinden, das sich auf der Erdoberfläche bewegt, beispielsweise auf einem Kreuzfahrtschiff. Vor uns steht ein Tisch. Auf diesem Tisch, also auf einer Ebene, können wir problemlos eine Parallelverschiebung durchführen. Das Ganze müssen wir nur noch in eine abstrakte Sprache übersetzen. Die Bahn des „Schiffs" wird zu unserer Oberflächenkurve, der „Tisch" zu einer Tangentialebene, in der unser Vektor liegt. Er verschiebt sich dann mit der Tangentialebene längs der Bahn. Das bedeutet aber *nicht*, dass der Winkel zwischen der Bahnkurve, genauer der Tangente, und dem Vektor konstant bleibt! Das ist nur der Fall, wenn das „Schiff" geradeaus führt, wenn also die Bahn längs einer Geodäte verläuft. Wir notieren die folgenden Eigenschaften eines solchen **Paralleltransports** eines tangentialen Vektors auf einer Fläche:

- Der Vektor bleibt immer tangential zur Fläche.
- Der Vektor behält die gleiche Länge und der Winkel zwischen zwei Vektoren ändert sich dabei nicht.
- Für einen Paralleltransport längs einer Geodäte gilt: Ein Vektor in Richtung einer Geodäte behält diese Eigenschaft bei. Der Winkel zwischen einem Vektor und der Geodäte bleibt konstant.

Der Winkel zwischen dem parallel transportierten Vektor und der Bahnkurve ist wegen der zweiten Eigenschaft unabhängig von dem transportierten Vektor. Nur zur Sicherheit sollte man nachprüfen, ob das für unseren Kreistransport in der euklidischen Ebene auch erfüllt ist!

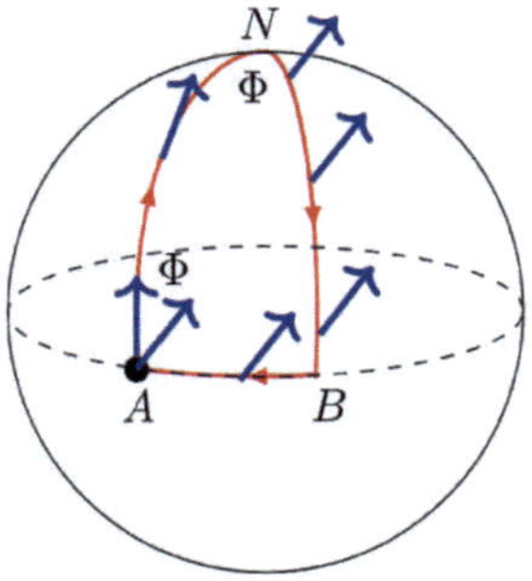

Bild 2.16 Paralleltransport eines Vektors auf der Kugeloberfläche auf einem geschlossenem Weg zusammengesetzt aus Großkreisbögen.

Jetzt ist es an der Zeit, ein Beispiel für einen Paralleltransport auf einer gekrümmten Fläche anzusehen, hier auf einer Kugelfläche. Im Bild 2.16 wird ein Vektor vom Punkt A aus zunächst längs eines Meridians zum Nordpol N parallel transportiert. Dabei zeigt er stets in Richtung des Wegs, denn der ist ja eine Geodäte. Vom Nordpol aus folgt der Transport wieder einem Meridian in südlicher Richtung bis zum Punkt B auf dem Äquator. Dabei ändert sich sein Winkel zum Meridian (eine Geodäte) nicht. Wenn Φ der Winkel zwischen den beiden Meridianen ist, dann ist im Punkt B der Winkel zwischen unserem Vektor und einem nach Norden gerichteten Tangentialvektor auch gleich Φ, sein Winkel zum Äquator ist also gleich $\pi/2-\Phi$. Dieser Winkel bleibt bei dem folgenden Paralleltransport zurück zum Punkt A erhalten. Dann ist unser transportierter Vektor im Vergleich zum Ausgangsvektor insgesamt um den Winkel $\Psi = \pi/2 - (\pi/2 - \Phi) = \Phi$ gedreht worden.

Wir wollen jetzt auch noch die Größe der Fläche F des Kugeldreiecks berechnen. Wie wir oben auf Seite 88 gesehen haben, ist sie gleich r^2, multipliziert mit dem Überschuss der Innenwinkelsumme zu π. Dieser „sphärische Exzess" ist hier gleich $\varepsilon = \frac{\pi}{2} + \frac{\pi}{2} + \Phi - \pi = \Phi = \Psi$ und dann gilt $F = \Psi r^2$. Der Drehwinkel bei unserem Paralleltransport ist also hier proportional zu der umlaufenen Fläche.

Bei diesem Beispiel haben wir uns das Leben einfach gemacht und nur einen Paralleltransport längs Geodäten betrachtet, sodass sich die Richtung des transportierten Vektors zur Bahn nur an den Eckpunkten ändert. Für die Beschreibung eines Paralleltransports längs einer allgemeineren Kurve müssten wir dann wohl in den sauren Apfel beißen und den ganzen mathematischen Apparat bemühen und beispielsweise kovariante Ableitungen kennenlernen, um das Verhalten des transportierten Vektors zu analysieren. Aber ein einfaches Beispiel können wir zum Glück auch über einen kleinen, aber lehrreichen Umweg verstehen, nämlich den Paralleltransport entlang eines beliebigen Kreises auf der Kugeloberfläche:

Dazu können wir unser Koordinatensystem so wählen, dass der betrachtete Kreis ein Breitenkreis ist mit einem (konstanten) Polarwinkel ϑ und einem Radius $\rho = r \sin \vartheta$, wenn r der Kugelradius ist. Dann stellen wir uns einen Kegel vor, der unseren Kreis, also einen Breitenkreis, tangiert, wie links im Bild 2.17 dargestellt. Seine Seitenlinie hat die Länge $a = r \tan \vartheta$. Jetzt kommt die wichtigste Beobachtung: Entlang der Kreislinie haben Kugel und Kegel in jedem Punkt die gleiche Tangentialebene, und da es bei unserem Paralleltransport nur auf diese ankommt, können wir dafür auch die Kegeloberfläche betrachten. Die hat aber den Vorteil, dass sie flach ist, das heißt man kann

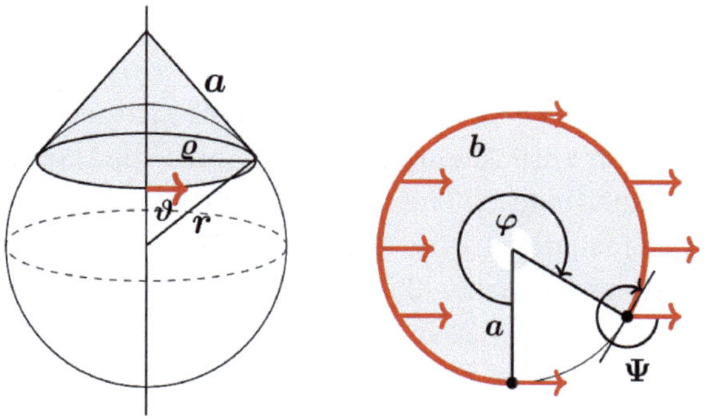

Bild 2.17 Links: Breitenkreis auf der Kugeloberfläche und tangierender Kegel. Rechts: Ausrollen der Kegelfläche in der Ebene und Paralleltransport eines Vektors.

sie in einer Ebene ausrollen, wie in dem rechten Bild gezeigt. In der Ebene ist aber der Paralleltransport simpel, wie wir oben gesehen haben. Der Vektor wird einfach um den Kreissektor herumgeführt, ohne seine Raumrichtung zu ändern. Er hat am Ende einen Winkel Ψ zur Tangentialrichtung, also zum Breitenkreis. Wickelt man das zurück auf den Kegel, ist das der Winkel zwischen der End- und Anfangsrichtung des Vektors.

Zur Berechnung von Ψ überlegen wir uns zunächst, dass der Winkel Ψ mit dem Öffnungswinkel φ des ausgerollten Kegelmantels übereinstimmt: $\Psi = \varphi$. Die Bogenlänge $b = \varphi a = \Psi a$ ist gleich dem Kreisumfang $2\pi\rho$ der Kegelbasis im Bild links. Mit $\rho = r \sin\vartheta$ und $a = r \tan\vartheta$ ergibt sich dann

$$\Psi = \frac{b}{a} = 2\pi \frac{\rho}{a} = 2\pi \frac{r \sin\vartheta}{r \tan\vartheta} = 2\pi \cos\vartheta \,.$$

Liegt der Breitenkreis auf dem Äquator, also für $\vartheta = \pi/2$, dann ergibt die Formel $\Psi = 0$, was zu erwarten war, denn der Äquator ist ein Großkreis, eine Geodäte. Am Nordpol ist $\vartheta = 0$ und damit $\Psi = 2\pi$, was auch zu erwarten war, denn lokal ist die Kugelfläche ja flach (vgl. Seite 90).

Jetzt kommt bestimmt jemand auf die Idee, auch hier die Beziehung zwischen Ψ und der umlaufenen Fläche F zu untersuchen. Das wollen wir auch tun. In einer Formelsammlung finden wir für die **Mantelfläche eines Kugelsegments** den Ausdruck $F = 2\pi(1 - \cos\vartheta)\,r^2$. Es gilt also hier nicht $F = \Psi r^2$, sondern $F = (2\pi - \Psi)\,r^2$. Eine Erklärung dafür finden wir weiter unten auf Seite 105, wenn wir die Flächenkrümmung kennengelernt haben.

Eine physikalische Realisierung eines solchen Paralleltransports längs eines Breitenkreises liefert das **Foucaultsche Pendel**, ein Pendel, dessen Schwingungsebene im Raum fest ist, während sich die Erde unter ihm hinwegdreht. Die Richtung der Schwingungsebene entspricht dem oben betrachteten Vektor. Damit lässt sich die Rotation der Erde nachweisen Wenn Ω die Umlauffrequenz der Erdrotation ist, dann lässt sich zeigen, dass sich, vom Erdboden her betrachtet, die Pendelebene mit der Frequenz $\omega = \Omega \sin\theta$ (gesprochen „omega“) dreht, wenn θ (gesprochen „theta“) der Breitengrad der Position des Pendels ist (siehe Webseite zum **Foucaultschen Pendel**). Wenn man die geografische Breite θ in den Polarwinkel ϑ umrechnet (siehe Seite 106), erhält man $\omega = \Omega \sin\theta = \Omega \sin(\pi/2 - \vartheta) = \Omega \cos\vartheta$ wie bei dem geometrischen Winkel Ψ.

Bei dem Paralleltransport eines Vektors auf einer Oberfläche haben wir gesehen, dass der Vektor bei einem Transport über einen geschlossenen Weg seine Richtung verändert hat, wenn er an seinen Anfangsort zurückkehrt. Der Drehwinkel, die **geometrische Phase**, hängt nur von der Geometrie (der Krümmung) des zugrunde liegenden Fläche ab. Mathematisch bezeichnet man das als eine **Holonomie**. Diese geometrische Phase tritt auch bei einem quantenmechanischen System auf, wenn es nach einem langsamen Durchlaufen eines geschlossenen Wegs im Parameterraum nicht wieder in seinen Anfangszustand zurückkehrt, sondern seine Wellenfunktion einen Phasenfaktor erhält, die sogenannte **Berry-Phase**.

Viviani-Fenster

Vincenzo Viviani war ein italienischer Mathematiker und Physiker, ein Schüler von Galileo Galilei. Er schlug im Jahre 1692 ein Problem vor, dessen Lösung er auch selbst präsentierte. Es war eine Mischung von Mathematik und Architektur. In einer halbkugelförmigen Kuppel sollten zwei Fenster so herausgeschlagen werden, dass die restliche Fläche „quadrierbar“ ist, dass sie also mit Zirkel und Lineal als ein flächengleiches Quadrat konstruiert werden kann.

Die Lösung des Problems liefert eine Schnittkurve der Kugel $x^2 + y^2 + z^2 = 1$, wir nehmen hier eine Kugel mit Radius eins an, mit einem Zylinder mit Radius r und Achse in z-Richtung, die um a in Richtung der positiven x-Achse verschoben ist. Der Zylinder schneidet dann die (x,y)-Ebene in dem Kreis

$$(x-a)^2 + y^2 = r^2\,,$$

parametrisiert wie $x = a + r\cos\psi$ und $y = r\sin\psi$. Dabei wählen wir für die Viviani-Fenster $r = a = \frac{1}{2}$, das heißt, der Zylinder verläuft durch die Pole der Kugel und tangiert sie auf der x-Achse, wie im linken Bild 2.18 gezeigt. Die Schnittkurve von Kugel und Zylinder ist daher gegeben durch

$$x = \tfrac{1}{2}(1+\cos\psi)\,,\quad y = \tfrac{1}{2}\sin\psi\,,\quad z^2 = 1 - x^2 - y^2 = \tfrac{1}{2}(1-\cos\psi) = \sin^2\frac{\psi}{2}\,.$$

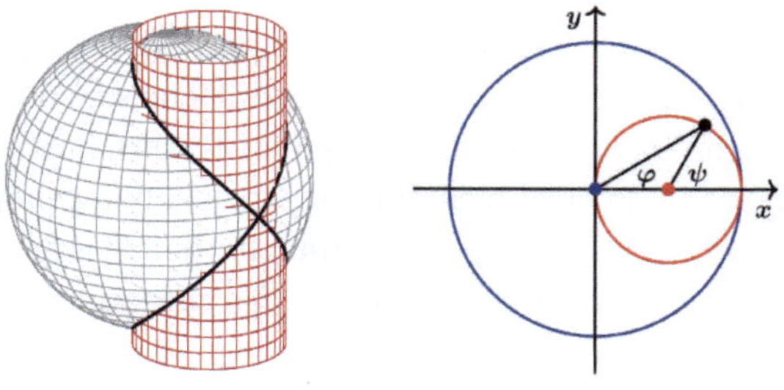

Bild 2.18 Links: Schnittkurve von Kugel und Zylinder, die das Viviani-Fenster bildet. Rechts: Schnitt durch das linke Bild in der (x,y)-Ebene.

Der Winkel ψ unserer Parametrisierung steht mit dem Winkel φ der sphärischen Polarkoordinaten in dem einfachen Zusammenhang $\pi = 2\varphi$, was man aus dem rechten Bild mithilfe des gleichschenkligen Dreiecks erkennen kann. Damit erhalten wir für das **Viviani-Fenster** in der oberen Halbebene die kartesischen Koordinaten der Randkurve durch eine einfache Rechnung aus der Gleichung oben:

$$x = \tfrac{1}{2}(1+\cos 2\varphi) = \cos^2\varphi\,,\quad y = \tfrac{1}{2}\sin 2\varphi = \sin\varphi\cos\varphi\,,\quad z = \sin\varphi\,.$$

Sie erstreckt sich von der positiven x-Achse in einem weiten Bogen bis zum Nordpol und führt dann wieder zurück.

Die Flächenberechnung der Halbkugel außerhalb des Fensters ist jetzt sehr einfach. Wir verwenden die flächentreue Projektion auf den Zylinder, der die Kugel am Äquator tangiert (siehe Seite 81), wodurch die Viviani-Kurve auf die Kurve $z = \sin\varphi$ auf diesem Zylinder abgebildet wird. Die Fläche zwischen dieser Kurve und dem Äquator erhält man durch einfache Integration als

$$F = \int_0^{\pi} z(\varphi)\,\mathrm{d}\varphi = \int_0^{\pi} \sin\varphi\,\mathrm{d}\varphi = [\,-\cos\varphi\,]_0^{\pi} = 2\,,$$

eine ganze Zahl. Die Fläche ist also quadrierbar, im Gegensatz zu der gesamten Halbkugelfläche 2π, die dies nicht ist. Mehr dazu findet man bei Wikipedia unter dem Stichwort **Quadratur des Kreises**.

Als kleine Übung sollte man sich überlegen, wie man mit Zirkel und Lineal ein Quadrat mit der Fläche 2 zeichnet. (Antwort Seite 207)

2.4 Funktionen auf der Kugelfläche

Unsere Kugel mit Radius r_0 hat eine glatte Oberfläche. Jeden ihrer Punkte kann man man durch die Kugelkoordinaten beschreiben, durch den Winkel φ, der den Längengrad angibt, und den Winkel ϑ der Breitengrade. In der Nachbarschaft eines jeden Kugelpunkts sieht die Oberfläche näherungsweise aus wie eine flache Ebene und man kann sie lokal auch durch kartesische Koordinaten (x,y) beschreiben, wie wir alle von unseren Wanderkarten wissen.

Jetzt können wir auf der Kugeloberfläche eine (reelle und stetige) Funktion $f(\vartheta,\varphi)$ definieren. Das könnte beispielsweise die Temperatur auf der Erdoberfläche sein oder auch der Luftdruck. Dann wird man nicht überrascht sein, wenn man erfährt, dass es immer einen Ort gibt, dessen Antipode (der diametral gegenüberliegende Punkt) genau die gleiche Temperatur hat. Tatsächlich existiert aber sogar ein Punkt für den dies auch noch für die zweite Größe gilt, hier also etwa für den Luftdruck. Das garantiert der **Satz von Borsuk-Ulam** sogar für n Funktionen auf einer n-dimensionalen Kugelfläche.

Wir wollen dies einmal für $n = 1$ beweisen, also für eine stetige Funktion auf einem Kreis in der (x,y)-Ebene, den wir wie $x = r\cos\varphi$, $y = r\sin\varphi$ durch den Winkel φ parametrisieren, und auf dem eine stetige Funktion mit $f(\varphi) = f(\varphi + 2\pi)$ definiert ist.

Wir wollen also zeigen, dass es ein φ gibt, für das $f(\varphi)$ mit dem Funktionswert des gegenüberliegenden Punkts $\varphi + \pi$ übereinstimmt. Dazu betrachten wir die Funktion $g(\varphi) = f(\varphi) - f(\varphi + \pi)$. Sie ist als Differenz stetiger Funktionen stetig und erfüllt

$$g(\varphi + \pi) = f(\varphi + \pi) - f(\varphi + 2\pi) = f(\varphi + \pi) - f(\varphi) = -g(\varphi)\,.$$

Also haben $g(\varphi)$ und $g(\varphi + \pi)$ unterschiedliche Vorzeichen. Dann folgt aus dem **Zwischenwertsatz** (siehe Seite 188 im Anhang), dass ein φ existiert mit $g(\varphi) = 0$, was nichts anderes bedeutet als $f(\varphi) = f(\varphi + \pi)$.

Der Beweis des Satzes für allgemeine Dimension n ist wesentlich schwieriger. Nicht einmal ein „elementarer" Beweis für $n = 2$, den man unter dem Stichwort **Geometric proofs of the two-dimensional Borsuk–Ulam theorem** finden kann, ist wirklich einfach zu verstehen. Wir müssen daher leider hier darauf verzichten, wollen aber wenigstens ein einfaches Beispiel betrachten. Dazu wählen wir statt der oben erwähnten Temperatur- und Luftdruckfunktion einfachere Versionen.

Auf der Kugel sind die Funktionen $f(\vartheta,\varphi) = \sin^2\vartheta \sin\varphi$ und $g(\vartheta,\varphi) = \cos\vartheta \cos(2\varphi)$ gegeben. Gesucht sind zwei diametrale Punkte, an denen beide Funktionswerte übereinstimmen. (Antwort Seite 207)

Nach dem **Satz von Borsuk-Ulam** können wir also auf einer Kugeloberfläche zwei diametrale Punkte finden, an denen zwei stetige Funktionen jeweils den gleichen Wert annehmen. Diese Punkte zu finden, ist natürlich eine weitere Herausforderung, die nur selten so einfach zu lösen ist wie in dem Beispiel oben. Genauso garantiert der Satz die Existenz von diametralen Punkten auf der dreidimensionalen Oberfläche einer Kugel im vierdimensionalen Raum, auf denen drei Funktionswerte übereinstimmen.

Wir bleiben aber hier auf unserer zweidimensionalen Kugeloberfläche und betrachten etwas genauer das Verhalten einer einzelnen Funktion $f(\vartheta,\varphi)$. Zunächst ist es nützlich, dies durch eine variable Entfernung $r(\vartheta,\varphi) = r_0 + f(\vartheta,\varphi) > 0$ vom Mittelpunkt zu beschreiben, also als eine deformierte Kugeloberfläche. Mehr darüber im nächsten Abschnitt.

Verformte Kugeln und Tori

Im Flachland war ein beliebtes Beispiel eines verformten Kreises die Ellipse. Ihr dreidimensionales Ebenbild als verformte Kugel ist das **Ellipsoid**, mathematisch beschrieben durch die Gleichung

$$\frac{x^2}{a^2} + \frac{y^2}{b^2} + \frac{z^2}{c^2} = 1$$

in kartesischen Koordinaten (x,y,z). Dabei sind die positiven Zahlen a, b und c die Halbachsen. Oft sind dabei zwei dieser Halbachsen gleich groß, wir können sie dann als $a = b$ wählen, und das Ellipsoid ist symmetrisch gegenüber einer Drehung um die z-Achse, ein **Rotationsellipsoid**. Ist das nicht der Fall, nennt man das Ellipsoid dreiachsig. Das Bild 2.19 zeigt ein solches Ellipsoid für $a = 4$, $b = 6$ und $c = 3$, parametrisiert durch Polarkoordinaten mit

$$x = a \sin\vartheta \cos\varphi\,, \quad y = b \sin\vartheta \sin\varphi\,, \quad z = c \cos\vartheta\,.$$

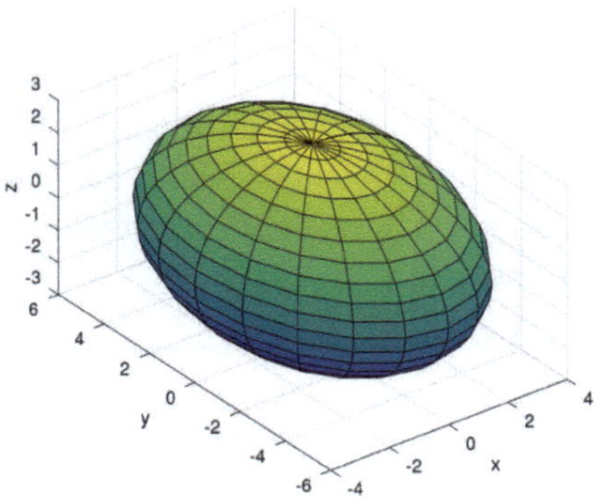

Bild 2.19 Dreiachsiges Ellipsoid mit Halbachsen $a = 4$, $b = 6$, $c = 3$. Die Ellipsoidfläche ist durch Polarkoordinaten parametrisiert.

Damit erhalten wir für $r^2 = x^2 + y^2 + z^2$ die Darstellung

$$r^2(\vartheta,\varphi) = (a^2 \cos^2 \varphi + b^2 \sin^2 \varphi) \sin^2 \vartheta + c^2 \cos^2 \vartheta \, .$$

Für $c < a < b$ wie in dem Bild haben wir zwei Maxima der Funktion $r(\vartheta,\varphi)$ bei $(x,y,z) = (0, \pm b,0)$, zwei Minima bei $(0,0, \pm c)$ und zwei Sattelpunkte bei $(\pm a,0,0)$. Mehr darüber im folgenden Text, aber zuerst wollen wir uns mit grundlegenden Eigenschaften einer solchen Funktion befassen.

Nehmen wir an, dass die Funktion $r(\vartheta,\varphi)$ ein einziges Maximum hat. Dann können wir unsere Koordinaten so wählen, dass dieses Maximum im Nordpol liegt. Da es ein Maximum ist, nehmen die Funktionswerte in jeder Meridianrichtung ab. Diese Abnahme kann aber nicht immer weiter gehen, denn unsere Funktion ist überall definiert und die Kugeloberfläche ist endlich. Es muss also ein Minimum geben. Betrachten wir als Beispiel die Funktion $f(\vartheta,\varphi) = \cos\vartheta$. Sie hat ein Maximum bei $\vartheta = 0$, also am Nordpol, und ein Minimum bei $\vartheta = \pi$, am Südpol. Hier sollte man auch an einen **Satz von Weierstraß** erwähnen, der lautet: „Eine stetige Funktion auf einer kompakten Menge besitzt stets ein Minimum und ein Maximum."

Jetzt wollen wir auf unserer verformten Kugel mit der Oberfläche $r = r(\vartheta,\varphi)$ auf dem Meridian mit $\varphi = 0$ ein zweites Maximum erzeugen, sagen wir bei $\vartheta = \pi/2$, also auf dem Äquator. Wir stellen uns dabei unsere Oberfläche als eine elastische Haut vor, die wir an der Position des neuen Maximums vorsichtig anheben. Was geschieht dann mit den Funktionswerten in der Umgebung der Meridianverbindung mit dem Pol? Es bildet sich ein Bergkamm aus, mit einem Minimum in der ϑ-Richtung irgendwo zwischen dem neuen und dem alten Maximum. Dies ist aber kein echtes Minimum, denn seitwärts dieser Linie fällt die Oberfläche ab. Es ist also ein **Sattelpunkt**.

Wir haben also gesehen, dass ein zusätzliches Maximum auch einen zusätzlichen Sattelpunkt erzeugt. Das ist auch die Aussage eines mathematischen Theorems über die Anzahl M der Maxima, N der Minima und S der Sattelpunkte auf einer kompakten geschlossenen Fläche im dreidimensionalen Raum, die **homöomorph** zu einer Kugeloberfläche ist, das heißt sie lassen sich bijektiv stetig aufeinander abbilden. Es gilt dann immer

$$M - S + N = 2\,,$$

die Aussage eines Satzes des französischen Mathematikers **Henri Poincaré** (1854–1912). Man bezeichnet diese Punkte oft als **extremale Punkt**e oder als **Fixpunkte**. Zu Sicherheit sollten wir jetzt überprüfen, dass die sechs Extrema der oben betrachteten Ellipsoidfläche diese Gleichung erfüllen!

Hoffentlich bemerkten hier alle Leserinnen und Leser eine auf den ersten Blick verblüffende Ähnlichkeit unserer Formel $M-S+N = 2$ zu der Polyederformel $E-K+S = 2$ auf Seite 73! Wie lässt sich das verstehen? Was haben die Ecken, Kanten und Flächen eines Polyeders mit den Maxima, Minima und Sattelpunkten einer Funktion auf der Kugel zu tun? Das sieht man einfacher ein als erwartet. Beginnen wir mit einem Polyeder, zum Beispiel mit einem Würfel. Wir überziehen ihn in Gedanken mit einer elastischen Haut, die wir aufblasen können. Wenn wir richtig stramm aufblasen, erhalten wir eine Kugel. (Wir erinnern uns: Der Würfel ist also homöomorph zu einer Kugel!) Aber wir wollen den Würfel nur wenig aufblasen, wobei wir durch einen geschickten Trick die Mittelpunkte der Seitenflächen festhalten. Was entsteht dann? Wir erhalten ein Gebilde mit acht Berggipfeln (die aufgeblasenen Ecken) und sechs Talkesseln (die festgehaltenen Flächenmitten). Also haben wir acht Maxima und sechs Minima. Was geschieht aber entlang der zwölf Kanten? Von jeder Kantenmitte geht es in Richtung der benachbarten Gipfel bergauf, in Richtungen quer dazu bergab in die benachbarten Täler. Wir erhalten also jeweils einen Sattelpunkt, insgesamt zwölf. Damit entspricht die Aussage der Polyederformel genau der des Satzes von Poincaré.

Allerdings sagt der Satzes von Poincaré mehr aus. Stellen wir uns ein Maximum als einen Hügel vor. Dann führen vom Ort des Maximums, dem Gipfel, alle Wege bergab, wie im linken Bild 2.20. Bei einem Minimum, einem Talkessel, ist es genau umgekehrt, wie das mittlere Bild illustriert, und für einen Bergsattel gibt es zwei Wege bergab zum Sattelpunkt hin und zwei Wege von ihm weg. Alle anderen führen an dem Sattelpunkt vorbei, wie im rechten Bild gezeigt. Mathematisch gesehen haben wir es hier mit einem **Vektorfeld** zu tun; wir sprechen auch von einem **Fluss**.

Bild 2.20 Flusslinien um ein Maximum, ein Minimum und einen Sattelpunkt.

Wenn wir eine geschlossene Kurve um den jeweiligen Punkt betrachten, in den Bildern dargestellt durch einen Kreis, dann können wir abzählen, wie oft sich der Richtungspfeil dreht, wenn man (entgegen dem Uhrzeigersinn) die Kurve durchläuft. Das ergibt den **Index** des extremalen Punkts. Überzeugen wir uns davon, dass der Index eines Maximums oder Minimums gleich +1 ist, der eines Sattelpunkts gleich −1. Für eine geschlossene Fläche mit endlich vielen extremalen Punkten, die homöomorph zu einer Kugel ist, sagt der **Satz von Poincaré-Hopf**, dass die Summe der Indizes gleich zwei ist.

Machen wir uns doch einmal ein Vergnügen und zeigen damit, dass man eine behaarte Kugel nicht glatt kämmen kann, ein mathematischer Lehrsatz, bekannt als **Hairy-ball theorem** oder als **Satz vom Igel**, den man formulieren kann als: „Jeder gekämmte Igel hat mindestens einen Glatzpunkt, also eine kahle Stelle." Wie sieht man das ein? Nun, wenn das „Vektorfeld der gekämmten Haare" keine solche extremale Stelle hätte, wäre die Summe über alle ihre Indizes natürlich gleich null. Sie muss aber gleich zwei sein. Folglich muss es mindestens einen extremalen Punkt geben. (Der „Igel" wird hier natürlich als homöomorph zu einer Kugel angesehen.)

Aber eine Frage steht noch offen: Auf der rechten Seite dieser Gleichungen steht eine „2". Was bedeutet diese „2"? Da müssen wir die Mathematiker fragen. Die Antwort lautet: Das ist die **Euler-Charakteristik** $\chi(F)$ (gesprochen „chi") einer Fläche F, eine ganze Zahl, die erhalten bleibt bei (umkehrbaren) stetigen Transformationen, eine **topologische Invariante**. Sie hängt zusammen mit der Anzahl der „Löcher" der Fläche. Für eine Kugel ist die Euler-Charakteristik gleich zwei, für eine Ebene gleich eins und für einen **Torus** (Plural Tori), eine geschlossene Fläche mit einem Loch, ähnlich einem Rettungsring oder einem Donut wie auf dem linken Bild 2.21, ist sie gleich null. Es gilt dann also für die M Maxima, N Minima und S Sattelpunkte die Formel

$$M - S + N = \chi\,.$$

Für einen Torus gilt dann $M - S + N = 0$, was wir ja auch schon für den „Polyeder-Donut" auf Seite 74 festgestellt hatten.

Eine Kugelfläche lässt sich erzeugen, indem man eine Kreislinie um eine Achse durch ihren Mittelpunkt, also einen Durchmesser, rotieren lässt. Verschiebt man eine solche Achse um eine Strecke R, die größer ist als der Kreisradius r, so erhält man bei der Rotation einen Torus, einen Rotationstorus, wie im Bild 2.21 illustriert. Dann lässt sich das Torusvolumen V wie oben das Kugelvolumen auf Seite 78 mit der Formel für einen Rotationskörper berechnen. Die beiden Integrale

$$V_\pm = \pi \int_{-r}^{+r} r_\pm^2(z)\,\mathrm{d}z = \pi \int_{-r}^{+r} \left(R \pm \sqrt{r^2 - z^2}\,\right)^2 \mathrm{d}z = \pi \int_{-r}^{+r} \left(R^2 \pm 2\sqrt{r^2 - z^2} + r^2 - z^2\right) \mathrm{d}z$$

liefern das Volumen der äußeren bzw. inneren Rotationstorusscheibe. Aus ihrer Differenz erhalten wir dann mit dem bestimmten Integral von Seite 200 das

$$\text{Torusvolumen} \quad V = V_+ - V_- = 4\pi R \int_{-r}^{+r} \sqrt{r^2 - z^2}\,\mathrm{d}z = 2\pi^2 R\, r^2\,.$$

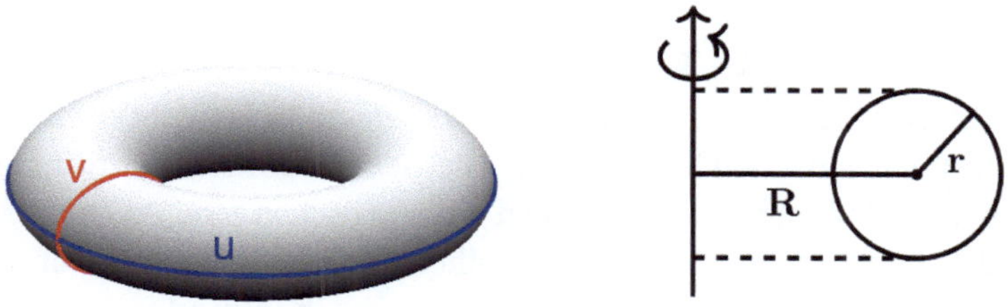

Bild 2.21 Links: Torus mit Koordinaten u und v. Rechts: durch Rotation eines Kreises mit Radius r um eine Achse im Abstand $R > r$ entsteht ein Rotationstorus.

Was wäre die minimale Anzahl der Maxima, Minima und Sattelpunkte auf einem Torus? Als kleine Zusatzaufgabe sollte man sich überlegen, wie diese Extrema wohl platziert sein könnten. (Antwort Seite 207)

Man kann die Darstellung in dem Bild 2.21 weiter ausbauen und den Rotationstorus durch zwei Winkelkoordinaten parametrisieren, einen Winkel v um den Torusreifen mit Radius r und einen Winkel u für eine Drehung um die z-Achse. Dann ist die z-Koordinate eines Toruspunkts durch $z = r \sin v$ gegeben, sein radialer Abstand von der z-Achse ist $w = R + r \cos v$ und die x,y-Koordinaten ergeben sich als $x = w \cos u$, $y = w \sin u$. Die u,v-Koordinatenlinien sind orthogonal mit den Linienelementen $\mathrm{d}s_u = w\,\mathrm{d}u$ und $\mathrm{d}s_v = r\,\mathrm{d}v$. Dann erhält man für das allgemeine Linienelement $\mathrm{d}s$

$$\mathrm{d}s^2 = w^2 \mathrm{d}u^2 + r^3 \mathrm{d}v^2 \quad \text{mit} \quad w = R + r \cos v\,.$$

Kugeloberflächen, und auch alle homöomorphen Flächen, sind einfach **zusammenhängend**. Das heißt, man kann jede geschlossene Schleife auf ihnen zu einem Punkt zusammenziehen. Und man kann jedes geometrische Objekt, sofern es kein Loch hat, zu einer Kugel deformieren. Für unsere zweidimensionale Kugeloberfläche ist das einleuchtend (und sogar beweisbar!), aber für höherdimensionale Räume galt dieses Problem, die **Poincaré-Vermutung**, als eines der bedeutendsten ungelösten Probleme der Topologie, bis es schließlich 2002 bewiesen werden konnte.

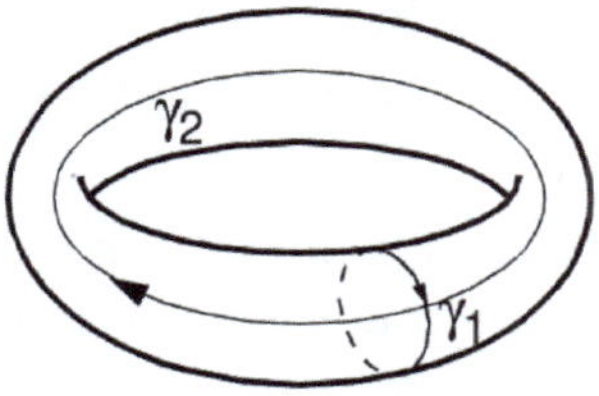

Bild 2.22 Torus mit zwei geschlossenen Wegen γ_1 und γ_2, die nicht stetig ineinander transformiert werden können.

Für einen **Torus** ist das nicht der Fall. Er ist zweifach zusammenhängend. Auf seiner Oberfläche existieren zwei geschlossene Wege γ_1 und γ_2, die nicht stetig ineinander transformiert werden können, wie im Bild 2.22 illustriert. Der Torus ist wichtig für viele

Anwendungen in der Physik. Wir werden dies später demonstrieren im Abschnitt über die klassische Dynamik im Phasenraum auf Seite 151.

Man sollte sich auch klarmachen, dass eine Navigation auf einem Torus nicht so einfach ist wie auf einer Kugel. Zunächst benötigt man (möglichst orthogonale) Koordinaten, dann muss man Geodäten finden, also die kürzesten Wege zwischen zwei Punkten, wobei immer zu berücksichtigen ist, dass es unterschiedliche Typen von Wegen gibt. Auf unserer Erdoberfläche ist alles einfacher und wir wollen uns in folgenden Abschnitt etwas genauer damit befassen.

2.5 Gekrümmte Räume

Aber bevor wir in diese uns vertraute Welt zurückkehren, müssen wir noch einen kritischen Blick auf unsere „gekrümmten Räume" werfen. Auf Seite 17 haben wir ein Maß für die Krümmung k einer Kurve kennengelernt als reziproker Radius des Krümmungskreises. Jetzt müssen wir definieren, was man unter der „Krümmung" einer Fläche versteht. Tatsächlich gibt es mehrere solche Krümmungsmaße.

Wir stellen hier nur das wohl wichtigste Krümmungsmaß vor, die **gaußsche Krümmung** in einem Punkt auf unserer Fläche. Wir betrachten in diesem Punkt die Tangentialebene, ihre Normale und eine Ebene, die diese Normale enthält. Diese Ebene schneidet unsere Fläche und wir erhalten auf dieser Ebene eine Schnittkurve, die auch den Ausgangspunkt enthält. Wir berechnen dort die Krümmung $k = 1/r$ dieser Kurve, also den reziproken Krümmungsradius r, wie auf Seite 18 beschrieben. Das machen wir für alle möglichen Schnittebenen durch den Punkt und bilden das Maximum k_1 und das Minimum k_2 aller Krümmungswerte, die **Hauptkrümmungen**, sowie ihre Krümmungskreisradien r_1 und r_2. Damit kennen wir die

$$\text{gaußsche Krümmung} \qquad K = k_1 k_2 = \frac{1}{r_1}\frac{1}{r_2}\,.$$

Sie hat die Dimension einer reziproken Fläche. Liegen die beiden Krümmungskreise auf verschiedenen Seiten der Fläche, wählt man einen der Radien negativ. Dann ist auch die Krümmung K negativ wie beispielsweise in einem Sattelpunkt. Den Mittelwert $H = (k_1 + k_2)/2$ der beiden Hauptkrümmungen bezeichnet man als **mittlere Krümmung**.

Für eine Ebene ist die gaußsche Krümmung gleich null. Das gilt aber auch für einen Zylinder oder für einen Kegel, denn hier ist die minimale Krümmung gleich null, also auch das Produkt in $K = k_1 k_2$. Man erkennt das auch daran, dass man Zylinder- und Kegelflächen mit einem Blatt Papier faltenfrei abdecken kann, oder dass man beide Oberflächen, entlang einer Linie aufgeschnitten, auf einer Fläche ausrollen kann, wie wir es oben für einen Paralleltransport schon erfolgreich eingesetzt haben.

Für die Kugel mit Radius r sind k_1 und k_2 gleich $1/r$ und folglich $K = 1/r^2$. Das erscheint einfach. Wie sieht es aber für einem Torus aus, beispielsweise für einen Rotationstorus, wie auf Seite 98 beschrieben?

Bei einem Rotationstorus wie im Bild 2.23 können wir die Krümmungsradien auf dem inneren und dem äußeren Mittelkreis (innerer und äußerer „Äquator") leicht berechnen. In beiden Fällen ist einer der beiden Hauptkrümmungsradien gleich r, dem Radius des kleinen Toruskreises. Der zweite Hauptkrümmungsradius ist auf dem äußeren Äquator gleich $r_+ = R+r$, auf dem inneren gleich $r_- = -(R-r)$. Dabei ist das Vorzeichen negativ gewählt, da der Krümmungskreis außen liegt. Die gaußsche Krümmung K auf dem Torus variiert also im Intervall $-\frac{1}{rr_-} \leq K \leq \frac{1}{rr_+}$. Auf dem oberen und unteren Mittelkreis ist die Krümmung wie bei einem Zylindermantel gleich null. Auf der Innenseite ist die Krümmung negativ, auf der Außenseite positiv. Wir werden später eine Formel für die Krümmung herleiten (siehe Seite 103) und zeigen, dass das Integral der Krümmung über die Torusfläche gleich null ist (siehe Seite 105).

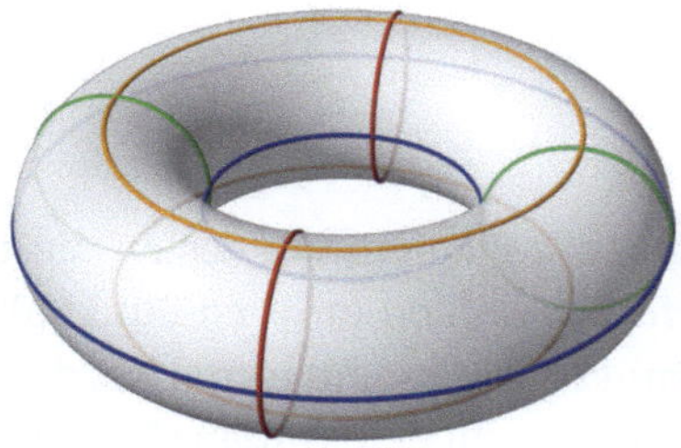

Bild 2.23 Torus mit innerem und äußerem „Äquator" sowie vier kleinen Toruskreisen. Die Krümmung ist auf der Innenseite negativ und auf der Außenseite positiv.

Bisher haben wir die Krümmung einer Fläche „von außen" betrachtet, das heißt, wir sehen unsere zweidimensionale Fläche eingebettet in einen dreidimensionalen euklidischen Raum, und dort betrachten wir auch die Flächennormalen, die Schnittebenen und so weiter. Es sollte aber auch möglich sein, die Krümmung „von innen" zu bestimmen. Beispielsweise sagt die allgemeine Relativitätstheorie, dass unser Raum durch die Massen gekrümmt wird. (Mehr darüber später in Abschnitt 3.4.) Wir können unseren Raum aber nicht „von außen" betrachten.

Zwei Methoden zur Bestimmung der inneren Krümmung einer Fläche bieten sich an:
(1) Einmal können wir die Winkelsumme eines Dreiecks bestimmen. Im Flachland ist sie gleich 180°, bei positiver Krümmung größer als 180°, bei negativer kleiner.
(2) Zum anderen können wir ausnutzen, dass die Flächen sich unterschiedlich verhalten. Wenn wir aus einer positiv gekrümmten Fläche eine kleine Kreisfläche ausschneiden, bei einer Kugel etwa eine Kugelkappe, so können wir sie nur auf eine Ebene ausbreiten, wenn wir sie radial mehrfach einschneiden, es fehlt also etwas an Fläche. Bei negativer Flächenkrümmung ist es genau umgekehrt, man hat zu viel Fläche und beim Ausbreiten entstehen Falten. Das lässt sich noch vereinfachen, denn leichter als Flächeninhalte lassen sich Längen messen. Wir messen also den Umfang $U(a)$ eines kleinen Kreises mit Radius a. Für eine ebene Fläche gilt $U = 2\pi a$, und wenn wir jetzt

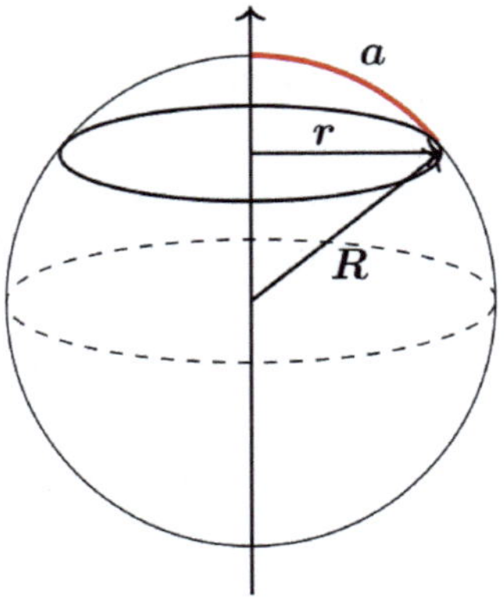

Bild 2.24 Kugel mit einem Kreis auf ihrer Oberfläche zur Veranschaulichung der Berechnung der gaußschen Krümmung durch Messung des Kreisumfangs in Abhängigkeit von der Bogenlänge a.

die Differenz $2\pi a - U(a)$, dividiert durch $\pi a^3/3$, betrachten, so kann man zeigen, dass man daraus die gaußsche Krümmung K erhält. Da die Krümmung lokal in jedem Punkt definiert ist, muss man den Grenzwert für kleines a bilden:

$$K = \frac{3}{\pi} \lim_{a\to 0} \frac{2\pi a - U(a)}{a^3} ,$$

aber in der Praxis wird man einen endlichen Abstand a wählen. Wir testen diese Formel für die Oberfläche einer Kugel mit Radius R und wählen unseren Punkt als den Nordpol. Wie im Bild 2.24 zu sehen, liegen die Punkte im Abstand a vom Nordpol auf einem Breitenkreis mit einem Abstand r von der Achse mit dem Umfang $U = 2\pi r$. Mit der Bogenlänge a ergibt sich für kleines a mit $\sin x \approx x - x^3/6$ (siehe Anhang A)

$$r = R \sin\frac{a}{R} \approx R\left(\frac{a}{R} - \frac{1}{6}\frac{a^3}{R^3}\right) \quad\Longrightarrow\quad U \approx 2\pi a\left(1 - \frac{1}{6}\frac{a^2}{R^2}\right)$$
$$\Longrightarrow\quad K = \frac{3}{\pi}\frac{2\pi a^3}{6a^3R^2} = \frac{1}{R^2} ,$$

also die gaußsche Krümmung einer Kugeloberfläche.

Wenn also der Umfang U langsamer mir der Entfernung a wächst als $2\pi a$, dann ist die Krümmung positiv, wächst er schneller, wie beispielsweise bei einem Sattelpunkt, ist die Krümmung negativ.

Zuletzt noch ein Hinweis: Für eine zweidimensionale Fläche mit Koordinaten x_1, x_2 und einer diagonalen Metrik $ds^2 = g_{11}(x_1{,}x_2)\,dx_1^2 + g_{22}(x_1{,}x_2)\,dx_2^2$ gibt es eine direkte Formel zur Berechnung der gaußschen Krümmung aus den g_{jj} und ihren partiellen Ableitungen, die hier aber nicht angegeben wird, um niemanden abzuschrecken. Man findet sie in dem auf Seite 44 angegebenen Buch.

Ein wenig erträglicher sieht die Formel aus, wenn die Metrik nur von *einer* Variablen abhängt, also beispielsweise $ds^2 = g_{11}(x_1)\,dx_1^2 + g_{22}(x_1)\,dx_2^2$. Schreiben wir die Ableitung der g_{jj} nach x_1 als g'_{jj}, dann vereinfacht sich die Krümmungsformel zu

$$K = \frac{1}{4g_{11}g_{22}}\Big(-2g''_{22} + \frac{g'_{11}g'_{22}}{g_{11}} + \frac{g'^2_{22}}{g_{22}} \Big) .$$

Um Vertrauen zu gewinnen, wollen wir damit die Krümmung auf der Kugelfläche für das Linienelement in Polarkoordinaten berechnen.

Dann ist $ds^2 = r^2 d\vartheta^2 + r^2 \sin^2\vartheta\, d\varphi^2$ und mit $x_1 = \vartheta$, $x_2 = \varphi$ ist

$$g_{11} = r^2 , \quad g'_{11} = 0 ,$$
$$g_{22} = r^2 \sin^2\vartheta , \quad g'_{22} = 2r^2 \sin\vartheta \cos\vartheta , \quad g''_{22} = 2r^2\cos^2\vartheta - 2r^2 \sin^2\vartheta .$$

Dann liefert die oben angegebene Formel wie zu erwarten

$$\begin{aligned} K &= \frac{1}{4r^4\sin^2\vartheta}\Big(-4r^2\cos^2\vartheta + 4r^2\sin^2\vartheta + \frac{4r^4\sin^2\vartheta\cos^2\vartheta}{r^2\sin^2\vartheta}\Big) \\ &= \frac{1}{r^2\sin^2\vartheta}\Big(-\cos^2\vartheta + \sin^2\vartheta + \cos^2\vartheta\Big) = \frac{1}{r^2} . \end{aligned}$$

Diese Herleitung erscheint bei dem bekannten Ergebnis recht umständlich. Aber andererseits, wenn man im Besitz der richtigen Formel ist, erfordert es keinerlei zusätzlichen Denkaufwand. Man muss einfach nur rechnen. Wir können das ja einmal probieren:

In den Koordinaten u und v eines Rotationstorus erhält man aus dem Linienelement auf Seite 99 die Metrik $g_{uu} = w^2$, $g_{vv} = r^2$ mit $w = R + r\cos u$. Daraus ergibt sich die

gaußsche Toruskrümmung $K = \frac{\cos v}{r\,w} = \frac{\cos v}{r\,(R + r\cos v)}$.

Stimmt das? (Antwort Seite 208)

Nachdem wir (hoffentlich) die Krümmungsformel bestätigt haben, wollen wir noch kurz nachprüfen, dass sie auch wirklich unsere speziellen Werte von Seite 101 reproduziert. Tatsächlich ergibt sie auf dem äußeren Äquator ($v = 0$ mit $\cos v = 1$) die Krümmung $K = 1/r(R + r)$ und für den inneren ($v = \pi$ mit $\cos\pi = -1$) $K = -1/r(R - r)$. Auf dem oberen und unteren Mittelkreis ist wegen $v = \pm\pi/2$ die Krümmung null.

Zum Abschluss sollten wir noch kurz notieren, dass die Krümmungsmaße nur von den Ableitungen der metrischen Koeffizienten abhängen, mit der simplen Konsequenz, dass der Raum flach ist für konstante metrische Koeffizienten. Das ergibt sich auch, wenn man zeigt, dass dann die Geodäten gerade Linien sind (siehe die Übungsaufgabe auf Seite 34).

Der Satz von Gauß-Bonnet

Bisher haben wir einiges gelernt über gekrümmte Kurven und Flächen. Es ist jetzt Zeit, einmal auszuprobieren, ob unsere Kenntnisse ausreichen, um ein sehr schönes mathematisches Resultat zu verstehen. Es ist der **Satz von Gauß-Bonnet**, der Geometrie und Topologie verbindet. Er ist, neben Carl Friedrich Gauß, benannt nach dem französischen Mathematiker Pierre Ossian Bonnet und lautet

$$\int_{\mathcal{F}} K \, \mathrm{d}F + \int_{\partial\mathcal{F}} \kappa_g \, \mathrm{d}s + \sum_j \phi_j = 2\pi \, \chi(\mathcal{F}) \, .$$

Dies sieht im ersten Moment vielleicht etwas rätselhaft aus, ist aber (hoffentlich) nach ein paar Erklärungen verständlich.

- Wir betrachten hier eine zweidimensionale kompakte glatte Fläche $\mathcal{F}$ mit der Euler-Charakteristik $\chi(\mathcal{F})$ (siehe Seite 98), die begrenzt wird von einer Randkurve $\partial\mathcal{F}$. Die Randkurve ist glatt, bis auf endlich viele Punkte, an denen die Richtung ihrer Tangente sich sprunghaft um den Winkel ϕ_j ändert.
- In dem ersten Integral wird die gaußsche Flächenkrümmung K über die Fläche integriert.
- In dem zweiten Integral erscheint eine Größe, die wir noch nicht kennen, die **geodätische Krümmung** κ_g der Randkurve. Das ist ein Maß für die Krümmung einer Raumkurve in einer Fläche, das wir hier mit unseren mathematischen Mitteln nicht näher beschreiben können. Für eine ebene Fläche stimmt κ_g mit der uns bekannten Kurvenkrümmung k überein, dem reziproken Krümmungsradius. Auf einer Geodäte ist $\kappa_g = 0$ und auf dem Breitenkreis einer Kugel mit Kugelradius r und Polarwinkel ϑ gilt $\kappa_g = (1/r) \cot \vartheta$. Diese geodätische Krümmung wird im zweiten Integral über die Randkurve $\partial\mathcal{F}$ mit Bogenlänge s integriert.
- Der dritte Summand ist gleich der Summe der Sprungwinkel ϕ_j der Tangente der Randkurve.

Wir wollen die Aussage dieses Satzes von Gauß-Bonnet durch eine Reihe von Beispielen illustrieren. Wir beginnen zum Aufwärmen mit einer Aufgabe:

Was ist die Aussage des Satzes von Gauß-Bonnet für eine ebene Fläche mit einem Rand, der (a) kreisförmig ist oder (b) ein Dreieck mit geraden Seitenlinien bildet? (Antwort Seite 208)

Die folgenden Anwendungen sind etwas anspruchsvoller, aber wir wollen es uns nicht allzu schwer machen und beschränken uns auf die Oberfläche einer Kugel mit Radius r mit Kugeldreiecken oder Kugelkappen oder auf eine Torusfläche.

a) Für ein Kugeldreieck mit Innenwinkeln α, β, γ können wir genauso vorgehen wie in der Lösung der Aufgabe für ein ebenes Dreieck, nur ist hier das erste Integral nicht null, sondern mit der gaußschen Krümmung $K = 1/r^2$ und der Dreiecksfläche F gleich $(1/r^2) \int_{\mathcal{F}} \mathrm{d}F = F/r^2$. Das zweite Integral ist null, da die geodätische Krümmung auf den Dreiecksseiten gleich null ist. An den Eckpunkten ändert sich die Richtung der Randkurve um $\phi_1 = \pi - \alpha$, $\phi_2 = \pi - \beta$ und $\phi_3 = \pi - \gamma$ und mit $\chi = 1$ für die Fläche F ergibt die Formel von Gauß-Bonnet $F/r^2 + 3\pi - \alpha - \beta - \gamma = 2\pi$ oder $F = (\alpha + \beta + \gamma - \pi)\, r^2$, die Formel für die Fläche eines Kugeldreiecks (siehe Seite 88).

b) Als zweites Beispiel betrachten wir eine Kreisfläche auf der Kugel, wobei wir wie bei der Diskussion eines Paralleltransports längs einer solchen Kurve auf Seite 91 Polarkoordinaten wählen, in denen unser Kreis als ein Breitenkreis mit dem Polarwinkel ϑ erscheint. Dann ist das erste Integral wieder gleich F/r^2, und das zweite Integral wird mit der oben angegebenen geodätischen Krümmung $\kappa_g = (1/r) \cot \vartheta$ und dem Umfang des Breitenkreises $2\pi r \sin \vartheta$ zu

$$\frac{1}{r} \cot \vartheta \int_{\partial \mathcal{F}} \mathrm{d}s = \frac{1}{r} \cot \vartheta \; 2\pi r \sin \vartheta = 2\pi \; \cos \vartheta \, .$$

Da die Randkurve glatt ist, treten keine ϕ_j-Winkel auf, und die Gauß-Bonnet-Formel lautet (wieder mit $\chi = 1$) $F/r^2 + 2\pi \cos \vartheta = 2\pi$, was mit der Gleichung $F = 2\pi\,(1 - \cos \vartheta)\, r^2$ für den Flächeninhalt einer Kugelkappe übereinstimmt, die schon auf Seite 92 angegeben wurde.

c) Für eine geschlossenen Fläche ohne Rand vereinfacht sich die Gauß-Bonnet-Formel zu

$$\oiint_{\mathcal{F}} K \, \mathrm{d}F = 2\pi \, \chi(\mathcal{F}) \, ,$$

wobei die Integral-Notation darauf hinweist, dass wir hier über eine geschlossene Fläche integrieren. Für die Oberfläche einer Kugel mit Radius r ist das Integral mit $K = 1/r^2$ und der Kugelfläche $4\pi r^2$ gleich 4π. Daher bestätigen wir mit der Gauß-Bonnet-Formel den schon oben erwähnten Wert $\chi = 2$ für die **Euler-Charakteristik** einer Kugelfläche. Für eine Torus-Oberfläche ist $\chi = 0$ und wir sehen aus der Gauß-Bonnet-Formel, dass das gesamte Integral über die gaußsche Krümmung (siehe Seite 101) gleich null ist. Wir wollen das auch gleich durch eine kleine Rechnung für unseren Rotationstorus bestätigen. Mit den Längenelementen der orthogonalen Toruskoordinaten u und v von Seite 99 ist das Flächenelement gleich $\mathrm{d}F = \mathrm{d}s_u \mathrm{d}s_v = rw \, \mathrm{d}u \, \mathrm{d}v$ und mit der Krümmung $K = 1/rw$ (Seite 103) wird die Integration über die Torusfläche sehr einfach:

$$\oiint_{\mathcal{F}} K \, \mathrm{d}F = \int_0^{2\pi} \mathrm{d}u \int_0^{2\pi} \mathrm{d}v \cos v = 2\pi \int_0^{2\pi} \mathrm{d}v \cos v = [\, \sin v]_0^{2\pi} = 0 \, .$$

Mehr zu dem Thema Krümmungen findet man in dem in der Fußnote auf Seite 44 angegebenen Buch.

2.6 Die Erdkugel

Unsere Erde ist näherungsweise eine Kugel und der **Erdradius** beträgt 6371 km. Wir erinnern uns, dass die **Erdoberfläche**, wenn man etwas genauer hinschaut, einemabgeflachten Rotationsellipsoid ähnelt. Historisch geht die Annahme einer **Erdabplattung** auf Newton zurück und beruht auf Überlegungen zu einem Einfluss der Fliehkraft durch die Erdrotation. Im achtzehnten Jahrhundert wurden mehrere Versuche gemacht, diese Abplattung experimentell zu bestätigen und ihre Größe zu bestimmen. Bekannt wurde die **Expedition des Maupertuis**, ein französischen Mathematiker, von 1736 bis 1737 nach Lappland, die die Abplattung bestätigte, aber durch fehlerhafte Messungen.

Heute wissen wir, der Unterschied zwischen Polradius und Äquatorradius beträgt etwa 21 km, oder 0,3 Prozent. Das erscheint auf den ersten Blick eine recht kleine Abweichung, aber man sollte sie vergleichen mit der Höhe des größten Berges auf der Erde von 8,8 km!

Welcher Berggipfel ist am weitesten vom Erdmittelpunkt entfernt?
(Antwort Seite 209)

Als Koordinatensystem verwendet man die oben beschriebenen Kugeloordinaten. Die **geographische Länge** φ ist so gewählt, dass der Winkel $\varphi = 0°$, der Längenwinkel des Nullmeridians, durch Greenwich verläuft, ein Stadtteil von London. Von dort aus gibt man die Längengrade an durch Werte zwischen 0° und 180° nach Osten und zwischen 0° und 180° nach Westen. Anders als der Winkel ϑ bei den Kugelkoordinaten, ist die **geographische Breite** definiert als $\theta = \pi/2 - \vartheta$. (Wir verwenden hier bequemerweise einfach die alternative Schreibweise für den griechischen Buchstaben „theta".) Sie ist also am Äquator gleich 0°. Ihre Werte nach Norden oder Süden liegen zwischen 0° und +90° bzw. −90° und werden als nördliche bzw. südliche Breite bezeichnet. Die genaueren Werte werden meist nicht in Dezimalstellen angegeben, sondern in Minuten und Sekunden, gekennzeichnet durch einen hochgestellten Strich bzw. durch zwei Striche, also wie $56°13'34''$. (Ein Grad hat 60 Minuten und eine Minute 60 Sekunden.) Mehr darüber findet man bei Wikipedia unter dem Stichwort **geographische Koordinaten**.

Die Erde rotiert in einem Tag um eine Achse zwischen Nord- und Südpol, die **Erdachse**. Die Erdkugel dreht sich in einem Jahr um die Sonne, auf einer (fast) kreisförmigen Bahn, der **Erdbahn**, mit einem Radius von etwa 150 Millionen Kilometern. Wichtig für uns ist dabei die Tatsache, dass die Erdachse nicht senkrecht auf der Bahnebene steht. Ihre Richtung ist um den Winkel 23,5° verkippt, und diese Raumrichtung wird wegen der Erhaltung des Drehimpulses auf der Bahn beibehalten. Das ist die Ursache für die wechselnden Jahreszeiten.

Es ist uns natürlich bekannt, dass wegen der Verkippung des Erdachse um einen Winkel $\delta = 23{,}5°$ (gesprochen „delta") die Sonne im Laufe des Jahres früher oder später aufgeht, aber können wir die Tageslänge an einem Ort denn auch berechnen? Hier ein Versuch, bei dem wir alle Feinheiten wie die Abplattung der Erde, ihre elliptische Umlaufbahn usw. außer Acht lassen.

Nehmen wir an, wir befinden uns am kürzesten Tag des Jahres, also am 21. Dezember, auf dem Breitengrad θ auf der Nordhalbkugel. Dann lässt sich aus dem Winkel γ zwischen dem Meridian unseres Standpunkts (dort steht die Sonne am Mittag am höchsten) und dem Meridian der Position der Sonne bei Sonnenaufgang aus dem Kugeldreieck mit den Eckpunkten Nordpol, Position des Beobachters und Sonnenaufgangspunkt (allerdings mit etwas sphärischer Trigonometrie) die Formel

$$\gamma = \arccos(\tan\delta \cdot \tan\theta)$$

herleiten. Um aus dem Winkel γ die halbe Tageslänge $T/2$ zu berechnen, muss man ihn noch in Stunden (h) umrechnen: Eine volle Erdumdrehung dauert 24 h und entspricht 360°. Also erhalten wir $T/2 = \gamma/15°$ h oder $T = 2\gamma/15°$ h. Die Einzelheiten dazu findet man auf der Wikipedia-Seite **Lichter Tag**.

Wenn man auf diese Weise die Tageslänge an einem Punkt von Interesse berechnet (Das sollte man tun!) und mit bekannten Daten vergleicht (z. B. von der Webseite **https://sonnenzeiten.org/de**), dann findet man Abweichungen, die größtenteils auf die Krümmung der Lichtstrahlen durch die Atmosphäre zurückzuführen sind. Dadurch erscheint die Sonne noch über dem Horizont, wenn sie de facto schon untergegangen ist.

Doch zurück zu unserer Erdoberfläche! Wenn wir auf einen **Globus** blicken, dann sehen wir meist eine Kugel mit schräg stehender Drehachse, abgekippt um 23,5°. Dazu erkennen wir einzelne Koordinatenlinien, die Meridiane und die Breitenkreise, die sich in rechten Winkeln schneiden. Der größte Breitenkreis mit einer geographischen Breite von 0° ist der **Äquator**. Welche Länge hat er? Bei Wikipedia finden wir eine Länge von fast genau 40000 Kilometern. Können wir das bestätigen? Wir erinnern uns hoffentlich noch daran, dass der Umfang eines Kreises mit dem Radius r gleich $2\pi r$ ist (nachzulesen auf Seite 6). Mit dem oben angegebenen Erdradius $R = 6371$ km und $\pi \approx 3{,}14$ ergibt sich wirklich $2\pi R \approx 40000$ km. Man fragt sich natürlich, wie sich solch ein glatter Wert ergeben kann. Der Grund ist einfach: Früher war die Einheit des Meters über die Äquatorlänge *definiert*.

Wir wollen hier aber nicht versäumen, eine berühmte Aufgabe zu erwähnen, die uns zeigt, wie schlecht wir manche Dinge schätzen können. Also hier die Aufgabe:

Der Äquator ist eine gedachte Linie. Aber wir wollen das ändern und spannen ein Seil um die Erde, das den Äquator markieren soll. Leider ist es einen Meter zu lang. Macht ja nichts, denken wir. Dann verteilen wir die zusätzliche Länge einfach gleichmäßig, sodass das Band überall gleich weit von der Erde absteht. Das merkt doch keiner! Wie weit steht es ab? Bitte zuerst schätzen und dann rechnen! (Antwort Seite 209)

Man ist sicherlich überrascht, dass es etwa 16 Zentimeter sind! Aber weil wir schon dabei sind, Aufgaben zu stellen und zu lösen, hier ein weiteres (fast allen bekanntes) Problem: Ein Wanderer (auf der Erdoberfläche) startet seine Wanderung und geht in gerader Richtung 10 km nach Süden, dann 10 km nach Westen und schließlich 10 km nach Norden. Er befindet sich dann zu seiner Überraschung wieder an seinem Startpunkt. Wo liegt dieser Startpunkt? Nach unseren Vorarbeiten ist die Lösung einfach: Der Startpunkt ist der Nordpol. Aber Vorsicht!

Außer dem Startpunkt unseres Wanderers am Nordpol gibt es noch weitere Lösungen, sogar sehr viele(!). Ein kleiner Hinweis: Auch die Umgebung des Südpols könnte interessant sein! (Antwort Seite 209)

Welche Linien finden wir außer den Meridianen und Breitenkreisen noch auf unserem Globus? Da gibt es noch zwei Breitenkreise, die besonders hervorgehoben sind, den nördlichen und den südlichen **Wendekreis**. In dem Gebiet zwischen ihnen ist es möglich, dass an bestimmten Tagen die Sonne mittags im Zenit steht, also im höchsten Punkt am Himmel. Auf den Wendekreisen ist dies nur einmal der Fall, am Tag der Sommer- oder Wintersonnenwende. Jetzt wissen wir auch schon, auf welchen Breitengraden die Wendekreise liegen, nämlich bei $\pm 23{,}5^\circ$, bestimmt durch den Kippwinkel der Erdachse. Außerdem findet man noch die beiden **Polarkreise**, wieder einen nördlichen und einen südlichen. Das sind zwei Breitenkreise, auf denen zur Sonnenwende die Sonne gerade nicht mehr auf- bzw. untergeht. Ihre geographische Breite beträgt etwa $\pm 66{,}5^\circ$. (Warum? Wie weit ist es von dort zu dem nächsten Pol?)

Eine weitere Linie, die man aber nicht auf jedem Globus findet, ist die **Datumsgrenze**. Sie verläuft von Pol zu Pol in der Nähe des 180°-Meridians im Pazifik und ist *kein* Großkreisbogen, sondern eine international festgelegte Linie. Sie trennt das „heute" von dem „gestern". Es ist sinnvoll, dazu die Erddrehung einmal genauer zu betrachten. Wir blicken einmal von „oben" auf die Erde, also auf die Nordhalbkugel. Direkt unter uns liegt der Nordpol (N) und am äußeren Rand liegt der Äquator.

Auf unserem Bild 2.25 liegt der 180°-Meridian oben, das ist also die Datumsgrenze (D), hier als gerade Linie dargestellt. Nehmen wir an, dass die Sonne (S) unten rechts steht. Ihr gegenüber liegt ein Meridian (M), auf dem es genau Mitternacht ist. Dort wechselt also das Datum. Diese beiden Linien DN und MN teilen die Erdoberfläche in zwei Regionen mit unterschiedlichem Datum. Wir wollen jetzt noch herausfinden, in welchem der beiden Gebiete das Datum um einen Tag in die Zukunft vorgeschoben ist. Dazu

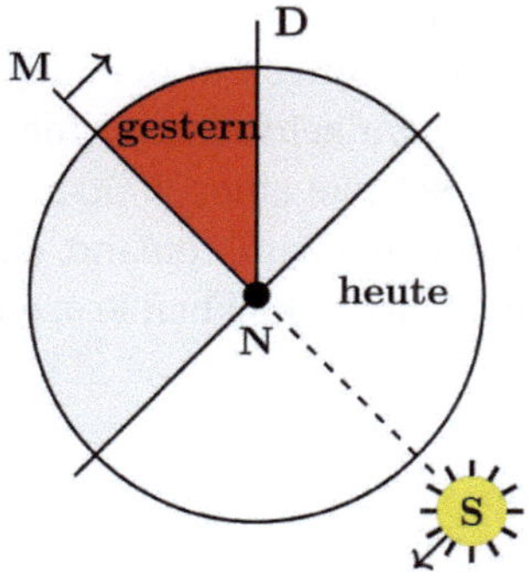

Bild 2.25 Schematische Darstellung der Erde mit Blick auf den Nordpol N mit der Datumsgrenze und der Mitternachtslinie. Die Erde ist zweigeteilt in die Bereiche mit Datum „gestern" und „heute".

halten wir die Erde fest und betrachten die Sonne. Sie bewegt sich im Uhrzeigersinn (Warum?) und damit auch die Mitternachtslinie. Das Datum wechselt dabei an den überstrichenen Orten von „gestern" auf „heute" und wir haben damit das Datum in den beiden Bereichen der Erde festgelegt. Wenn also ein Reisender im Pazifik die Datumsgrenze von Ost nach West überquert, also im Uhrzeigersinn, dann springt das Datum um einen Tag in die Zukunft. Bei einer Überquerung in der Gegenrichtung ist es umgekehrt.

Dieser Effekt wurde erstmalig beobachtet bei der ersten Weltumseglung durch **Ferdinand Magellan** vor 500 Jahren. Der penible Logbuchführer **Antonio Pigafetta** musste nach der Rückkehr feststellen, dass ihm (bei einer Reisedauer von fast drei Jahren!) ein Tag fehlte. Nach unseren Überlegungen ist uns das natürlich klar, denn die Reiseroute verlief in westlicher Richtung und dabei musste die Datumsgrenze, die es damals natürlich noch nicht festgelegt war, entgegen dem Uhrzeigersinn überquert werden. Damals sorgt das allerdings für einige Aufregung. Wer mehr darüber erfahren möchte, der findet es unter dem Stichwort **Fernando de Magellan, der verlorene Tag und die neue Zeit**.

Wir wollen auch nicht vergessen, dass in dem Roman **Reise um die Erde in 80 Tagen** von Jules Verne die Überschreitung der Datumsgrenze Richtung Osten eine wichtige Rolle spielte, denn dadurch konnten die Reisenden einen ganzen Tag hinzugewinnen.

Erdkarten

Ein **Globus** erlaubt eine geographische und/oder eine politische Karte. Dabei ist es besonders wichtig, dass diese Darstellung ein verzerrungsfreies Bild liefert, was bei einem ebenen Kartenblatt nicht möglich ist. Oft sind solche Karten „winkeltreu". Bei einer solchen winkeltreuen Karte werden Winkel auf der Kugel in gleich große Winkel auf der Karte abgebildet.

Ein bekanntes Beispiel ist die **Mercator-Projektion**, bei der die Koordinatenlinien der Kugelkoordinaten auf ein rechtwinkliges Netz in der Kartenebene abgebildet werden, die Breitenkreise auf horizontale, die Meridiane auf vertikale Geraden. Dabei sind die Bilder der Breitenkreise immer gleich lang, während ihre Länge auf der Kugel zu den Polen hin abnimmt. Die Mercator-Projektion ist also winkeltreu, aber nicht längen- oder flächentreu. Das Bild 2.26 zeigt das bekannte Beispiel einer Weltkarte. Man beachte die stark überzeichnete Größe der Gebiete in Polnähe wie Grönland, das hier sogar größer erscheint als Afrika, obwohl es in Wirklichkeit nur sieben Prozent seiner Fläche hat.

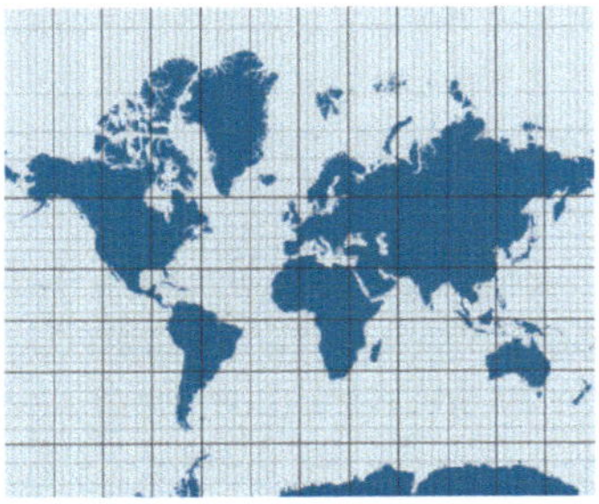

Bild 2.26 Weltkarte in der Mercator-Projektion.

Auch werden Großkreise, die kürzesten Verbindungslinien auf der Kugel, nicht auf Geraden abgebildet. Eine Gerade auf einer Mercator-Karte schneidet alle Meridiane in gleichen Winkeln, was bei einem Großkreis allgemein nicht der Fall ist. Man nennt eine gerade Linie auf der Mercator-Karte eine **Loxodrome**, die natürlich länger ist als die kürzeste Verbindungslinie. Folgt man einer solchen Loxodrome immer weiter, so erreicht man am Ende den Pol auf einer spiralförmigen Bahn auf dem Globus. Man kann also aus solchen Karten keine Entfernungen ablesen. Oft sieht man eine Flugbahn, die der kürzesten Bahn folgt, auf einer Weltkarte in der Mercator-Projektion abgebildet, und man wundert sich über die gebogene Kurve dieser Flugbahn. Die kürzesten Bahnen, also Großkreisbogen, nennt man **Orthodrome**. Sie sind wichtig für die Navigation, und wer mehr darüber wissen will, der findet es unter diesem Stichwort. Es existieren auch einige Großkreis-Berechner, mit denen sich solche Routen berechnen lassen, beispielsweise unter **www.cactus2000.de/de/unit/massgrk**.

Neben der bekannten Mercator-Projektion existiert eine Vielzahl(!) anderer Darstellungen, die jeweils spezielle Vorzüge haben. Beispielsweise ist die **gnomonische Azimutalprojektion** „geradentreu", d. h. alle Großkreisbogen (Orthodrome) auf der Erdoberfläche werden als Geraden abgebildet. Will man von einem Punkt auf kürzestem Weg zu einem anderen navigieren, so kann man daher auf einer solchen Karte die Route durch Verbinden der Punkte mit einer geraden Linie ermitteln.

Weitere interessante Darstellungen sind die Projektion auf einen Zylinder, der den Äquator tangiert (siehe Seite 81) und die **flächentreue Azimutalprojektion** nach Lambert. Sie sind zwar flächentreu, aber nicht längen- oder winkeltreu und die zweite ist eng verwandt mit den Abbildungen durch einen konvexen Kugelspiegel. Mehr darüber auf Seite 121.

Zur **Navigation** benötigt man aber nicht nur Karten, sondern man muss zunächst wissen, *wo* man ist. Heute ist das in der Regel mithilfe unseres Satellitensystems **GPS** problemlos möglich, aber wie hat man das früher gemacht, insbesondere auf hoher See? Wie bestimmt man die momentane Position? Bei dem **Breitengrad** ist das relativ einfach. Der Seemann „schießt die Sonne" mit dem **Mittagsbesteck**: Durch einen Sextanten wird die mittägliche Höhe der Sonne über dem Horizont gemessen und daraus der Breitengrad bestimmt. Diese **astronomische Navigation** wurde über lange Zeiträume zur Perfektion entwickelt. Eine ähnliche Bestimmung des **Längengrades** war dagegen über lange Jahre hinweg nicht möglich und es gab viele Vorschläge, um dieses **Längenproblem** zu lösen. Es wurden sogar Preise dafür ausgesetzt (auch Galileo Galilei hat sich darum bemüht). Das änderte sich erst, als eine Uhr entwickelt wurde, die eine lang anhaltende Ganggenauigkeit hatte und die auch für Seereisen transportfähig war. Dann lässt sich aus der Differenz zwischen der Uhrzeit am heimatlichen Startpunkt (angezeigt von der mitgeführten Uhr) und der lokalen Zeit (angezeigt vom mittäglichen Sonnenstand) der Längengrad bestimmen.

Vieles ist schwierig in der Kugelgeometrie. Früher wurde im Gymnasium im Mathematikunterricht noch die „Sphärische Trigonometrie" unterrichtet. Da ging es unter Anderem um die Geheimnisse von Kugeldreiecken. Da hat man es mit drei Punkten zu tun, ihren Abständen (Gegeben im Bogenmaß, also in Winkeln) und den Winkeln zwischen den Seiten. Eine kleinen Eindruck davon haben wir ja in dem Abschnitt ab Seite 87 erhalten. Aber bleiben wir hier einmal bei nur zwei Punkten auf der Kugel und versuchen uns an einer (hoffentlich) lösbaren Frage:

Die beiden Städte Berlin und Tokio haben die Koordinaten Breitengrad $\theta = 52{,}52°$, Längengrad $\varphi = 13{,}38°$ bzw. $\theta' = 35{,}70°$ und $\varphi' = 139{,}77°$. Hier haben wir die Angaben in Minuten und Sekunden schon in Dezimalstellen umgerechnet. Wir verraten auch noch, dass es sich in beiden Fällen um Längengrade Ost und nördliche Breitengrade handelt. Wie groß ist die Entfernung dieser Städte? (Antwort Seite 210)

Oben haben wir Werte für den Erdradius $R \approx 6371$ km und den Erdumfang $U = 2\pi R \approx 40000$ km angegeben. Aber woher kennt man diese Werte? Seit wann weiß man überhaupt, dass die Erde eine Kugelgestalt hat? Bei „weiß man" dürfen wir natürlich nicht an alle Menschen denken, sondern an diejenigen, die sich überhaupt mit solchen Fragen befassten. Da sind vor allem die „alten Griechen" zu nennen. Schon Aristoteles (384–322 v. Chr.) war von der Kugelgestalt der Erde überzeugt.

Die erste bekannte Messung(!) des Erddurchmessers wurde durch den griechischen Gelehrten **Eratosthenes** um das Jahr 240 v. Chr. in Ägypten durchgeführt. Er ließ am Tag der Sommersonnenwende in den beiden Städten Alexandria (am Mittelmeer) und Syene (heute Assuan) im Süden Ägyptens am Mittag die Sonnenhöhe messen. Diese beiden Orte liegen näherungsweise auf dem gleichen Meridian. In Syene stand dann die Sonne im Zenit (Auf welchem Breitengrad liegt dieser Ort also?), in Alexandria maß man einen Winkel α von etwa einem Fünfzigstel des Vollkreises zwischen Sonne und Zenith. Dieser Winkel ist aber gleich dem Öffnungswinkel des Kreissektors zwischen den beiden Orten und man erhält eine Länge von $L = \alpha R$ für den Kreisbogen, also die Entfernung von Alexandria und Syene. Setzt man $\alpha = 2\pi/50$ ein, so ergibt sich für den Erdumfang $U = 2\pi R$ mit der bekannten Entfernung $L = 835$ km zwischen den Orten

$$L = 2\pi R/50 = U/50 \quad \Longrightarrow \quad U = 50L = 41750\,\text{km}\,,$$

was dem wirklichen Wert von $2\pi R = 40000$ km nahekommt. Hier wurde die heute bekannte Entfernung L eingesetzt, zur damaligen Zeit musste dazu die Entfernungsmessung per Schrittzähler durchgeführt werden und das Ergebnis war folglich ungenauer und wurde natürlich auch nicht in Kilometern angegeben.

2.7 Satellitenbahnen

Oberhalb unserer Erdoberfläche bewegen sich viele Satelliten in Erdnähe. Die Berechnung von Satellitenbahnen ist, schon allein wegen ihrer riesigen Anzahl, ausgereift, und wir überlassen das getrost den Experten. Um komplizierten Formeln und mathematischen Techniken aus dem Wege zu gehen, werden wir uns hier auf einfache Kreisbahnen und Punktmassen beschränken. Betrachten wir also eine Masse m auf einer stabilen Kreisbahn um die Erde mit Radius r.

Oberflächennahe Bahnen: Hier wollen wir eine sehr unrealistische Kreisbahn betrachten, die direkt auf der Erdoberfläche verläuft, also mit dem Radius $r = R$ der Erdoberfläche oder jedenfalls ganz knapp darüber. Um einen Körper mit Bahngeschwindigkeit v auf einer Kreisbahn mit einem Radius r zu halten, muss eine zum Bahnzentrum hin gerichtete Kraft auf ihn wirken, die **Zentripetalkraft** $F_z = mv^2/r$, die hier durch die **Gravitationskraft** F_g der Erde aufgebracht wird. Damit erhalten wir die Bahngeschwindigkeit:

$$F_z = F_g \quad \text{mit} \quad F_z = \frac{mv^2}{R} \quad \text{und} \quad F_g = mg\,, \quad \text{also} \quad v = \sqrt{gR}$$

mit der Erdbeschleunigung $g = 9{,}81\,\text{m/s}^2$. Aufmerksame Leserinnen und Leser könnten hier eine Verwandtschaft zwischen diesem Satellitenproblem und der Looping-Aufgabe von Seite 63 vermuten!

Für einen Umlauf mit der Weglänge $2\pi R$ ergibt das für $R = 6371000$ m eine Umlaufzeit von

$$T = \frac{2\pi R}{\sqrt{gR}} = 2\pi\sqrt{\frac{R}{g}} \approx 5063\,\text{sek} \approx 84\,\text{min}\,.$$

Der Gravitationstunnel: Nehmen wir einmal an, wir könnten einen Tunnel durch die Erde bohren, direkt durch den Mittelpunkt der Erde bis zur gegenüberliegenden Seite. Wir lassen dann eine kleine Kugel mit Masse m in den Tunnel fallen. Was passiert, wenn wir die Luftreibung außer acht lassen? Zu Beginn wirkt auf die Kugel die Oberflächenschwerkraft und sie fällt beschleunigt nach unten. Dabei wird sie schneller, aber die Schwerkraft nimmt ab und ist im Erdmittelpunkt gleich null. Dort ist die Geschwindigkeit der Kugel maximal. Auf der gegenüberliegenden Tunnelseite wirkt die Schwerkraft bremsend, die Kugel wird langsamer, bis sie schließlich aus der Tunnelöffnung herauskommt. Dann fällt sie wieder zurück und der ganze Prozess kehrt sich um. Wir erhalten also eine Schwingung. Aber mit welcher Schwingungsdauer? Dazu müssen wir ein wenig rechnen.

Zunächst ein paar Überlegungen zur Gravitationskraft. Wir müssen das Gravitationsfeld im Inneren der Erdkugel bestimmen. Dazu können wir zwei Fakten aus der Physik benutzen:
Eine kugelförmige Masse M mit gleichförmiger Massendichte übt auf eine Masse m (unsere Kugel) im Außenbereich eine radiale Kraft

$$F(r) = -G\,\frac{mM}{r^2}$$

aus. Dabei ist $G \approx 6{,}6743 \cdot 10^{-11}\ \mathrm{m^3kg^{-1}s^{-2}}$ die **Gravitationskonstante**. Eine Kugelschale mit gleichförmiger Massendichte erzeugt in dem von ihr umschlossenen Inneren *kein* Kraftfeld.

Jetzt betrachten wir unsere Kugel in dem Tunnel in einem Abstand r vom Erdmittelpunkt. Dann wirkt auf sie die Gravitationskraft der Masse $M(r)$ in ihrem Innenbereich, die Masse in ihrem Außenbereich übt dagegen im Inneren keine Kraft aus. Um $M(r)$ zu bestimmen, benutzen wir einen kleinen Trick. Die Masse ist proportional zum Volumen, also $M(r) \sim r^3$ oder $M(r) = M(R)\,r^3/R^3$. Die Radialkraft ist damit gleich

$$F(r) = -G\,\frac{mM(r)}{r^2} = -G\,\frac{mM(R)}{R^3}\,r\,,$$

sie wächst also linear mit dem Abstand r vom Zentrum an. Das können wir noch etwas vereinfachen, denn an der Oberfläche ist die Kraft gleich $F(R) = mg$. Also ergibt sich

$$F(r) = -G\,\frac{mM(R)}{R^3}\,r = -mg\,\frac{r}{R} \quad \text{mit} \quad g = 9{,}81\ \mathrm{m/s^2}\,.$$

Die Gravitationskraft im Inneren wächst also linear mit dem Abstand r. Es bleibt noch die Aufstellung der Bewegungsgleichung für unsere fallende Kugel im Tunnel. Da der Radius r eine positive Größe ist, verwenden wir x als Koordinate längs des Tunnels mit $x = r$ bzw. $x = -r$. Dann erhalten wir aus „Kraft gleich Masse mal Beschleunigung" die Bewegungsgleichung

$$-mg\,\frac{x}{R} = m\ddot{x} \quad \text{oder} \quad \ddot{x} + \frac{g}{R}\,x\,,$$

was (hoffentlich) als die Gleichung einer **harmonischen Schwingung** erkannt wird. Die Lösung ist

$$x(t) = R\,\cos\omega t \quad \text{mit} \quad \omega = \sqrt{\frac{g}{R}} \quad \text{und Schwingungsdauer} \quad T = \frac{2\pi}{\omega} = 2\pi\sqrt{\frac{R}{g}}\,,$$

wobei man die Kreisfrequenz mit dem griechischen Buchstaben ω (gesprochen „Omega“) bezeichnet. Die Schwingungsdauer ist also (rätselhafterweise?) genau gleich der oben berechneten Umlaufzeit einer oberflächennahen Bahn um die Erde. Man sollte auch bemerken, dass diese Zeit unabhängig ist von der bewegten Masse.

Geostationäre Bahnen: Oft liest man in Science-Fiction-Romanen etwas über eine Raumstation, die durch eine Art Fahrstuhl mit einer Bodenstation verbunden ist. Dadurch wird der Transport zwischen der Erde und der Station sehr erleichtert. Hierbei darf sich natürlich die Position der Raumstation relativ zum Boden nicht verändern. Man nennt eine solche Bahn eine **geostationäre Bahn**, und die Raumstation muss dann natürlich über einem Punkt auf dem Äquator „stehen“. (Warum?)

Zur Berechnung des Bahnradius r einer solchen Bahn beginnen wir wieder mit dem Gleichsetzen von Zentripetalkraft $F_z = mv^2/r$ und Gravitationskraft $F_g = G\,mM/r^2$ wie auf Seite 112, wobei wir zuerst F_z umrechnen auf die Umlaufzeit T, die ja einen Tag betragen soll, und in F_g ersetzen wir die Gravitationskonstante G durch die Erdbeschleunigung g. Das ergibt

$$F_z = \frac{mv^2}{r} = mr\frac{4\pi^2}{T^2} \quad \text{mit} \quad v = \frac{2\pi r}{T} \quad \text{und} \quad F_g = G\,\frac{mM}{r^2} = mg\,\frac{R^2}{r^2}$$

mit $g = GM/R^2$, was wir schon oben benutzt haben. Durch Gleichsetzen erhalten wir

$$F_z = F_g \quad \Longrightarrow \quad mr\frac{4\pi^2}{T^2} = mg\frac{R^2}{r^2} \quad \text{oder} \quad r = \sqrt[3]{g\left(\frac{RT}{2\pi}\right)^2}\,.$$

Wenn wir dies mit den bekannten Größen für g, R und T auswerten, erhalten wir einen Bahnradius von $r \approx 42000$ km, also eine beachtliche Höhe von etwa 36000 km über der Erdoberfläche! (Die **Internationale Raumstation ISS** kreist in 400 km Höhe.) Eine Seilverbindung oder gar ein Fahrstuhl zwischen der geostationären Station und der Bodenstation wäre wohl sehr schwierig zu realisieren, allein wegen der Anforderungen an die Seilverbindung.

Wenn man nur verlangt, dass die Umlaufzeit mit der Erdrotation übereinstimmt, spricht man von einer **geosynchronen Umlaufbahn**. Satelliten in solchen Bahnen sind sehr nützlich für Kommunikationszwecke.

Kreisbahngeschwindigkeit und Fluchtgeschwindigkeit: Wenn sich ein Körper auf einer Kreisbahn mit Radius r um eine Masse M bewegt, dann gibt es eine einfache Relation zwischen diesen Größen. Auf der Bahn muss die Zentripetalbeschleunigung v^2/r durch die Schwerkraft aufgebracht werden, also durch GM/r^2. Setzt man beide gleich, erhält man die

Kreisbahngeschwindigkeit $$v_{kr} = \sqrt{\frac{GM}{r}} \,.$$

Eine weitere wichtige Geschwindigkeit v ist die Minimalgeschwindigkeit, die ein Körper mit Masse m haben muss, um das Schwerefeld vollständig zu verlassen. Das erreicht man mit einer radialen Bahn. Dabei ist die Energie

$$E = \frac{m}{2}v^2 - \frac{GMm}{r^2}$$

erhalten. Für die gesuchte Minimalgeschwindigkeit sind für $r \longrightarrow \infty$ Geschwindigkeit und Energie gleich null. Also gilt für den Anfangspunkt der Bahn $mv^2/2 = GMm/r^2$, und folglich erhalten wir die

Fluchtgeschwindigkeit $$v_{fl} = \sqrt{\frac{2GM}{r}} = \sqrt{2}\, v_{kr} \approx 1{,}4\, v_{kr} \,.$$

Hier sollte man zur Übung den Zahlenwert der Fluchtgeschwindigkeit auf der Erdoberfläche mit „Bordmitteln" berechnen. Das Ergebnis ist $v_{fl} = 11{,}2\ \text{km/s}$.
(Antwort Seite 210)

2.8 Der kräftefreie Kreisel

Unter einem Kreisel versteht man einen starren Körper, der sich dreht. Damit kann man viele seltsame Dinge treiben, von ganz einfachen Drehungen bis zu dem rätselhaften Verhalten der **keltischen Wackelsteine**. Hier werden wir uns nicht an der mathematisch anspruchsvollen Beschreibung verschiedener Kreiselphänomene versuchen, sondern ganz bescheiden einen kräftefreien simplen starren Körper betrachten. Im einfachsten Fall wäre das ein Quader oder ein Ellipsoid. Ein solcher Körper ist charakterisiert durch drei orthogonale Achsen, die **Hauptträgheitsachsen**, ausgehend vom Schwerpunkt des Körpers, also seinem Massenmittelpunkt. Bei einem Quader mit homogener Massendichte fallen die Hauptträgheitsachsen mit den drei Quaderachsen zusammen, wie im Bild 2.27 illustriert.

Einige kurze Überlegungen zu einer Rotationsbewegung können nützlich sein. Betrachten wir zunächst eine Punktmasse m, die mit einer Geschwindigkeit v im Abstand r um eine Drehachse rotiert. Ihre Winkelgeschwindigkeit ω ergibt sich dann aus $v = r\omega$, und die Rotationsenergie ist gleich $E_{rot} = mv^2/2 = mr^2\omega^2/2 = I\omega^2/2$ mit dem **Trägheitsmoment** $I = mr^2$.

Das lässt sich dann auf mehrere Massen durch eine Summation erweitern sowie auf einen Körper mit Volumen V und einer Massendichte ρ mit dem **Trägheitsmoment**

$$I = \int_V r_\perp^2 \rho \, \mathrm{d}V \,.$$

Dabei ist $r_\perp$ der Abstand des Volumenelements $\mathrm{d}V$ von der Rotationsachse. Umgeschrieben auf den Drehimpuls $L = I\omega$ ergibt sich schließlich für die Rotationsenergie

$$E_{\mathrm{rot}} = L^2/2I \,,$$

und für eine Rotation eines starren Körpers um jeweils eine der drei oben beschriebenen **Hauptträgheitsachsen** berechnet man dann die drei **Hauptträgheitsmomente** als

$$I_1 = \int (x_2^2 + x_3^2)\rho \, \mathrm{d}V \,, \quad I_2 = \int (x_3^2 + x_1^2)\rho \, \mathrm{d}V \,, \quad I_3 = \int (x_1^2 + x_2^2)\rho \, \mathrm{d}V \,.$$

Für einen Quader mit homogener Massendichte, Masse m und Kantenlängen a, b und c ist die Auswertung der Integrale für die Hauptträgheitsmomente recht einfach. Für eine Drehung um eine Achse durch den Schwerpunkt parallel zur Kante c ergibt sich $I_c = \frac{m}{12}(a^2 + b^2)$. Lässt sich das bestätigen? (Antwort Seite 211)

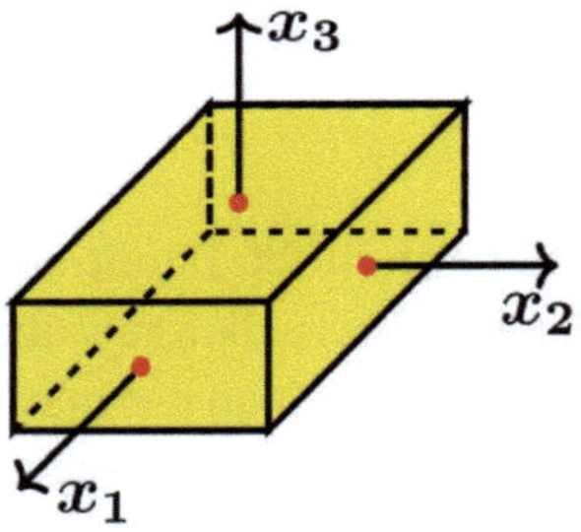

Bild 2.27 Quader mit homogener Massendichte und den drei Hauptträgheitsachsen.

Bei einer Kugel oder einem Würfel sind alle diese I_j gleich groß, bei einem rotationssymmetrischen Kreisel zwei davon. Die Rotationsenergie ist gleich

$$E_{\mathrm{rot}} = \frac{L_1^2}{2I_1} + \frac{L_2^2}{2I_2} + \frac{L_3^2}{2I_3} \,.$$

Hier noch ein kurzer Blick auf die Bewegungsgleichungen:

Um uns etwas Schreibarbeit zu ersparen, gehen wir von den Drehimpulsen L_j zu den Variablen $s_j = L_j/L$ mit $L^2 = L_1^2 + L_2^2 + L_3^2$ über und definieren die Kehrwerte $m_j = 1/I_j$ der Trägheitsmomente. Mit der skalierten Energie $E = E_{\mathrm{rot}}/L^2$ erhalten wir dann

$$s_1^2 + s_2^2 + s_3^2 = 1 \quad \text{und} \quad E = \tfrac{1}{2}m_1 s_1^2 + \tfrac{1}{2}m_2 s_2^2 + \tfrac{1}{2}m_3 s_3^2 \,.$$

Die erste Gleichung zeigt uns, dass die (s_1,s_2,s_3) auf einer Kugel mit Radius eins liegen. Dabei sind die s_j zeitabhängig und folgen den Bewegungsgleichungen

$$\dot{s}_1 = (m_3 - m_2)\, s_2 s_3\,, \quad \dot{s}_2 = (m_1 - m_3)\, s_3 s_1\,, \quad \dot{s}_3 = (m_2 - m_1)\, s_1 s_2\,.$$

Dies sind die sogenannten **eulerschen Gleichungen der Kreiseltheorie.**

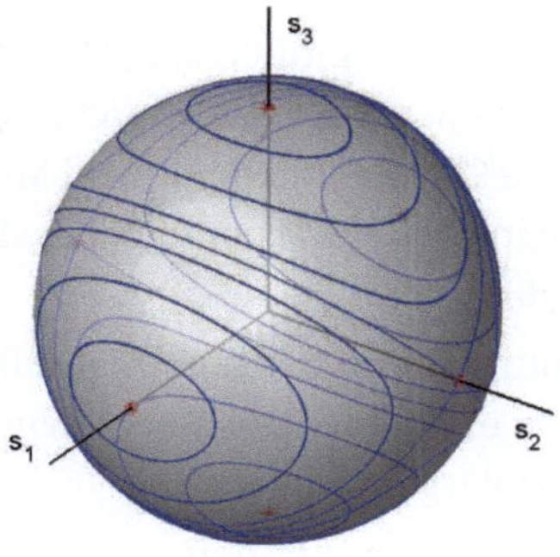

Bild 2.28 Bahnen der Drehimpulskomponenten eines kräftefreien Kreisels auf der Einheitskugel. Die Fixpunkte der Dynamik sind markiert.

In Bild 2.28 sieht man für einen solchen freien Kreisel mit $m_1 \leq m_2 \leq m_3$ für eine Auswahl von Anfangsbedingungen das Zeitverhalten der $s_1(t)$, $s_2(t)$, $s_3(t)$) auf der Oberfläche der Einheitskugel. Man erkennt, dass es sechs ausgezeichnete Punkte auf der Kugel gibt, die sich zeitlich nicht verändern. Das sind die Punkte $s_{1,\pm} = (\pm 1{,}0{,}0)$, $s_{2,\pm} = (0, \pm\, 1{,}0)$ und $s_{3,\pm} = (0{,}0, \pm\, 1)$. Sie sind **Fixpunkte** der Dynamik, was man auch durch die Bewegungsgleichungen bestätigen kann, denn es gilt $\dot{s}_{j,\pm} = 0$. Dabei unterscheiden sich die vier Punkte $s_{1,\pm}$ und $s_{3,\pm}$ von den $s_{2,\pm}$ hinsichtlich ihres Stabilitätsverhaltens. Bei den ersten vier Punkten bleiben benachbarte Bahnen in ihrer Nähe, sie sind **stabil**, bei den anderen beiden entfernen sie sich davon, sie sind **instabil**. Dies sind die Drehungen um die Achse mit dem mittleren Trägheitsmoment in positiver oder negativer Drehrichtung.

Die Bahnen lassen sich auch ohne eine Lösung der Bewegungsgleichungen ermitteln. Dazu überzeugen wir uns zunächst davon, dass die Energie eine Erhaltungsgröße ist:

Aus den eulerschen Gleichungen sehen wir, dass die Größe $s^2 = s_1^2 + s_2^2 + s_3^2$ und die Energie $E = \frac{1}{2} m_1 s_1^2 + \frac{1}{2} m_2 s_2^2 + \frac{1}{2} m_3 s_3^2$ zeitlich konstant sind, indem wir die Zeitableitungen bilden:

$$\begin{aligned}\frac{\mathrm{d}s^2}{\mathrm{d}t} &= \frac{\mathrm{d}}{\mathrm{d}t}\left(s_1^2 + s_2^2 + s_3^2\right) = 2\dot{s}_1 s_1 + 2\dot{s}_2 s_2 + 2\dot{s}_3 s_3 \\ &= 2(m_3 - m_2)\, s_2 s_3 s_1 + 2(m_1 - m_3)\, s_3 s_1 s_2 + 2(m_2 - m_1)\, s_1 s_2 s_3 \\ &= 2(m_3 - m_2 + m_1 - m_3 + m_2 - m_1)\, s_1 s_2 s_3 = 0\,.\end{aligned}$$

$$\frac{dE}{dt} = \frac{d}{dt}\left(\tfrac{1}{2}m_1 s_1^2 + \tfrac{1}{2}m_2 s_2^2 + \tfrac{1}{2}m_3 s_3^2\right) = m_1 \dot{s}_1 s_1 + m_2 \dot{s}_2 s_2 + m_3 \dot{s}_3 s_3$$
$$= m_1(m_3 - m_2)\, s_2 s_3 s_1 + m_2(m_1 - m_3)\, s_3 s_1 s_2 + m_3(m_2 - m_1)\, s_1 s_2 s_3$$
$$= (m_1 m_3 - m_1 m_2 + m_2 m_1 - m_2 m_3 + m_3 m_2 - m_3 m_1)\, s_1 s_2 s_3 = 0\,.$$

Damit bleibt der Wert dieser beiden Größen zeitlich konstant.

Wir wissen also, dass die Bahn auch auf der Energiefläche $E = \frac{1}{2}m_1 s_1^2 + \frac{1}{2}m_2 s_2^2 + \frac{1}{2}m_3 s_3^2$ liegt, also auf der Oberfläche eines **Ellipsoids**. Wir können sie dann auch beschreiben als die Schnittkurve der Ellipsoidfläche und der Oberfläche der Einheitskugel. Wenn wir die Energie als Höhenbild auf der Kugelfläche darstellen, dann ergeben sich, ganz in Übereinstimmung mit dem Satz von Poincaré auf Seite 97, zwei Maxima, zwei Minima (die stabilen Fixpunkte) und zwei Sattelpunkte (die instabilen Fixpunkte), die sich jeweils paarweise gegenüber liegen (siehe auch Seite 96).

Interessant ist es nun, eine Rotation um die drei Hauptträgheitsachsen einmal selbst auszuprobieren, beispielsweise für einen Quader (etwa ein kompaktes Buch), wie es in dem YouTube-Video **Stabilität von Rotationsachsen** vorgemacht wird.

Sehr oft hat man es mit einem symmetrischen Kreisel zu tun, bei dem zwei Trägheitsmomente gleich sind wie bei einem Spielzeugkreisel. Nehmen wir also an, dass $m_1 = m_2 = \mu$ und $m_3 = m \neq \mu$. Dann können wir die Bewegungsgleichungen vereinfachen. Wir erhalten zunächst

$$\dot{s}_1 = (m - \mu)\, s_2 s_3\,, \quad \dot{s}_2 = (\mu - m)\, s_3 s_1\,, \quad \dot{s}_3 = (\mu - \mu)\, s_1 s_2 = 0\,,$$

das heißt, die Drehimpulskomponente in der 3-Richtung bleibt zeitlich konstant. Was mit den anderen beiden Komponenten geschieht, können wir durch eine kleine Rechnung ermitteln:

Wir differenzieren die erste Differentialgleichung nochmals nach der Zeit, wobei wir $\dot{s}_3 = 0$ verwenden, und setzen dann die zweite Differentialgleichung:

$$\ddot{s}_1 = (m - \mu)\, \dot{s}_2 s_3 = (m - \mu)(\mu - m)\, s_3 s_1 s_3 = -(m - \mu)^2\, s_3^2 s_1\,.$$

Genauso verfahren wir auch mit der zweiten Gleichung und erhalten

$$\ddot{s}_1 + \Omega^2 s_1 = 0 \quad \text{und} \quad \ddot{s}_2 + \Omega^2 s_2 = 0 \quad \text{mit} \quad \Omega = |(m - \mu)s_3|\,.$$

Das beschreibt eine harmonische Schwingung, wobei $s_1^2 + s_2^2 = 1 - s_3^2$ konstant bleibt, also eine Rotation mit der Frequenz Ω um die s_3-Achse.

Hier haben wir uns auf eine Bewegung eines Kreisels *ohne* äußere Kräfte beschränkt. Sein Verhalten unter der Einwirkung solcher Kräfte ist faszinierend, eine aussagekräftige mathematische Beschreibung liegt jedoch hier jenseits unserer Möglichkeiten. Also schauen wir uns stattdessen nur noch die YouTube-**Kreiselexperimente auf der ISS** unseres Astronauten Alexander Gerst mit einem symmetrischen Kreisel an.

2.9 Spiegelnde Kugeln

Über Kugelspiegel, insbesondere *konkave* (also nach innen gewölbte) Spiegel, findet man viel in der Literatur, sogar in Schulbüchern oder im Internet. Auch hier haben wir uns schon in Abschnitt 1.7 mit ihnen beschäftigt und die Kaustik beschrieben, die bei einem einfallenden Strahlenbündel entsteht. Oft beschränkt man sich dabei allerdings auf schmale axiale Strahlen, und dann operiert ein solcher Spiegel in guter Näherung so wie ein Parabolspiegel, ist aber deutlich einfacher herzustellen. In dem Abschnitt über Kugelspiegel auf Seite 51 haben wir die Abbildungseigenschaften für solche paraxialen Strahlen schon genauer untersucht. Hier wollen wir uns aber mit dem gesamten Strahlenbereich befassen, wobei wir uns auf *konvexe* (nach außen gewölbte) Kugelspiegel beschränken. Solche Spiegel benutzen wir wegen ihrer Verkleinerung des Bildes als Rückspiegel in Fahrzeugen oder als Sicherheitsspiegel in oder an Gebäuden, aber auch hier verwendet man nur einen kleinen Teil der Kugelfläche.

Unser Ziel ist es hier, die Spiegelung an einer Vollkugel zu betrachten, beispielsweise also an einer Christbaumkugel. Bei Wikipedia findet man leider nur sehr wenig zum Thema **Kugelspiegel**, deutlich mehr allerdings auf der englischsprachigen Seite unter **Curved_mirror**.

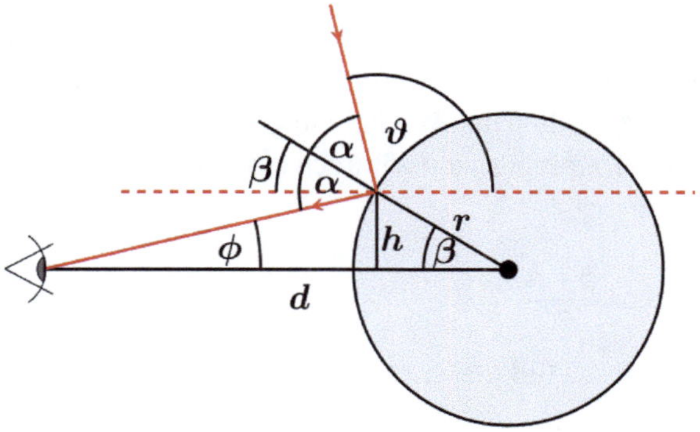

Bild 2.29 Ein Lichtstrahl wird an einer Kugel reflektiert und fällt in das Auge des Betrachters.

Wir betrachten also die spiegelnde Kugel (Radius r) mit unserem Auge in einem Abstand d vom Kugelzentrum. Die einfallenden Lichtstrahlen werden an der Kugeloberfläche reflektiert und einige davon fallen in unser Auge. Einen solchen Strahl zeigt unser Bild 2.29. Das Spiegelbild in der Kugel ist dramatisch verzerrt und es ist nützlich, eine genauere Beschreibung der Abbildungseigenschaften herzuleiten. Dazu benötigen wir eine Beziehung zwischen dem Einfallswinkel ϑ zwischen der Einfallsrichtung und der optischen Achse (die Verbindungslinie von Auge und Kugelzentrum) und dem Beobachtungswinkel ϕ am Auge. Um dies zu bewerkstelligen, müssen wir ein wenig nachdenken und rechnen:

Nach dem Reflexionsgesetz ist der Einfallswinkel α auf der Kugel gleich dem Reflexionswinkel. Dann wissen wir, dass sich die Winkel ϑ, α und $\beta = \alpha - \phi$ zu π aufsummieren: $\vartheta + \alpha + \beta = \vartheta + 2\alpha - \phi = \pi$. Auch der Winkel in dem Dreieck unten, der der Seite d gegenüberliegt, nennen wir ihn δ, summiert mit α zu π, also $\delta + \alpha = \pi$. Darauf folgt durch eine kurze Rechnung

$$\delta = \pi - \alpha = \pi - (\pi + \phi - \vartheta)/2 = \pi/2 - (\vartheta - \phi)/2$$

mit $\sin\delta = \sin(\pi/2 - (\vartheta - \phi)/2) = \cos((\vartheta - \phi)/2)$.

Jetzt müssen wir tief in unseren Werkzeugkoffer greifen und den Sinussatz aus der Trigonometrie heranziehen, also „Das Verhältnis der Sinusse zweier Dreieckswinkel ist gleich dem Verhältnis der gegenüberliegenden Seiten.“ (siehe Seite 10). Dann haben wir

$$\frac{\sin\delta}{\sin\phi} = \frac{d}{r} \quad\Longrightarrow\quad d\sin\phi = r\cos\frac{\vartheta - \phi}{2} \quad\Longrightarrow\quad \vartheta = \phi + 2\arccos\left(\frac{d}{r}\sin\phi\right),$$

also die gesuchte Beziehung zwischen Beobachtungswinkel ϕ und Einfallswinkel ϑ.

Die Funktion $\vartheta(\phi)$ fällt von der Rückwärtsreflextion $\vartheta = \pi$ bei $\phi = 0$ monoton ab und erreicht bei dem maximal möglichen Beobachtungswinkel $\phi_{\max}$ mit $\sin\phi_{\max} = r/d$ den Wert $\vartheta = \phi_{\max}$. Dann ist der Lichtstrahl tangential zur Kugel.

Wenn wir jetzt das Bild unserer Umwelt auf der Kugel betrachten, sehen wir das Bild des Punkts, von dem der Lichtstrahl ausgeht, in einer Entfernung h von der Achse. Aus den gerade hergeleiteten Beziehungen zwischen den Winkeln folgt auch die Gleichung $\beta = \pi/2 - (\phi + \vartheta)/2$. (Bitte nachprüfen!) Damit besitzen wir auch eine nützliche Formel für die Bestimmung von h, denn es gilt

$$h = r\sin\beta = r\sin\left(\frac{\pi}{2} - \frac{\phi + \vartheta}{2}\right) = r\cos\frac{\phi + \vartheta}{2}$$

$$\text{mit}\quad h_{\max} = r\cos\phi_{\max} = r\sqrt{1 - r^2/d^2}\ .$$

Das Bild, das man in der Kugel gespiegelt sieht, zeigt die ganze(!) Welt, mit Ausnahme des „Schattens der Kugel“, der einem Kegel mit Öffnungswinkel $\Phi_{\max}$ entspricht.

Besonders einfach werden die Gleichungen für den Fall, dass wir die Kugel aus großer Entfernung betrachten, also für $d \gg r$. Dann ist $h = r\cos\vartheta/2$. Dies ist genau die Situation, in der man oft die spiegelnde Kugel betrachtet. Die Kugel selbst bedeckt dann nur einen kleinen Raumwinkel direkt in unserer Blickrichtung. Man sieht daher die ganze Welt auf der halben Kugeloberfläche, mit Ausnahme eines Punkts in der Mitte.

Legen wir jetzt einmal in Gedanken die Kugel vor uns ins Gras und betrachten sie von oben aus einer Entfernung $d \gg r$. Dann erscheint der Horizont (Lichtstrahlen mit einem Einfallswinkel $\vartheta = \pi/2$) als eine Kreislinie in einem Abstand $h = r\cos(\pi/4) = r/\sqrt{2} \approx 0{,}71 \cdot r$. Die gesamte Wiese von der Kugel bis zum Horizont wird auf den

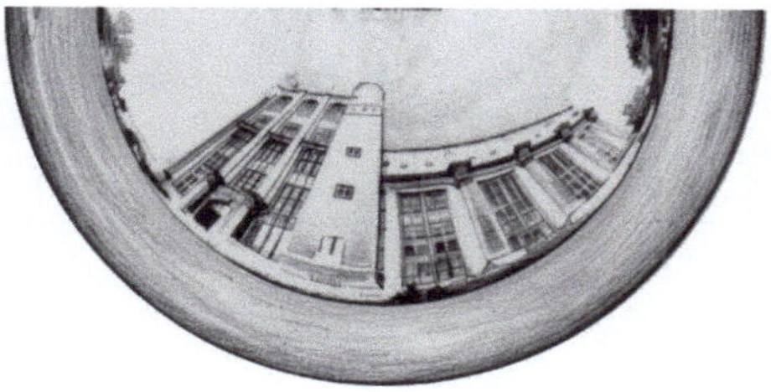

Bild 2.30 Abbildung der Umgebung auf die Oberfläche einer spiegelnden Kugel, die im Gras liegt.

schmalen Kreisring zwischen h und r abgebildet und das Himmelsgewölbe über uns, einschließlich benachbarter Häuser, auf das Innere dieses Kreisrings wie im Bild 2.30 zu sehen, das nur eine Bildhälfte zeigt. (Zeichnung nach einem Foto in M. V. Berry, *Reflections on a Christmas-tree bauble*, Phys. Educ. 7,1 (1972).9)

Aber die geringe Breite des Kreisrings täuscht, denn seine Fläche ist gleich $\pi r^2 - \pi h^2 = \pi r^2/2$, also genauso groß wie die innere Bildfläche. Das erregt den Verdacht, dass die Abbildung der Außenwelt auf die Kreisfläche das Bildes flächentreu ist, was wir bestätigen können:

Wir betrachten den Außenraum als eine große Kugeloberfläche, die wir mit den Polarwinkeln ϑ und φ parametrisieren. Von ihr gehen Lichtstrahlen aus in einem Raumwinkelelement $\mathrm{d}\Omega = \sin\vartheta \, \mathrm{d}\vartheta \, \mathrm{d}\varphi$ (siehe Seite 80), die auf der Kreisfläche des Bildes eine Fläche $\mathrm{d}F = h \, \mathrm{d}h \, \mathrm{d}\varphi$ bedecken. Das Flächenverhältnis ist gleich

$$\left|\frac{\mathrm{d}F}{\mathrm{d}\Omega}\right| = \frac{h}{\sin\vartheta}\left|\frac{\mathrm{d}h}{\mathrm{d}\vartheta}\right| = \frac{r^2\cos(\vartheta/2)\,\sin(\vartheta/2)}{2\sin\vartheta} = \frac{r^2\sin\vartheta}{4\sin\vartheta} = \frac{r^2}{4}$$

mit $h = r\cos(\vartheta/2)$ und $\mathrm{d}h/\mathrm{d}\vartheta = -(r/2)\,\sin(\vartheta/2)$. Das Flächenverhältnis ist also auf dem Bild konstant.

Diese Flächentreue können wir ausnutzen, um eine flächentreue Darstellung unserer Erdoberfläche zu erzeugen. Dazu stellen wir eine kleine verspiegelte Kugel in den Mittelpunkt der Erde, die wir uns durchsichtig vorstellen, und spiegeln die Kontinente auf der Erdoberfläche in dieser Kugel. Das ergibt dann beispielsweise das Bild 2.31 (von *https://en.wikipedia.org/wiki/Lambert_azimuthal_equal-area_projection*), bekannt als lambertsche **flächentreue Azimutalprojektion**. Solch eine Darstellung ist allerdings gewöhnungsbedürftig.

Wichtig ist, dass das Bild zwar flächentreu, aber nicht längen- oder winkeltreu ist, und dass es die *gesamte* Erdoberfläche zeigt, und nicht nur eine Halbkugel. Hier wurde das Spiegelbild aufgezeichnet aus einer Position über dem Äquator auf dem 0°-Meridian. Man erkennt beispielsweise beide Pole in einer Entfernung von etwa 71 Prozent des Bildradius. (Warum?)

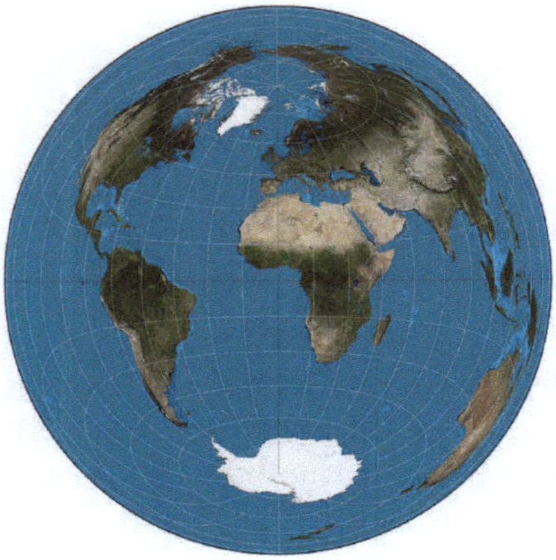

Bild 2.31 Flächentreue (lambertsche) Darstellung der gesamten(!) Erdoberfläche.

2.10 Kugelpackungen

Im Flachland hatten wir uns mit der dichtesten Kreispackung in der Ebene beschäftigt (siehe Seite 11). Das Ergebnis war eine hexagonale Anordnung, die etwa 90,7 Prozent der Fläche bedeckt. Im Dreidimensionalen können wir uns für die Packung von gleichen Kugeln im Raum interessieren, das Thema des folgenden Abschnitts. Danach kehren wir zurück zu Packungen in der Fläche, dann allerdings auf gekrümmten Oberflächen.

Dichteste Kugelpackung

Die **dichteste Kugelpackung** ist eventuell noch aus dem Supermarkt bekannt, wenn Orangen säuberlich aufgestapelt werden. Aus früheren Zeiten stammen Bilder von aufgestapelten Kanonenkugeln. Während aber im Flachland nur eine einzige dichteste Kreispackung existiert, gibt es unendlich viele im Dreidimensionalen. Alle sind aber aufgebaut aus den gleichen hexagonalen Schichten von Kugeln, die in einer Ebene auf einem hexagonalem Gitter so angeordnet sind wie die Kreise im Flachland. Dass es sich dabei wirklich um die *dichteste* Packung handelt, wurde zwar schon 1611 von Johannes Kepler vermutet (mehr dazu unter **Keplersche Vermutung**), aber erst im Jahr 1998 von Thomas Hales bewiesen.

Wenn wir mit einer solchen hexagonalen Anordnung beginnen, dann können wir die nächste Schicht, also genau die gleiche Kugelanordnung, so darüber legen, dass sie ein wenig verschoben ist und die Kugeln in den Lücken der ersten Schicht einrasten. Diese Stellen sind auf dem linken Bild 2.32 markiert. Wir wollen die Anordnung der erstem Schicht als **A** bezeichnen, die der zweiten als **B**. Wir hätten die neue Schicht aber auch in den anderen Lücken platzieren können, um eine zweite Schicht zu erzeugen wie im

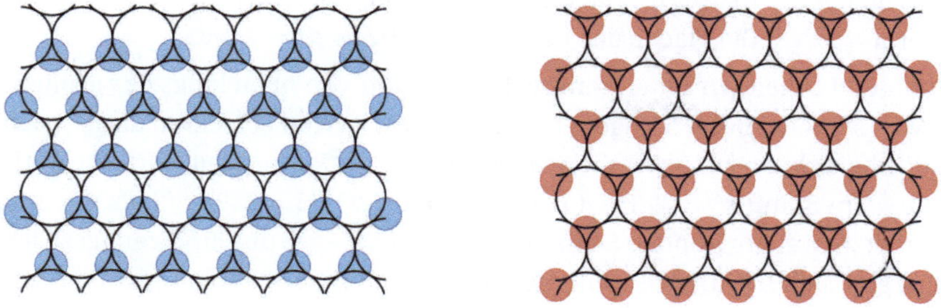

Bild 2.32 Hexagonale Typ **A**-Packung von Kugeln in der Ebene. Die im linken Bild markierte Anordnung der Kugeln der nächsten Schicht erzeugt eine Packung vom Typ **AB**, die im rechten Bild eine Packung vom Typ **AC**.

rechten Bild, nennen wir sie **C**. Wenn wir jetzt viele solcher Schichten aufeinanderlegen, dann erhalten wir periodische Anordnungen wie **ABABAB...** oder **ABCABCABC...** und natürlich auch nicht-periodische wie **ABACACB....** Alle diese Anordnungen haben die gleiche Packungsdichte von $\pi/\sqrt{18} \approx 0{,}74$. Im Flachland existiert nur eine einzige dichteste Kugelpackung, aber hier gibt es unendlich viele, sogar **überabzählbar** viele.

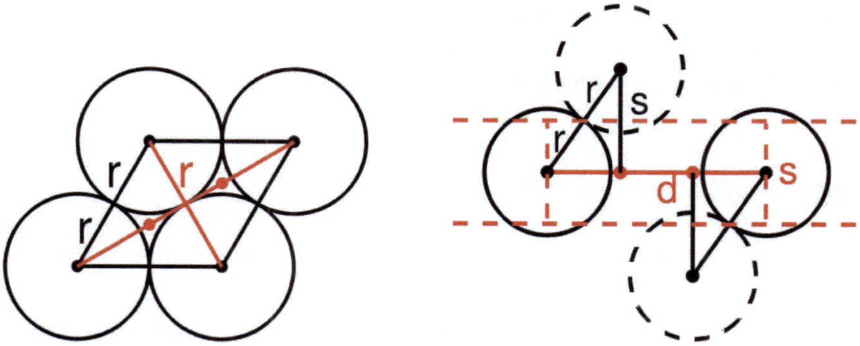

Bild 2.33 Hexagonale Kugelpackung. Links: Elementarzelle aus vier Kugeln einer **A**-Schicht. Rechts: senkrechter Schnitt von oben längs der großen Diagonale für eine Schichtfolge **CAB**.

Versuchen wir einmal, die Packungsdichte für eine Anordnung **ABCABC...** zu berechnen. Dazu wählen wir eine **Elementarzelle**, die aus vier rautenförmig angeordneten Kugeln einer **A**-Schicht besteht wie links im Bild 2.33. Auf den markierten Punkten auf einem Drittel und zwei Dritteln der großen Rautendiagonale befinden sich zwei Kugeln, jeweils eine aus der **B**-Schicht oberhalb und eine aus der **C**-Schicht unterhalb der **A**-Schicht. Wir berechnen zunächst die Länge d der großen Diagonale der Raute mit den Winkeln 60° bzw. 120°. Nach dem Satz von Pythagoras gilt $(2r)^2 = r^2 + (d/2)^2$ und daher $d = 2r\sqrt{3}$. Die Fläche der Raute ist gleich $F = dr = 2r^2\sqrt{3}$.

Im rechten Bild sehen wir einen senkrechten Schnitt von oben längs der großen Diagonale. Man sieht die beiden Kugeln aus den benachbarten Schichten als gestrichelte Kreise. Wir berechnen zunächst die Schichthöhe s (wieder mit dem Satz von Pythagoras und $d = 2r\sqrt{3}$) mit $s^2 = (2r)^2 - (d/3)^2 = (2r)^2 - (2r)^2/3 = 2\,(2r)^2/3$ als $s = 2r\sqrt{2/3}$. Wenn wir jetzt zwei horizontale Schnitte bei $+s/2$ und $-s/2$ durchführen (gestrichelte Linien), ergibt sich für unsere rautenförmige Elementarzelle mit der Schichthöhe s und der Grundfläche $F = 2r^2\sqrt{3}$ ein Volumen von $V_Z = Fs = 2r^2\sqrt{3} \cdot 2r\sqrt{2/3} = 4\sqrt{2}\,r^3$.

Innerhalb der Zelle mit der rautenförmigen Grundfläche und den horizontalen Schnittebenen liegen zunächst Teile der vier Kugeln der Schicht **A**, und zwar je zweimal ein Drittel und ein Sechstel einer Kugel (siehe Bild oben links), also zusammen eine ganze Kugel. Ihre oberen Kappen sind abgeschnitten, also insgesamt eine Kugelkappe, genauso viel, wie durch die von oben eintauchende Kugel hinzugefügt wird. Das Gleiche gilt auch für den unteren Schnitt. Also liegt innerhalb der Zelle genau ein Kugelvolumen $V_K = 4\pi r^3/3$. Damit ist die Packungsdichte gleich

$$\frac{V_K}{V_Z} = \frac{4\pi r^3}{3} \frac{1}{4\sqrt{2}\,r^3} = \frac{\pi}{\sqrt{18}} \approx 0{,}74\,,$$

was deutlich kleiner ist als die Packungsdichte von $\pi/\sqrt{12} \approx 0{,}91$ für Kreise in der Ebene. Mehr Informationen über dichteste Kugelpackungen findet man unter **https://swetzel.ch/geomgeb/kugelpack/kugelpack.html**.

Packungen *auf*(!) der Kugelfläche

Bisher haben wir uns mit der dichtesten Packung *von* Kugeln beschäftigt. Es gibt aber noch eine weitere Möglichkeit: Man kann sich fragen, wie man *auf* der Oberfläche einer Kugel N gleiche nicht-überlappende Kreise platzieren kann, sodass ihr Radius maximal wird und damit ihre Bedeckung. Dieses Problem ist äquivalent zu der Aufgabe, N Punkte auf der Kugeloberfläche so zu platzieren, dass der Minimalabstand zwischen den Punkten maximalisiert wird. Dies ist als das **Tammes-Problem** bekannt, benannt nach dem niederländischen Botaniker Tammes, der 1930 die Verteilung von runden Poren auf Pollenkörnern untersuchte. Es sei angemerkt, dass dies auch in der Analyse der Struktur des Corona-Virus eine Rolle spielt (siehe beispielsweise **https://www.nature.com/articles/s41467-020-19619-7** (in engl.)).

Eine strenge Lösung existiert für $N \leq 14$ und für einige hochsymmetrische Anordnungen mit $N = 12, 24, 48, 60$ und 120. Als Beispiel zeigt das Bild 2.34 die Lösung für $N = 12$. Dabei liegen die Kreismittelpunkte auf den Eckpunkten eines Ikosaeders (siehe das Bild auf Seite 72). Mehr darüber findet man in der Arbeit **Edith Mooers: Tammes's Problem** (in engl.). Es ist aufschlussreich, sich einige Details etwas näher anzusehen:

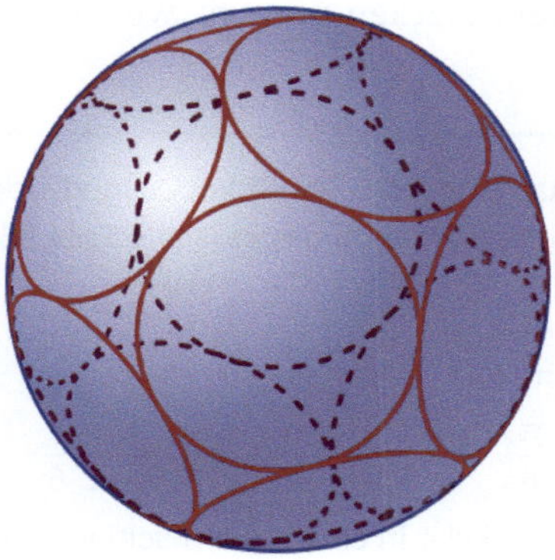

Bild 2.34 Dichteste Packung von zwölf gleich großen Kreisen auf einer Kugeloberfläche.

Wir sagen zwei Punkte „stören" sich, wenn ihr (euklidischer) Abstand δ kleiner ist als eine Schranke, die wir als $\delta = 1$ wählen. Jetzt fragen wir uns, wie groß muss eine Kugelfläche mindestens sein, damit sich $N \geq 3$ Punkte darauf platzieren lassen, ohne sich zu stören. Dafür haben Habicht und van der Waerden (Math. Ann. 123, 223 (1951)) eine untere Schranke für den Kugelradius r hergeleitet. Sie zeigten, dass für die Kugelfläche Φ gelten muss

$$\Phi \geq 2(N-2)\,\Delta\,.$$

Dabei ist Δ die Fläche eines gleichseitigen sphärischen Dreiecks auf der Kugel, dessen euklidischer Eckenabstand gleich eins ist.

Eine Gleichheit gilt dabei nur für $N = 3, 4, 6$ und 12, wobei man die Gleichheit in einfacher Weise nachprüft:

Für $N = 3$ legt man die Punkte auf die Ecken eines gleichseitigen Dreiecks. Sie liegen dann auch auf einer Kugel um den Mittelpunkt des Dreiecks, auf seiner **Umkugel** mit der Fläche Φ, die sie in zwei gleich große Kugeldreiecke der Fläche Δ zerlegen. Es gilt also $\Phi = 2\Delta = 2(N-2)\Delta$. Für $N = 4$ platziert man die Punkte auf den vier Ecken eines Tetraeders, wobei ihre Verbindungslinien auf der Umkugel ihre Fläche Φ in vier gleiche Kugeldreiecke Δ zerlegen, und wieder gilt $\Phi = 4\Delta = 2(N-2)\Delta$. Genauso haben wir für $N = 6$ ein Oktaeder mit acht Flächen und daher $\Phi = 8\Delta = 2(N-2)\Delta$. Für $N = 12$ ergibt sich ein Ikosaeder (siehe das Bild oben) mit zwanzig Dreiecksflächen und $\Phi = 20\Delta = 2(N-2)\Delta$.

Auf den Beweis, dass Φ für alle anderen Werte von N größer sein muss als $2(N-2)\Delta$, wollen wir hier verzichten. In der erwähnten Arbeit geben die Autoren an: Die Ungleichung „lässt sich mittels sphärischer Trigonometrie umformen in eine Abschätzung für den Kugelradius" R:

$$R \geq \left(4 - \sin^{-2}\frac{N}{N-2}\frac{\pi}{6}\right)^{-1/2}.$$

Dies ist eine gute Übung für den Umgang mit Kugeldreiecken und wir wollen uns einmal daran versuchen:

Mit der Kugelfläche $\Phi = 4\pi R^2$ und der Dreiecksfläche $\Delta = (3\alpha - \pi)R^2$, ausgedrückt durch die drei sphärischen Winkel α des gleichseitigen Kugeldreiecks (siehe Seite 88), lautet die Ungleichung

$$4\pi \geq 2(N-2)(3\alpha - \pi) = 6(N-2)\alpha - 2\pi N + 4\pi$$
$$\iff \quad \frac{\alpha}{2} \leq \frac{N}{N-2}\frac{\pi}{6} \quad \iff \quad \sin\frac{\alpha}{2} \leq \sin\frac{N}{N-2}\frac{\pi}{6}\,.$$

Die letzte Umformung beruht darauf, dass der Winkel α in einem gleichseitigen (eulerschen) Kugeldreieck zwischen $\pi/3$ und π liegt. Also liegt $\alpha/2$ zwischen $\pi/6$ und $\pi/2$, und dort ist die Sinusfunktion monoton wachsend.

Jetzt müssen wir noch den Dreieckswinkel α in die Seitenlänge a umrechnen. Dazu gibt es viele Möglichkeiten. Beispielsweise kann man den **Halbwinkelsatz** (siehe Seite 87) auf der Kugelfläche benutzen. Für ein gleichseitiges Dreieck führt dies zu

$$\sin^2\frac{\alpha}{2} = \frac{\sin^2\frac{a}{2}}{\sin^2 a} = \frac{\sin^2\frac{a}{2}}{4\sin^2\frac{a}{2}\cos^2\frac{a}{2}} = \frac{1}{4\cos^2\frac{a}{2}} = \frac{1}{4\left(1-\sin^2\frac{a}{2}\right)} = \frac{1}{4-\left(\frac{\delta}{R}\right)^2}\,.$$

Dabei ist die Seitenlänge a auf der Einheitskugel im Bogenmaß mit dem euklidischen Abstand δ der Eckpunkte durch $\delta = 2R\,\sin(a/2)$ verknüpft, was das letzte Gleichheitszeichen erklärt.

Jetzt sind wir fast am Ziel. Die Ungleichung oben für $\sin(\alpha/2)$ ergibt dann

$$\sin^2\frac{\alpha}{2} = \frac{1}{4-(\delta/R)^2} \leq \sin^2\frac{N}{N-2}\frac{\pi}{6}\,,$$

und, wenn wir dies nach R auflösen und δ gleich eins setzen, erhalten wir die gesuchte Abschätzung für den Radius R.

Da die Ungleichung für $N = 3, 4, 6$ und 12 zu einer Gleichung wird, haben wir damit als Nebenprodukt auch eine allgemeine Formel für die Radien der Umkugeln dieser Polyeder gefunden.

Die Formel für die Umkugelradien sollte man einmal ausprobieren und mit den Daten auf den Wikipedia-Seiten vergleichen! (Antwort Seite 211)

Interessant könnte es auch sein, die Kugelfläche mit einer Anzahl N (sehr kleiner) gleicher gleichseitiger Dreiecke zu überdecken, falls eine solche **Triangulierung** überhaupt möglich ist (mehr darüber weiter unten). Wenn δ die Seitenlänge der Dreiecke ist, dann haben wir damit auch eine **Kreispackung auf der Kugel** mit Kreisen vom Radius $\delta/2$ um die Dreieckspunkte, die sich berühren. Lokal ist dann die Kugelfläche näherungsweise eine Ebene, und wir kennen ja schon die Packungsdichte $p = \sqrt{3}\pi/6$

(siehe Seite 11) dieser dichtesten Packung von Kreisen mit einer Kreisfläche $\pi\delta^2/4$. Es gilt also näherungsweise

$$\Phi \approx \frac{1}{p} N \pi \frac{\delta^2}{4} = N \frac{6}{\sqrt{3}\pi} \frac{\pi\delta^2}{4} = N \frac{\sqrt{3}}{2} \delta^2 = 2N\Delta$$

mit der Dreiecksfläche $\Delta = \sqrt{3}\,\delta^2/4$. Für großes N ist die oben angegebene Ungleichung $\Phi \geq 2(N-2)\Delta \approx 2N\Delta$ also näherungsweise mit einem Gleichheitszeichen erfüllt.

Offen blieb aber noch die Frage, ob und wie eine solche Überdeckung der Kugelfläche mit gleichseitigen Dreiecken durchgeführt werden kann. Geht man dieser Frage nach, so stößt man auf sogenannte **geodätische Polyeder**. Das sind Polyeder aus Dreiecken, die sich einer Kugel annähern. Davon gibt es *viele* unterschiedliche Konstruktionsmöglichkeiten. Wir wollen uns einmal eine davon näher ansehen.

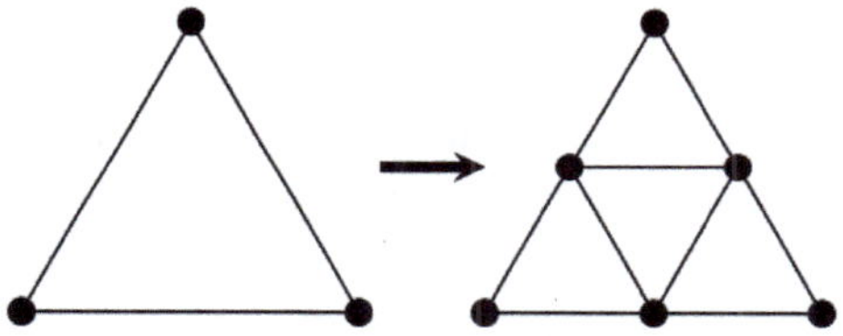

Bild 2.35 Zerlegung eines gleichseitigen Dreiecks in vier gleichseitige Dreiecke.

Eine solche Triangulierung, die manchmal als Ikosphäre bezeichnet wird (engl. „icosphere"), entsteht so: Wir gehen aus von einem Ikosaeder mit $E = 12$ Ecken und zerlegen jede der $S = 20$ dreieckigen Seitenflächen in vier gleichseitige Dreiecke wie rechts im Bild 2.35 und erhalten dann $S' = 4S$ Dreiecksflächen. Dabei entsteht in der Mitte jeder der $K = 30$ Kanten ein neuer Eckpunkt, der dann radial nach außen auf die Kugelfläche verschoben wird. Dann haben wir also $E' = E + K$ Eckpunkte. Wie viele Kanten hat das neue Polyeder? Aus jeder der K Kanten sind zwei neue entstanden und außerdem aus jeder der S alten Dreiecksflächen drei neue Kanten. Es gibt dann also insgesamt $K' = 2K + 3S$ Kanten. Als Test prüfen wir nach, ob auch das neue Polyeder die eulersche Polyederformel $E - K + S = 2$ von Seite 73 erfüllt, und wir finden zu unserer Beruhigung

$$E' - K' + S' = E + K - (2K + 3S) + 4S = E - K + S = 2\,.$$

Man sollte aber im Auge behalten, dass nicht alle der jetzt $12 + 30 = 42$ Ecken gleiche Eigenschaften haben! An den zwölf Ecken des ursprünglichen Ikosaeders treffen fünf Dreiecke aufeinander, sie sind also vom Grad fünf, an den 30 neuen jedoch sechs, sie sind vom Grad sechs. Das Bild zeigt links das Ikosaeder, von dem wir ausgegangen sind, und daneben das neu erzeugte Polyeder mit $4 \cdot 20 = 80$ dreieckigen Seitenflächen. Dieser Prozess kann fortgesetzt werden, wie im Bild 2.36 gezeigt, und man nähert sich mehr und mehr einer Kugelform an.

Dies ist nur *ein* Beispiel aus einer Annäherung der Kugelform durch Polygone auf der Oberfläche. Um andere zu erzeugen, kann man beispielsweise jedes Dreieck in mehr

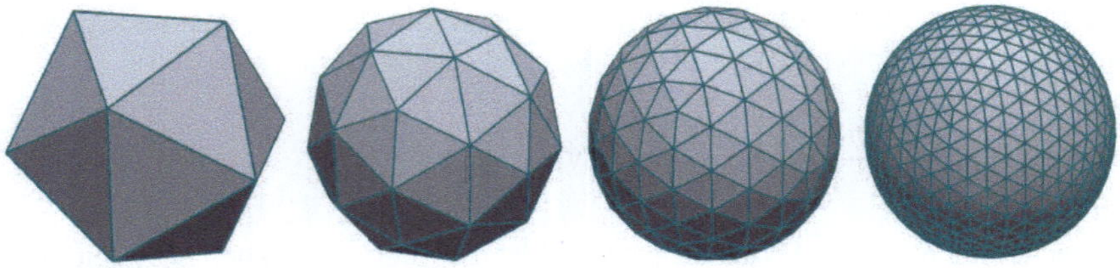

Bild 2.36 Annäherung der Kugelform durch ein sukzessive verfeinertes Polyedernetz, ausgehend von einem Ikosaeder.

als vier Dreiecke aufteilen. Man kann aber auch von einem anderen Anfangspolyeder ausgehen, beispielsweise von einem Dodekaeder. Mehr darüber findet man auf der Wikipedia-Seite **geodätische Kuppel** oder auf der Webseite von Daniel Sieger zum Thema **Generating Meshes of a Sphere** (in engl.), auf der auch Material bereitgestellt wird, um Bilder solcher Maschen (engl. „meshes") auf der Kugel zu erstellen. Das Bild 2.36 stammt von dieser Webseite. Die Darstellung von Oberflächen durch solche „Meshes" wird allgemein genutzt in der Computer-Grafik, z. B. im Design von Produkten und für weitergehende Berechnungen ihrer Eigenschaften.

Anwendungen in der wirklichen Welt findet man in der Architektur für die Konstruktion kugel- oder halbkugelförmiger Kuppeln. Die **geodätische Kuppel** von Buckminster Fuller ist ein bekanntes Bauwerk, in dem dies verwirklicht ist. Es gibt aber auch viele kleinteiligere Beispiele, denn geodätische Kuppeln eignen sich auch für Ausstellungen, Bankettsäle, provisorische Klassenzimmer, Eisbahnen und Gewächshäuser oder Zelte.

Man kann ähnliche Systeme auch für dreidimensionale Räume formulieren. Als Beispiel sei das historische Atommodell von J. J. Thomson (1903) erwähnt. In diesem **thomsonschen Atommodell** wurden die Elektronen als negativ geladene Teilchen betrachtet, eingebettet in eine Kugel mit homogener positiver Ladung, sodass das Gesamtsystem neutral ist. In einem solchen „Rosinenkuchenmodell" stoßen sich die Elektronen ab und minimalisieren im Grundzustand die potentielle Energie. Die Ähnlichkeit zu unserem Tammes-Modell wird deutlich, wenn wir einmal annehmen, dass sich die Elektronen nur auf der Kugeloberfläche befinden dürfen. Das thomsonsche Atommodell hatte aber nur eine kurze Lebensdauer, bis es nach dem Nachweis der Konzentration der positiven Ladungen in einem Atomkern aufgegeben wurde.

Oben haben wir, ausgehend von einem Ikosaeder, eine Triangulierung der Kugel betrachtet, also durch ein Polyeder, das nur aus gleichen gleichseitigen Dreiecken aufgebaut ist. Wir wollen noch kurz einen Blick werfen auf eine populäre alternative Konstruktion. Dabei wird ein Polyeder aus p regelmäßigen Fünfecken und h regelmäßigen Sechsecken aufgebaut. Ein einfaches Beispiel ist das **Dodekaeder**, das nur aus zwölf Fünfecken aufgebaut ist. Ein entsprechendes Polyeder aus regelmäßigen Sechsecken gibt es nicht, denn es wäre ein zusätzlicher platonischer Körper. Wir haben aber bewiesen, dass nur fünf existieren, und dies wäre dann ein sechster.

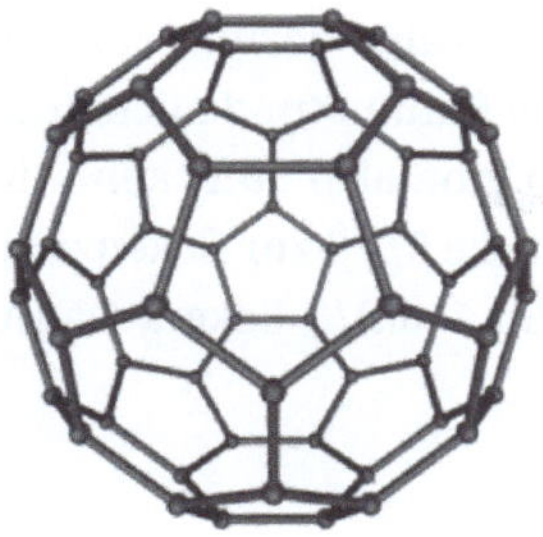

Bild 2.37 Buckminster-Fulleren C_{60} aus sechzig Kohlenstoffatomen, die zwölf Fünfecke und zwanzig Sechsecke bilden.

Der Fußball von Seite 74 besteht aus zwölf Fünfecken und zwanzig Sechsecken. Er ist ein bekanntes Beispiel für solche Strukturen, genau wie die **Fullerene**, hohle Moleküle aus Kohlenstoffatomen, die sich in Fünf- und Sechsecken anordnen. Das einfachste Beispiel ist das Molekül C_{60} mit der gleichen Struktur wie unser Fußball, dargestellt in Bild 2.37. Nach dem Architekten Richard Buckminster Fuller wird es als Buckminster-Fulleren bezeichnet (auf Englisch auch als „buckyball"), da es den von ihm konstruierten geodätischen Kuppeln ähnelt. Es besteht aus sechzig Kohlenstoffatomen, die zwölf Fünfecke und zwanzig Sechsecke bilden. Es existieren auch viel größere Moleküle dieses Typs.

Auch in anderen Bereichen findet man solche Konstruktionen. Zum Beispiel zeigt Bild 2.38 ein Foto eines Golfballs, dessen Oberfläche auf den ersten Blick durch Sechsecke strukturiert ist, eventuell um seine Flugeigenschaften zu verbessern. Da wir ja wissen, dass man aus reinen Sechsecken eine solche Struktur nicht erzeugen kann, suchen wir nach Abweichungen. Tatsächlich entdecken wir nach längerem Suchen ein Fünfeck, das wir durch einen Punkt markieren, wie auf dem Foto zu sehen. Jetzt werden wir neugierig, suchen weiter und finden schließlich insgesamt zwölf Fünfecke. Hier wird die Suche leichter, denn wir entdecken, dass sie sehr regelmäßig angeordnet sind. Wer Zeit hat, kann auch noch die Sechsecke zählen und findet 220.

Auch hier gibt es zwölf Fünfecke, genau wie bei dem Fußball. Ist das ein Zufall oder steckt mehr dahinter? Versuchen wir es einmal mit Nachdenken. Angenommen es gibt p Fünfecke und h Sechsecke, also $S = p + q$ Seitenflächen. Jedes Fünfeck hat fünf Kanten und jedes Sechseck sechs, also gibt es insgesamt $K = (5p + 6h)/2$ Kanten. Die

Bild 2.38 Golfballoberfläche aus 220 Sechsecken und 12 Fünfecken, die hier markiert sind.

Division durch zwei vermeidet die doppelte Zählung, denn jede Kante verbindet zwei Flächen. Wie viele Ecken gibt es? An jeder Ecke treffen sich drei Kanten (und auch drei Seitenflächen). Ein Fünfeck hat fünf Ecken, wenn es p davon gibt, also $5p$ Ecken. An jeder Ecke stoßen drei davon zusammen, also tragen die Fünfecke $5p/3$ zur Eckenzahl bei. Die h Sechsecke genauso $6h/3$ und es gibt dann $E = (5p + 6h)/3$ Ecken. Dann erhalten wir mit dem eulerschen Polyedersatz

$$2 = E - K + S = (5p + 6h)/3 - (5p + 6h)/2 + (p + h)$$
$$\implies \quad 12 = 10p + 12h - 15p - 18h + 6p + 6h = p\,.$$

Also gibt es *immer* zwölf Fünfecke! Das erklärt unter anderem die zwölf Fünfecke auf dem Golfball und gilt auch für alle Fullerene.

Wenn wir jetzt zu den dualen Polyedern übergehen (siehe Seite 75), so finden wir ganz allgemein das Gleiche wie bei dem speziellen Fall des „Fußballs" auf Seite 75. Alle Ecken unseres Polyeders sind vom Grad drei, sie gehen also alle in Dreiecke des dualen Polyeders über. Die fünfeckigen Flächen werden zu Ecken vom Grad fünf und die sechseckigen Flächen werden zu Ecken vom Grad sechs. Da es bei unseren Polyedern immer genau zwölf Fünfecke gibt, hat der duale Partner genau zwölf Ecken vom Grad fünf, bei denen also fünf Kanten zusammentreffen. Das liefert auch eine alternative Erklärung für die zwölf Ecken vom Grad fünf, die bei den Polyedern in Bild 2.36 auf Seite 128 gefunden wurden.

3 Über den Tellerrand

In diesem letzten Kapitel wollen wir weit über unsere vertraute klassische dreidimensionale Welt hinausgehen. Zuerst bleiben wir aber noch im Dreidimensionalen, verlassen aber unsere Erde und werfen einen Blick auf die hellen Kugeln, die oben am Himmel zu sehen sind, unsere Sonne und unseren Mond. Dann wagen wir uns in das Innere der Materie, in die Quantenwelt. Wir lernen die (komplexwertige) Wellenfunktion kennen und erhalten einen ersten Einblick in die Qubits, eine Grundlage für die Quantencomputer. Darauf folgt ein Ausflug in höherdimensionale Räume, auch in solche mit wirklich *hohen* Dimensionen. Solche Räume sind von großer Bedeutung in überraschenden Anwendungsgebieten. Danach ist es fast beruhigend, zu der (nur) vierdimensionalen Raumzeit zurückzukehren. Zum Abschluss besuchen wir die vielleicht interessantesten Objekte in diesem Raum, die Schwarzen Löcher, gefolgt von einem Ausblick auf die Struktur unseres Universums.

3.1 Sonne & Mond

Über Sonne und Mond sollten wir alle einiges wissen, weil sie für das Leben auf der Erde unerlässlich sind: Die Sonne liefert Licht und Wärme, während der Mond die Erddrehung stabilisiert und die Gezeiten (Ebbe und Flut) verursacht. Beide erscheinen uns gleich groß, obwohl die Sonne in Wirklichkeit wesentlich größer, aber weiter entfernt ist. Sie sendet Licht aus, während der Mond das Sonnenlicht nur reflektiert. Wir wollen uns beide Himmelskörper etwas näher ansehen.

Unsere Sonne

Die **Sonne** ist das auffälligste Objekt am Himmel. Sie ist ein Stern von durchschnittlicher Größe im äußeren Drittel der Milchstraße. Wir wollen uns hier kurz mit einigen ihrer wesentlichen Eigenschaften befassen, ihrer Entfernung, ihrer Größe und ihrer Strahlung,

Mit der Entfernung der Sonne von der Erde, genauer der Länge der großen Halbachse der elliptischen Erdbahn, hatten wir uns schon im Flachland befasst. Man bezeichnet sie als **astronomische Einheit** (AE), $1\,\text{AE} \approx 150 \cdot 10^6\,\text{km}$ (Seite 59), und durch sie lassen sich die Entfernungen der Planeten, Asteroiden und anderer Objekte in unserem Sonnensystem ausdrücken (siehe Seite 60). Eine genaue Bestimmung der AE in Metern war aber über lange Zeiträume sehr schwierig, denn man war auf präzise optische Winkelmessungen (Parallaxen) von Planeten angewiesen. Näheres darüber findet man unter dem Stichwort **Venustransit**. Kennt man diesen Wert, dann lässt sich mithilfe der Gravitationskraft und der Gravitationskonstante G (siehe Seite 61) die Sonnenmasse bestimmen als $M_\odot \approx 2 \cdot 10^{30}\,\text{kg}$.

Wir beginnen mit einer einfachen Beobachtung: Auf dem Waldboden sieht man oft runde Sonnenlichtflecken. Warum? Diese Lichtflecken, oft auch als **Sonnentaler** bezeichnet, sind keine Schattenmuster des Blätterdachs. Ihre Form ist nicht von der Form der Löcher zwischen den Blättern abhängig, sondern von der Lichtquelle. Die runden Flecken auf dem Boden sind direkte Abbildungen der Sonne, und, da die Sonne ja nicht senkrecht über uns steht, sind die Lichtflecken nicht kreisrund, sondern elliptisch.

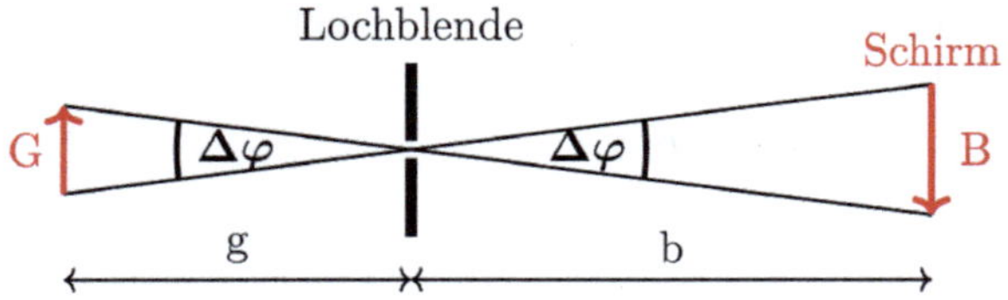

Bild 3.1 Lochkamera. Lichtstrahlen, die von einem Gegenstand *G* ausgehen, erzeugen auf einem Schirm ein umgekehrtes Bild *B*.

Die Entstehung dieser Bilder beruht auf dem Prinzip einer **Lochkamera**, einfach eine sehr kleine Öffnung, eine Lochblende, durch die Lichtstrahlen von dem Motiv zur Schirmebene gelangen. Das Bild 3.1 zeigt den Strahlengang einer solchen Kamera, die einen Gegenstand der Größe G in einer Entfernung g auf einem Schirm in der Entfernung b in ein umgekehrtes Bild der Größe B abbildet. Dabei bleibt der Winkel $\Delta\varphi$ auf beiden Seiten gleich. (Man überlegt sich mithilfe des Strahlensatzes von Seite 190, dass hier die Abbildungsgleichung $G/g = B/b$ gilt.)

Im Falle der Sonnentaler ist die Sonne das Motiv, die Löcher im Blätterdach bilden die lichtdurchlässige Öffnung und der Waldboden ist die Schirmebene. Jede Öffnung im Laubdach stellt somit eine Lochkamera dar. In Wirklichkeit sind die Öffnungen im Blätterdach natürlich etwas ungleichmäßig, wodurch das Bild unschärfer wird. Die

Größe B der Sonnentaler hängt von der Höhe der Öffnung im Blätterdach ab, also der Bildweite b in der Zeichnung. Die **Sonnenscheibe** erscheint am Himmel unter einem Winkel $\Delta\varphi \approx 0{,}5°$.

Diese Angabe eines scheinbaren Sonnendurchmessers durch einen Winkel $\Delta\varphi \approx 0{,}5°$ kann man natürlich überprüfen durch eine Recherche im Internet, aber auch durch eigene Beobachtungen. Wie zum Beispiel? (Antwort Seite 211)

Aus der Bildgröße B können wir dann die Baumhöhe b berechnen:

$$B \approx b\,\Delta\varphi \quad \Longrightarrow \quad b \approx \frac{180}{0{,}5\,\pi}\,B \approx 114\,B\,.$$

Beispielsweise wird ein 10 cm breiter Sonnentaler durch ein Blätterloch in 11,4 m Höhe erzeugt.

Doch nun zur Sonne selbst. Ihre Entfernung von der Erde, die **astronomische Einheit** AE, haben wir schon oben erwähnt. Die Sonnenscheibe erscheint uns unter einem Öffnungswinkel von $\Delta\varphi \approx 0{,}5°$, und mit $a = 1\,\text{AE} \approx 150 \cdot 10^6\,\text{km}$ erhalten wir ihren wahren Durchmesser als $d \approx a\,\Delta\varphi \approx 150 \cdot 10^6\,\text{km} \cdot 0{,}5\,\pi/180 \approx 1{,}3 \cdot 10^6\,\text{km}$. Genauer hat man den **Sonnenradius** als $R_\odot = 696342\,\text{km}$ bestimmt, etwa 110-mal so groß wie der Erdradius.

Interessant wäre noch die **Masse der Sonne**. Das dritte Keplersche Gesetz von Seite 59 ermöglicht es uns mit der Gravitationskonstante G von Seite 61 und der Umlaufzeit T von einem Jahr die **Sonnenmasse** als

$$M_\odot = \frac{4\pi^2 a^3}{GT^2} \approx 2 \cdot 10^{30}\,\text{kg}$$

zu berechnen, falls die Erdmasse klein ist im Vergleich zur Sonnenmasse. Das ist in der Tat der Fall, denn die Sonnenmasse entspricht mehr als Dreihunderttausend Erdmassen.

Aus der Sonnenmasse und dem Sonnenvolumen $4\pi R_\odot^3/3$ können wir ihre Dichte als etwa $1{,}4\,\text{g/cm}^3$ bestimmen, das ist nur etwa ein Viertel der Dichte unserer Erde. Die Sonne besteht also aus wesentlich leichteren Elementen oder wesentlich lockerer gepackter Materie als die Erde. Tatsächlich besteht die Sonne hauptsächlich aus Wasserstoff und Helium, genauer gesagt, aus einem Plasma, in dem Atomkerne und Elektronen sich frei bewegen können. Dabei verschmelzen Wasserstoffkerne durch Kernfusion zu Heliumkernen, wobei Energie freigesetzt wird, die als Licht abgestrahlt wird.

Wegen der radialen Abstrahlung und der Energieerhaltung nimmt die Strahlungsintensität der Sonne mit dem Abstand quadratisch ab, weil sich die Gesamtstrahlungsleistung auf eine immer größer werdende Kugelfläche verteilt. Die Intensität I ist also umgekehrt proportional zum Quadrat des Abstands ($I \sim \frac{1}{r^2}$).

Diese elektromagnetische Strahlung ist für uns die hervorstechendste Eigenschaft der Sonne. Deshalb ist es wichtig, dass wir uns ein wenig damit befassen. Zunächst einmal sollte man wissen, dass es sich um SEHR große Energiemengen handelt, die abgestrahlt werden. Das, was davon bei uns auf der Erde ankommt, ist allein etwa 10.000-mal mehr als unser gesamter Energieverbrauch. Natürlich wird diese Sonnenenergie nicht auf Dauer von unserer Erde verschluckt, sondern es wird die gleiche Energiemenge in anderen Frequenzbereichen wieder abgestrahlt, denn sonst würde sich unsere Erde ja immer mehr aufheizen.

Wichtig für uns ist die Abhängigkeit der Intensität der Sonnenstrahlung von der Wellenlänge λ (gesprochen „lambda") oder von der Frequenz ν (gesprochen „nü"), die mit der Lichtgeschwindigkeit c wie $c = \lambda\nu$ zusammenhängen. Die Intensität $I(\lambda)$ der Sonnenstrahlung, also die Strahlungsleistung in Watt pro Quadratmeter im Wellenlängenbereich zwischen λ und $\lambda + \mathrm{d}\lambda$, hat ein Maximum bei einer Wellenlänge $\lambda \approx 491$ nm (nm steht für ein Nanometer gleich 10^{-9} Meter) im sichtbaren Bereich von 400 bis 780 Nanometer und entspricht näherungsweise der eines **Schwarzen Körpers** (mehr darüber auf Seite 146), die

Planck-Verteilung $$I(\lambda) = \frac{8\pi hc}{\lambda^5} \frac{1}{\mathrm{e}^{hc/\lambda kT} - 1} \,.$$

Dabei ist T die Temperatur, c die **Lichtgeschwindigkeit**, k die **Boltzmann-Konstante**, eine wichtige Konstante aus der statistischen Physik, und h die grundlegende Größe der Quantenmechanik, die **Planck-Konstante**, über die wir in den folgenden Abschnitten mehr erfahren werden. Die Zahlenwerte dieser Konstanten sind auf Seite 198 angegeben und eine Herleitung der Strahlungsverteilung findet man auf Seite 147. Das Bild 3.2 zeigt diese Verteilung für die Temperatur $T = 5900$ K, was der Temperatur der Sonnenatmosphäre entspricht. (Das K ist die Einheit der Temperatur in **Kelvin**. Es hängt mit der Temperatur in Grad Celsius zusammen durch „Kelvin = Grad Celsius + 273,15".) Durch die Erdatmosphäre wird ein Teil der Strahlung absorbiert, insbesondere der Anteil im Ultraviolettbereich und in einigen Wellenlängenintervallen im Infrarot.

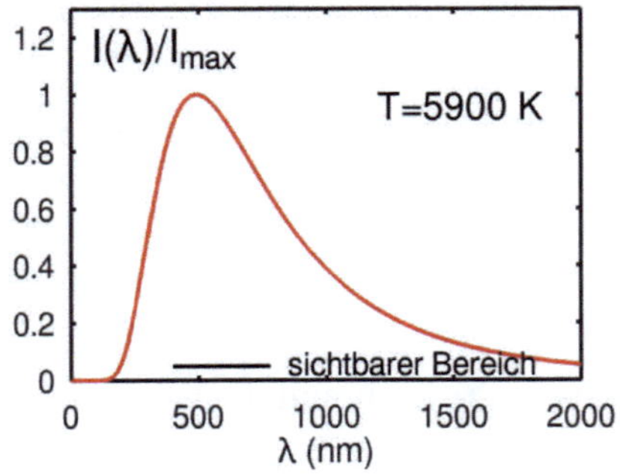

Bild 3.2 Plancksche Strahlungsverteilung für eine Temperatur von 5900 Kelvin, der Temperatur der Sonnenatmosphäre

Die Abstrahlung der Erde erfolgt im langwelligen Wellenlängenbereich von etwa 3,5 bis 100 Mikrometern. Das Energiespektrum der terrestrischen Strahlung entspricht näherungsweise dem eines **Schwarzen Körpers** mit einer Temperatur von 288 K (15 °C) und einem Maximum bei etwa 9 Mikrometern. Das Wiensche Verschiebungsgesetz auf Seite 148 wird uns zeigen, wie dieses Maximum und die Temperatur zusammenhängen. Mehr darüber findet man unter dem Stichwort **Strahlungshaushalt der Erde** oder allgemeiner unter **Sonnenstrahlung** bei Wikipedia. Dort kann man sich natürlich auch über viele andere physikalische Eigenschaften der **Sonne** informieren.

Unser Mond

Laut Wikipedia ist der **Mond** der am besten erforschte fremde Himmelskörper und auch der bisher einzige, den Menschen betreten haben (zwölf US-Amerikaner zwischen 1969 und 1972). Er hat einen Abstand von etwa 384400 Kilometern von der Erde (etwa 30 Erddurchmesser) und einen Durchmesser von etwa 3474 Kilometern. Aber woher wissen wird das eigentlich? Heute ist eine direkte Entfernungsmessung kein Problem. Aber wie war das davor? Man ist nicht überrascht, zu erfahren, dass sich schon die „alten Griechen" darüber Gedanken gemacht haben. Zu nennen wäre da **Aristarch von Samos** (310–230 v. Chr.), der in genialer Weise ein heliozentrisches Weltbild entwickelte. Dabei bewegte sich auch unser Mond auf einer kreisförmigen Bahn um die Erde. Wenn man dann eine Mondfinsternis beschreibt als Durchgang des Mondes durch den Erdschatten, der näherungsweise die Breite eines Erddurchmessers hat, dann kann man aus der beobachteten Dauer der Mondfinsternis und der Dauer des Mondumlaufs um die Erde seine Entfernung bestimmen (mehr darüber unter **Abstände von Sonne und Mond** oder **Mondabstand**).

Den Monddurchmesser d können wir bei bekannter Entfernung ℓ in gleicher Weise abschätzen wie oben den Sonnendurchmesser: $d \approx \ell\,\Delta\varphi \approx 384400\,\text{km} \cdot 0{,}5\,\pi/180 \approx 3355\,\text{km}$, denn der Mond erscheint uns unter dem gleichen Öffnungswinkel $\Delta\varphi \approx 0{,}5°$ wie die Sonne. Das wissen wir, denn bei einer Sonnenfinsternis verdeckt der Mond fast genau die Sonne.

Im Gegensatz zur Sonne, die mit einer Periode von etwa 25 Tagen rotiert, zeigt der Mond der Erde immer die gleiche Seite. Seine Bahn um die Erde ist fast elliptisch und im Vergleich zur Ebene der Erdbahn um die Sonne um etwa fünf Grad geneigt. Genauer sollte man allerdings sagen, dass sich Mond und Erde um einen gemeinsamen Schwerpunkt bewegen. Wie allgemein bekannt, ist die Umlaufzeit etwas geringer als ein Monat. Dabei beobachten wir die **Mondphasen**, wechselnde Lichtgestalten des Mondes durch die Verschiebung der Tag-Nacht-Grenze auf dem Mond. Auf den Neumond folgt zunehmender Mond, dann Vollmond, abnehmender Mond und wieder Neumond. Ein gesamter Mondphasenzyklus von einem Neumond zum folgenden Neumond dauert im Mittel etwa 29,53 Tage.

Die Anziehungskraft des Mondes treibt auf der Erde die **Gezeiten** an. Die veränderliche Meereshöhe erklärt sich aus dem Zusammenspiel von der Gravitation des Mondes mit der Zentrifugalkraft der Bewegung um den Schwerpunkt des Erde-Mond-Systems und der Gravitation der Sonne. Die Auswirkungen auf den Meeresspiegel hängen von den Massen von Sonne, Erde und Mond ab und von dem Winkel, in dem sie zueinander stehen. Als Hauptmerkmal ergibt sich ein Anheben der Meeresoberfläche auf den dem Mond zu- und abgewandten Seiten der Erde. Es ist besonders stark, wenn die drei Massen in einer Linie stehen (Springflut bei Neu- oder Vollmond), oder schwächer, wenn sie im rechten Winkel zueinander stehen (Nippflut bei Halbmond). Isaac Newton gelang es, aus dem Verhältnis der Höhen von Springflut und Nippflut an der Küste bei Bristol eine erste Bestimmung der Mondmasse(!) abzuleiten. Sein Ergebnis von etwa 1/40 der Erdmasse lag nicht weit von dem wahren Wert von 1/81 entfernt!

Alles Weitere über die bisher angesammelten Erkenntnisse über den Mond überlassen wir eigenen Nachforschungen. Ein guter Startpunkt dazu bietet der Wikipedia-Eintrag zum **Mond**. Wir wollen uns stattdessen von der Sonne mit ihren Planeten verabschieden und uns mit der um sehr viele(!) Zehnerpotenzen kleineren atomaren Welt der Quanten beschäftigen. Wie wir alle wissen, ist dabei das Atom ein zentrales Modell, im naiven Verständnis eine Art Sonnensystem, bei dem der Atomkern die Rolle der Sonne übernimmt und die Elektronen die der Planeten. Die Wechselwirkung der Schwerkraft wird durch die elektrische Kraft übernommen, die zwar genauso mit dem Abstand variiert wie die Schwerkraft, aber sowohl anziehend als auch abstoßend ist. Die klassische Elektrodynamik lieferte für die hier beobachteten Phänomene keine passende theoretische Beschreibung, sondern es musste eine fundamental neue Theorie entwickelt werden, die Quantentheorie.

3.2 Kurzbesuch der Quantenwelt

Ich kann nicht voraussetzen, dass die Leserinnen und Leser dieses Buchs einen Kurs in Quantenmechanik hinter sich haben, und ich möchte auf keinen Fall hier versuchen, dies nachzuliefern. Aber ich glaube, dass man, wenn man sich schon bis in dieses Kapitel vorgearbeitet hat, auch ohne Vorkenntnisse in der Lage ist, ein wenig in dieses faszinierende Gebiet hineinzuschnuppern. Versuchen wir es!

Wellenfunktionen und Pfadintegrale

Wir haben bei der Diskussion der **klassischen Mechanik** schon das hamiltonsche Prinzip kennengelernt (siehe Seite 34 und Seite 39). Dabei spielt die sogenannte **Wirkung** eine zentrale Rolle. Wenn wir uns hier auf ein einfaches eindimensionales System beschränken und einen Weg $x(t)$ vom Ort $x_0 = x(t_0)$ nach $x_1 = x(t_1)$ betrachten, ist die

Wirkung definiert durch das Wegintegral über die Lagrange-Funktion $L = T - V$, die Differenz zwischen kinetischer und potentieller Energie. Die Wirkung ist ein **Funktional** dieses Wegs (siehe Seite 33). Der klassische Weg $x(t)$ zwischen diesen Punkten x_0 und x_1 ist bestimmt durch ein Extremum dieses Funktionals. Mithilfe eines Variationsverfahrens sieht man, dass sich dieser extremale Weg durch die Lösung der klassischen Bewegungsgleichung ergibt (siehe Seite 39):

$$S[x(t)] = \int_{x(t)} L(x,\dot{x})\,\mathrm{d}t \overset{!}{=} \text{extremal} \qquad \Longleftrightarrow \qquad \frac{\mathrm{d}}{\mathrm{d}t}\left(\frac{\partial L}{\partial \dot{x}}\right) - \frac{\partial L}{\partial x} = 0\,.$$

Wir wollen uns nur noch kurz daran erinnern, dass dies für eine Masse m mit kinetischer Energie $T = m\dot{x}^2/2$ und potentieller Energie $V(x)$ auf die bekannte Gleichung $m\ddot{x} = -\mathrm{d}V/\mathrm{d}x$ führt. Die Wirkung S hat die Dimension „Energie mal Zeit" oder auch „Impuls mal Länge".

Offen bleibt hier aber noch die Frage, *warum* das Wirkungsfunktional $S[x(t)]$ extremalisiert werden muss. Ist dies einfach ein vorgegebenes Naturprinzip, oder lässt sich das auch begründen? Innerhalb des Rahmens der klassischen Mechanik ist dies nicht möglich, wohl aber in einer übergeordneten Theorie, der Quantenmechanik.

Auch in der **Quantenmechanik** ist die Wirkung von Bedeutung, was allein schon die grundlegende quantenmechanische Naturkonstante zeigt, das plancksche Wirkungsquantum oder die **Planck-Konstante** $h = 6{,}62607015 \cdot 10^{-34}\,\mathrm{kg\,m^2 s^{-1}}$, die in den quantenmechanischen Gleichungen meist als $\hbar = h/2\pi$ (gesprochen „h quer") auftaucht. Für klassische Verhältnisse ist dies eine *sehr* kleine Größe von der Dimension einer Wirkung. (Wenn sich eine Masse von zwei Gramm eine Sekunde lang mit einer Geschwindigkeit von einem Meter pro Sekunde bewegt ergibt sich eine Wirkung von $10^{-3}\,\mathrm{kg\,m^2 s^{-1}}$. Das ist ein Wert, der das Plancksche Wirkungsquantum um viele Größenordnungen übertrifft.)

In der Quantenmechanik wird ein Teilchen in einer eindimensionalen Welt mit Ortskoordinate x zur Zeit t durch eine sogenannte **Wellenfunktion** $\psi(x,t)$ beschrieben. Das ist eine komplexwertige Funktion (siehe Anhang A), man bezeichnet sie auch als **Wahrscheinlichkeitsamplitude**, denn ihr Betragsquadrat $|\psi(x,t)|^2$ gibt die Wahrscheinlichkeitsdichte dafür an, das Teilchen zur Zeit t an der Stelle x zu finden. Das erzwingt eine *Normierung* der Wellenfunktion wie $\int_{-\infty}^{+\infty} |\psi(x,t)|^2\,\mathrm{d}x = 1$, denn die Wahrscheinlichkeit, das Teilchen irgendwo im Raum zu finden, muss ja gleich eins sein.

Das Zeitverhalten der Wellenfunktion lässt sich beschreiben durch einen sogenannten **Propagator**, eine komplexe Wahrscheinlichkeitsamplitude $G(x',t';x,t)$ für den Übergang von (x,t) nach (x',t'), das heißt, wenn das System zur Zeit t bei x lokalisiert war, ist die Wahrscheinlichkeit, es zur Zeit t' bei x' zu finden, proportional zu $|G(x',t';x,t)|^2$. Man erhält die Wellenfunktion $\psi(x',t')$ zur Zeit t' aus der Wellenfunktion $\psi(x,t)$ zur Zeit t, indem man ihren Wert an jedem Punkt (x,t) mithilfe des Propagators nach (x',t') propagiert. Alle diese Beiträge werden dann summiert:

$$\psi(x',t') = \int_{-\infty}^{+\infty} G(x',t';x,t)\,\psi(x,t)\,\mathrm{d}x\,.$$

Der Propagator $G(x',t';x,t)$ enthält die Beiträge *aller* Wege zwischen dem Anfangspunkt x zur Zeit t und dem Endpunkt x' zur Zeit t'. Einige wenige dieser Wege sind im Bild 3.3 zu sehen.

Bild 3.3 Vier mögliche Wege, die vom Punkt x zur Zeit t zum Punkt x' zur Zeit t' führen.

Jeder einzelne Weg liefert als Beitrag eine Wahrscheinlichkeitsamplitude, hier eine komplexe Exponentialfunktion (siehe Seite 198 im Anhang) $e^{\frac{i}{\hbar}S[x(\tau)]}$ mit der oben beschriebenen Wirkung $S[x(\tau)]$, ein Integral über die klassische Lagrange-Funktion. Die Wirkung ist reell und daher ist $|e^{\frac{i}{\hbar}S[x(\tau)]}| = 1$. Über alle diese Beiträge ist zu summieren und man erhält einen sehr einfachen aussehenden Ausdruck für den Propagator:

$$G(x',t';x,t) = \int e^{\frac{i}{\hbar}S[x(\tau)]}\, d[x(\tau)] \quad \text{mit den Wegen } x(\tau) \text{ von } (x,t) \text{ nach } (x',t')\,.$$

Dies ist ein sogenanntes **Pfadintegral** (engl. **Path Integral**), wobei eine solche Integration über *alle* Pfade natürlich zunächst einmal mathematisch sauber definiert werden muss. Das lässt sich machen, soll aber hier nicht unser Thema sein. Wir wollen uns nur vor Augen halten, was mit dem Pfadintegral geschieht, wenn $\hbar$ gegen null geht, oder, besser ausgedrückt, wenn die auftretenden Wirkungen groß sind im Vergleich zu $\hbar$. Das bezeichnet man als einen klassischen Grenzfall der Quantenmechanik.

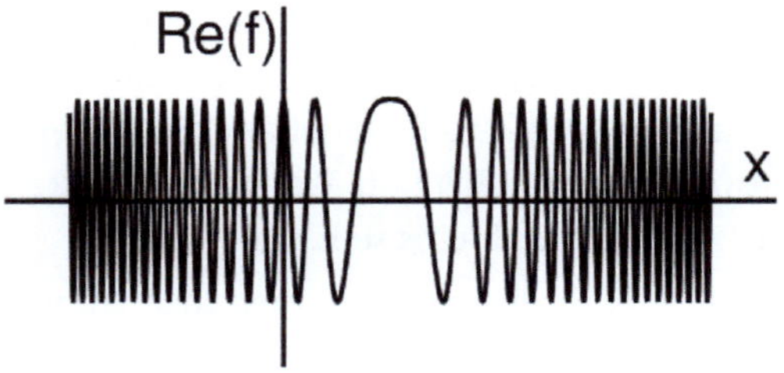

Bild 3.4 Realteil der Funktion $f(x) = e^{\frac{i}{\hbar}S(x)}$ mit $S(x) = x - x^2$ und $\hbar = 0{,}02$.

Betrachten wir dazu als ein Beispiel die Funktion $f(x) = e^{\frac{i}{\hbar}S(x)}$ für $S(x) = x - x^2$. Das Bild 3.4 zeigt den Realteil von $f(x)$ in Abhängigkeit von x für $\hbar = 0{,}02$. Wir beobachten eine schnelle Oszillation zwischen -1 und $+1$. Wenn wir über einen solchen Bereich integrieren, ergibt sich (näherungsweise) der Wert null, insbesondere wenn man $\hbar$ noch kleiner werden lässt. Ausgenommen sind die Regionen, in denen $S(x)$ sich nur schwach verändert, also die Umgebungen der extremalen Punkte mit $S'(x) = 0$, wie in unserem Beispiel bei $x = 1/2$. Im Grenzfall $\hbar \to 0$ liefern nur diese Punkte einen Beitrag. Man bezeichnet sie auch als „Punkte stationärer Phase“ und eine genauere Auswertung liefert eine Integration mit der **Methode stationärer Phase**, die auch als **Sattelpunktsnäherung** bekannt ist.

Wenn man das auf das Pfadintegral überträgt, erhält man dann nur einen Beitrag von einer extremalen Bahn, also einer klassischen, mit dem Resultat $G \approx A\,\mathrm{e}^{\mathrm{i}\Phi}$, $A,\Phi \in \mathbb{R}$, für den Propagator. Damit haben wir also von der Quantenmechanik her eine Begründung der klassischen Extremalprinzipien erhalten. Wenn man so näherungsweise die quantenmechanische Übergangswahrscheinlichkeit berechnet, dann ergibt sich $|G|^2 = A^2$. Das ist, wie man zeigen kann, das klassische Resultat, und die komplexe quantenmechanische Phase verschwindet bei der Bildung des Betragsquadrates für die Wahrscheinlichkeit. Dies ist aber nur dann der Fall, wenn es eine *einzige* extremale, also klassische, Bahn gibt. Existieren zwei (oder auch mehrere) solche Bahnen, dann müssen die einzelnen komplexen Terme summiert werden, bevor das Betragsquadrat gebildet wird, und es gilt für zwei solche Beiträge

$$|G|^2 = |A_1\mathrm{e}^{\mathrm{i}\Phi_1} + A_2\mathrm{e}^{\mathrm{i}\Phi_2}|^2 = A_1^2 + A_2^2 + 2A_1A_2\cos(\Phi_1 - \Phi_2)\,.$$

Als Konsequenz findet man charakteristische Interferenzoszillationen in den Übergangswahrscheinlichkeiten, wie etwa bei dem **Doppelspaltexperiment**.

Spin, Bloch-Kugel & Qubits

Ein quantenmechanisches Teilchen kann neben seinem Ort und seinem Impuls auch weitere Eigenschaften haben, wie zum Beispiel einen **Spin**. Das Wort stammt von dem englischen Wort für Drehung und beschreibt eine Größe, die man sich klassisch als eine Art Drehimpuls vorstellt. Während aber ein klassischer Drehimpuls beliebige Werte annehmen kann, ist der quantenmechanische Spin „quantisiert“, er tritt nur in ganz- oder halbzahligen Vielfachen des Wirkungsquantums $\hbar$ auf. Eine kurze Nachprüfung ergibt, dass der **Drehimpuls** wirklich die Dimension „Impuls mal Länge“ hat, also die einer Wirkung. Wir wollen hier nicht versuchen, diese Quantisierung zu begründen, sondern wir tasten uns an die geheimnisvollen Phänomene der Quantenwelt heran, indem wir uns das einfachste Spinsystem etwas genauer ansehen: den Spin $\hbar/2$.

Das Zweizustandssystem: Wenn man für ein solches Teilchen, beispielsweise ein Elektron, den Spin in einer beliebigen Raumrichtung misst, dann findet man immer nur die Messwerte $+\hbar/2$ oder $-\hbar/2$. Wie kann man so etwas mathematisch beschreiben? Wir wollen das einmal vorsichtig versuchen. Nehmen wir also an, wir messen den Spin in der z-Richtung. Unser Spin-Teilchen ist vor der Messung in einem Zustand, den wir mit dem Symbol $|\psi\rangle$ bezeichnen wollen, aber dies bezieht sich ausschließlich auf den Spin-Freiheitsgrad, alles andere wollen wir hier nicht berücksichtigen. Damit erhalten wir das wohl einfachste Quantensystem, das es gibt.

Messen wir jetzt den Wert des Spins, erhalten wir den Wert $+1/2$ oder $-1/2$ (das $\hbar$ unterdrücken wir hier aus Bequemlichkeit). Nach dieser Messung ist das Teilchen dann in einem Zustand, den wir als $|+\rangle$ bzw. $|-\rangle$ bezeichnen wollen. Wenn wir das Ganze mehrmals wiederholen mit weiteren Teilchen, die wir immer in genau der gleichen Weise präpariert haben, dann können wir die Wahrscheinlichkeiten p_+ und p_- bestimmen, mit denen die beiden Messwerte auftauchen.

Die mathematische Beschreibung dieses quantenmechanischen Zweizustandssystems oder Zwei-Niveau-Systems ist eigentlich überraschend einfach, aber sicherlich etwas gewöhnungsbedürftig. Wir versuchen es einmal:

Vor unserer Messung beschreiben wir den Zustand des Teilchens als

$$|\psi\rangle = c_+|+\rangle + c_-|-\rangle \quad \text{mit komplexen Zahlen} \quad c_+ \quad \text{und} \quad c_- .$$

Als eine solche **Linearkombination** können wir alle unsere Spinzustände beschreiben, beispielsweise ist $|\phi\rangle = d_+|+\rangle + d_-|-\rangle$ ein anderer Zustand. Wir können mit diesen Größen $|\cdot\rangle$ rechnen, das heißt, sie mit einer komplexen Zahl multiplizieren oder sie addieren, und das Resultat ist wieder ein Systemzustand $|\chi\rangle$:

$$|\psi\rangle+|\phi\rangle=c_+|+\rangle+c_-|-\rangle+d_+|+\rangle+d_-|-\rangle=(c_++d_+)\,|+\rangle+(c_-+d_-)\,|-\rangle=|\chi\rangle .$$

Wir sprechen von diesen Systemzuständen auch als Zustandsvektoren oder nur als Vektoren.

Es gibt aber auch ein Produkt zweier solcher Vektoren wie $|\psi\rangle$ und $|\phi\rangle$, das aber keinen Vektor ergibt, sondern eine (komplexe) Zahl, die wir als $\langle\phi|\psi\rangle$ bezeichnen. Dieses **Skalarprodukt** ist definiert als

$$\langle\phi|\psi\rangle = d_+^* c_+ + d_-^* c_- \quad \text{und es erfüllt} \quad \langle\psi|\phi\rangle = \langle\phi|\psi\rangle^* .$$

Betrachten wir zunächst als ganz einfache Fälle die Skalarprodukte der speziellen Zustände $|+\rangle$ und $|-\rangle$. Zunächst gilt $\langle+|+\rangle = 1 + 0 = 1$, denn es ist $c_+ = d_+ = 1$ und $c_- = d_- = 0$. Genauso ist $\langle-|-\rangle = 0 + 1 = 1$. Man sagt, diese Zustände sind **normiert**. Man überzeugt sich auch von der Gleichung $\langle+|-\rangle = \langle-|+\rangle = 0$. Man sagt, die beiden Zustände $|+\rangle$ und $|-\rangle$ sind **orthogonal**.

Die Zustände $|\psi\rangle$ mit diesen Eigenschaften bilden eine mathematische Struktur, die man als **Hilbert-Raum** bezeichnet, genauer als einen zweidimensionalen Hilbert-Raum, denn es gibt auch höherdimensionale Hilbert-Räume. Es sei noch erwähnt, dass die Klammerschreibweise der Zustandsvektoren als **Dirac-Notation** bekannt ist. Jetzt fehlt uns nur noch eine Vorschrift, wie aus einem Zustandsvektor $|\psi\rangle = c_+|+\rangle + c_-|-\rangle$ die Messwahrscheinlichkeiten p_+ und p_- bestimmt werden können. Dazu berechnen wir das Skalarprodukt von $|\psi\rangle$ mit sich selbst. Es ist gleich $\langle\psi|\psi\rangle = c_+^* c_+ + c_-^* c_- = |c_+|^2 + |c_-|^2$, und wenn wir den Zustandsvektor normieren, also dieses Produkt gleich eins setzen, ist es naheliegend, die beiden Summanden $|c_+|^2$ und $|c_-|^2$ als die gesuchten Wahrscheinlichkeiten anzusehen. Und das ist tatsächlich der Fall. Es gilt also

$$p_+ = |c_+|^2 = |\langle+|\psi\rangle|^2 , \quad p_- = |c_-|^2 = |\langle-|\psi\rangle|^2 \quad \text{mit } p_+ + p_- = 1 \text{ für } \langle\psi|\psi\rangle = 1 .$$

Oben haben wir dieses System als ein **Zweizustandssystem** bezeichnet. Das bedarf einiger Erklärungen, denn dieses System kann nicht nur zwei, sondern unendlich viele Zustände annehmen. Wir haben einen solchen Zustand mit dem Symbol $|\psi\rangle$ bezeichnet, ein Zustandsvektor aus einem **Hilbert-Raum**, der „aufgespannt" wird durch zwei Zustandsvektoren $|+\rangle$ und $|-\rangle$. Sie sind normiert, orthogonal und jeder andere normierte Zustandsvektor lässt sich durch

$$|\psi\rangle = c_+|+\rangle + c_-|-\rangle \quad \text{mit} \quad |c_+|^2 + |c_-|^2 = 1$$

erzeugen, ist also bestimmt durch zwei komplexe Zahlen c_+ und c_-. Bei einer Messung erhält man (rein zufällig!) entweder den Wert $+1/2$ mit einer Wahrscheinlichkeit $p_+ = |c_+|^2$ oder den Wert $-1/2$ mit einer Wahrscheinlichkeit $p_- = |c_-|^2$, und der Zustandsvektor geht danach in $|+\rangle$ bzw. $|-\rangle$ über. Nur in *zwei* Fällen wissen wir mit Sicherheit, was wir messen werden, und das sind die Fälle $|c_+| = 1$ oder $|c_-| = 1$.

Ein solches Zwei-Niveau-System stellt das einfachste Quantensystem dar. Es lässt sich, wie oben beschrieben, durch ein Spin-Einhalb-Teilchen wie das Elektron realisieren, aber das ist bei weitem nicht alles. Viele Quantensysteme und -prozesse lassen sich (zumindest näherungsweise) so modellieren. Wir wollen das zur Illustration an einem Beispiel beschreiben. Betrachten wir dazu das Ammoniak-Molekül. Es besteht aus einem Stickstoffatom, N, und drei Wasserstoffatomen, H. Die drei H-Atome bilden ein gleichseitiges Dreieck in einer Ebene und das N-Atom hat zwei Positionen, zwei „Niveaus", oberhalb oder unterhalb dieser Ebene, zwischen denen es Übergänge gibt. Das lässt sich durch unser Zweizustandssystem modellieren.

Die Bloch-Kugel: Wir wollen jetzt noch versuchen, unser System in einer einfachen und übersichtlichen Weise zu beschreiben. Man kann sich davon überzeugen, dass ein gemeinsamer Phasenfaktor ohne Bedeutung ist, und daher können wir unsere normierten Koeffizienten als $c_+ = \cos\vartheta/2$ und $c_- = \mathrm{e}^{\mathrm{i}\varphi}\sin\vartheta/2$ wählen. Unser Zustandsvektor ist dann gleich

$$|\psi\rangle = \cos\tfrac{\vartheta}{2}\,|+\rangle + \mathrm{e}^{\mathrm{i}\varphi}\sin\tfrac{\vartheta}{2}\,|-\rangle\,.$$

Die Winkel ϑ und φ können wir auffassen als Polarkoordinaten in einem dreidimensionalen Raum mit den kartesischen Koordinaten x, y und z, gegeben durch (vgl. die Transformationsgleichungen auf Seite 80):

$$\begin{aligned}
x &= c_+^*c_- + c_+c_-^* = \left(\mathrm{e}^{+\mathrm{i}\varphi} + \mathrm{e}^{-\mathrm{i}\varphi}\right)\sin\tfrac{\vartheta}{2}\cos\tfrac{\vartheta}{2} = \sin\vartheta\,\cos\varphi\\
y &= \mathrm{i}\left(c_+^*c_- - c_+c_-^*\right) = \mathrm{i}\left(\mathrm{e}^{+\mathrm{i}\varphi} - \mathrm{e}^{-\mathrm{i}\varphi}\right)\sin\tfrac{\vartheta}{2}\cos\tfrac{\vartheta}{2} = \sin\vartheta\,\sin\varphi\\
z &= c_+^*c_+ - c_-c_-^* = \cos^2\tfrac{\vartheta}{2} - \sin^2\tfrac{\vartheta}{2} = \cos\vartheta\,.
\end{aligned}$$

Dies ermöglicht eine Darstellung der Zustände als Punkte auf einer Einheitskugel im reellen dreidimensionalen Raum, auf der sogenannten **Bloch-Kugel**, eine Kugel mit Radius eins, die durch die sphärischen Polarwinkel ϑ und φ parametrisiert wird, wie im Bild 3.5 zu sehen. Jeder Punkt der Kugeloberfläche beschreibt einen Zustandsvektor $|\psi\rangle$.

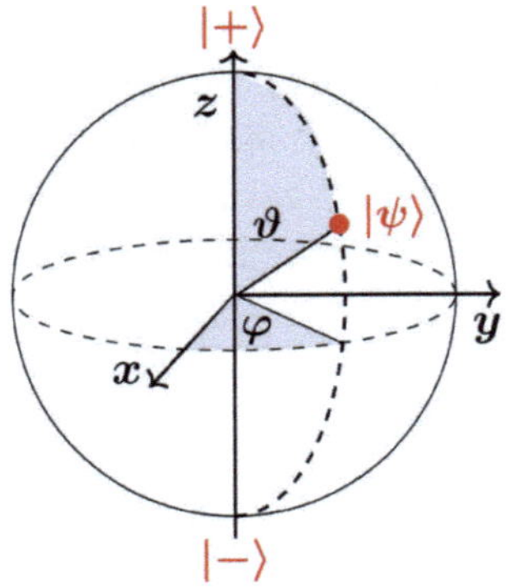

Bild 3.5 Jeder Punkt der Bloch-Kugel stellt den Zustandsvektor $|\psi\rangle$ des Zweizustandssystems dar, parametrisiert durch die Polarwinkel ϑ, φ.

Dabei liegen die beiden ausgezeichneten Zustände $|\pm\rangle$ auf den Polen, $|+\rangle$ am Nordpol und $|-\rangle$ am Südpol, also diametral gegenüber. Man kann zeigen, dass alle diametral gegenüberliegenden Zustände orthogonal sind:

Vergewissern wir uns: Wenn unser Zustandsvektor $|\psi\rangle$ durch die Winkel ϑ und φ beschrieben wird, $|\psi\rangle = \cos\frac{\vartheta}{2}\,|+\rangle + e^{i\varphi}\sin\frac{\vartheta}{2}\,|-\rangle$, dann ist der diametrale Zustand dazu orthogonal. (Antwort Seite 211)

Eine **Messung** des Spins in einem Zustand $|\psi\rangle$ ergibt $+1/2$ oder $-1/2$ mit den Wahrscheinlichkeiten $p_+ = \cos^2\vartheta/2$ bzw. $p_- = \sin^2\vartheta/2$. Man kann dies auch anschaulich mit der Bloch-Kugel darstellen. Das Bild 3.6 zeigt eine Schnittebene, die den Zustand $|\psi\rangle$ enthält. Projiziert man diesen Punkt auf die z-Achse, so hat die Projektion die Länge $\cos\vartheta$. Mithilfe der Formeln aus Anhang A auf Seite 193 können wir dies umschreiben als $\cos\vartheta = \cos^2\vartheta/2 - \sin^2\vartheta/2 = p_+ - p_-$. Benutzen wir noch $p_+ + p_- = 1$, so sehen wir, dass der Abschnitt zwischen Projektionspunkt und dem Nordpol (gestrichelte Linie) gleich $1 - \cos\vartheta = p_+ - p_- - (p_+ - p_-) = 2p_-$ ist. Der untere Abschnitt bis zum Südpol ist dann gleich $2p_+$. Alle Zustände in der (x,y)-Ebene, wie beispielsweise die beiden

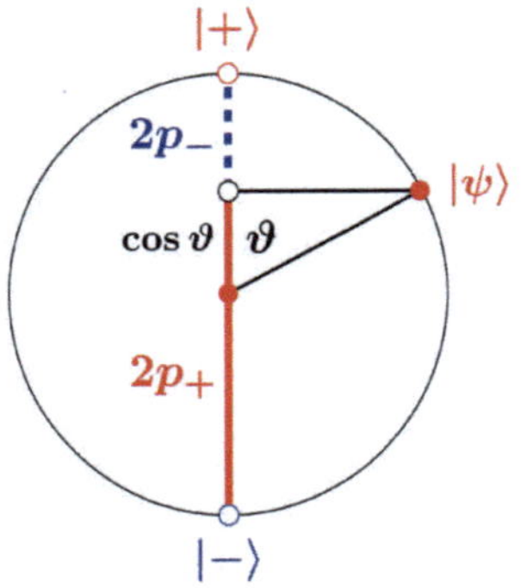

Bild 3.6 Schnitt durch die Bloch-Kugel. Auf der Achse lassen sich die Wahrscheinlichkeiten p_+ und p_- für eine Messung der Zustände $|+\rangle$ bzw. $|-\rangle$ ablesen.

Zustände $|x_\pm\rangle = (|+\rangle \pm |-\rangle)/\sqrt{2}$ auf der x-Achse, liefern bei einer Messung mit gleicher Wahrscheinlichkeit einen der beiden Werte $+1/2$ und $-1/2$.

Es sei noch erwähnt, dass auch das Innere der Bloch-Kugel zur Darstellung von Quantenzuständen verwendet werden kann. Dies sind sogenannte **gemischte Zustände**, inkohärente Mischungen aus den reinen Zuständen auf der Kugeloberfläche.

Eng verwandt mit der quantenmechanischen Bloch-Kugel ist die **Poincaré-Kugel**. Mit ihrer Hilfe beschreibt man die Polarisationszustände elektromagnetischer Wellen wie zum Beispiel Licht, wobei jeder Punkt auf der Kugeloberfläche einem Polarisationszustand entspricht. Zirkulare Polarisation findet man an den Polen, lineare Polarisation am Äquator und elliptische Polarisation dazwischen. Punkte im Inneren der Kugel beschreiben teilpolarisierte Wellen.

Das Qubit: Bisher sind wir davon ausgegangen, dass wir den Spin eines Teilchens beschreiben wollen, der nur zwei mögliche Messwerte $\pm\hbar/2$ besitzen kann, beispielsweise ein Elektron. Solch ein System lässt sich auf vielfältige Weise realisieren und man kann seinen Zustand mithilfe elektromagnetischer Felder manipulieren. Es existiert aber eine Vielzahl anderer Quantensysteme, die sich durch ein solches Zweizustandssystem beschreiben lassen. Um nur ein Beispiel zu nennen, wäre das ein Lichtteilchen, ein Photon, bei dem die beiden Basiszustände $|\pm\rangle$ den links- und rechts-zirkularen Polarisationen entsprechen. Eine besondere Bedeutung hat das Zweizustandssystem und damit die Bloch-Kugel dadurch erlangt, dass es einen elementaren Baustein für eine Quantencomputer darstellt, ein **Qubit**.

In der klassischen Computerwelt ist der grundlegende Baustein ein **Bit**. Ein solches Bit kann zwei Einstellungen oder Werte haben, die man meist als 0 oder 1 bezeichnet. Damit lassen sich sogenannte **Logikgatter** (oder einfach nur **Gatter**) aufbauen, die nach der Eingabe eines oder mehrerer Bits ein einzelnes Bit ausgeben. So lassen sich verschiedene logische Operationen realisieren. Zum Beispiel kann man durch ein Zwei-Bit-Gatter ein AND-Gatter bilden, das die 1 ausgibt, wenn beide Eingabe-Bits gleich sind, sonst die 0. So lassen sich auch weitere logische Zwei-Bit-Gatter aufbauen. Als Ein-Bit-Gatter lässt sich aber nur ein einziges Gatter bilden, das NOT-Gatter, das jeweils das andere Bit ausgibt als das Eingabe-Bit.

In der Quantenmechanik liefert das Zweizustandssystem das Quanten-Bit, kurz **Qubit**. Hier wird zunächst die Notation der Zustände $|+\rangle$ und $|-\rangle$ in $|1\rangle$ und $|0\rangle$ geändert. Man schreibt dann einen allgemeinen Qubit-Zustand als $|\psi\rangle = \alpha|0\rangle + \beta|1\rangle$, wobei die komplexen Koeffizienten α, β wie $|\alpha|^2 + |\beta|^2 = 1$ normiert sind. Diese Zustände lassen sich natürlich wieder auf einer Bloch-Kugel darstellen.

Damit kann man schon mit einem einzigen Qubit unendlich viele Ein-Qubit-Gatter erzeugen, dargestellt durch eine Rotation auf der Bloch-Kugel. Das NOT-**Quantengatter** operiert wie $(\alpha,\beta) \longrightarrow (\beta,\alpha)$, das Hadamart-Quantengatter operiert wie $(\alpha,\beta) \longrightarrow \big((\alpha+\beta)/\sqrt{2},(\alpha-\beta)/\sqrt{2}\big)$. Es bildet also den Zustand $|0\rangle$ ab auf den Zustand $\big(|0\rangle + |1\rangle\big)/\sqrt{2}$ auf der positiven x-Achse, den Zustand $|1\rangle$ auf $\big(|0\rangle| - |1\rangle\big)/\sqrt{2}$ auf der negativen x-Achse und beschreibt allgemein eine Drehung um die y-Achse mit dem Drehwinkel $\pi/2$.

Noch mehr Möglichkeiten im Vergleich zu klassischen Bits bieten die Zwei-Qubit-Gatter, was auf stark erweiterte Möglichkeiten quantenmechanischer Computersysteme und -algorithmen schließen lässt. Wir müssen hier aber auf weitergehende Darstellungen zum Thema **Quantencomputer** verzichten, eine kurze Einführung findet man in dem Buch H. J. Korsch, *Physik mit 2x2-Matrizen*, Carl Hanser Verlag 2021.

Die Unschärferelation

Bei der Beschreibung des Zweizustandssystems haben wir gesehen, dass die beiden möglichen Werte der Zustände bei einer Messung rein zufällig mit einer bestimmten Wahrscheinlichkeit auftreten. Das ist auch bei anderen Messgrößen eines Systems der Fall. Betrachten wir einmal die eindimensionale Bewegung eines Teilchen mit der Masse m, der Ortskoordinate x und der Geschwindigkeit v, oder besser dem Impuls $p = mv$. Klassisch sind dies faktische Eigenschaften, die das Teilchen *hat*, und die sich natürlich mit der Zeit t verändern können. Ihr Zeitverhalten $x(t)$ und $p(t)$ folgt den klassischen Bewegungsgleichungen. Quantenmechanisch beschreiben wir den Zustand des Systems zur Zeit t durch eine komplexwertige Funktion $\psi(x,t)$, die **Wellenfunktion**, deren Betragsquadrat $|\psi(x,t)|^2$ die Wahrscheinlichkeit angibt, das Teilchen zur Zeit t an der Stelle x zu finden, genauer die Wahrscheinlichkeitsdichte. Dabei ist die Wellenfunktion durch $\int|\psi(x,t)|^2\,\mathrm{d}x = 1$ normiert. Wie bei jeder Dichteverteilung können wir den Mittelwert $\langle x\rangle$ berechnen und die mittlere Abweichung vom Mittelwert Δx, die Breite der Verteilung oder ihre Unschärfe.

Ganz ähnlich können wir mit dem Impuls p verfahren und eine Impulswellenfunktion definieren, den mittleren Impuls $\langle p\rangle$ und die Breite Δp der Impulsverteilung bestimmen. Jetzt kommt aber etwas typisch Quantenmechanisches zum Vorschein, denn die beiden Verteilungsfunktionen sind nicht unabhängig voneinander. Es gilt die heisenbergsche **Unschärferelation**

$$\Delta p\,\Delta x \geq \frac{\hbar}{2}\,.$$

Versucht man also ein Teilchen an einer Position x zu lokalisieren indem man die Breite Δx seiner Wahrscheinlichkeitsverteilung kleiner macht, dann hat das die Konsequenz einer Vergrößerung seiner Impulsunschärfe Δp. Das gleiche gilt natürlich auch umgekehrt. Wenn ein Teilchen also einen scharfen Impuls hat, dann ist sein Ort völlig unbestimmt. Insbesondere existiert quantenmechanisch kein Teilchen mit scharf bestimmtem Ort *und* Impuls.

Es soll aber hervorgehoben werden, dass dies keine besonders neue und revolutionäre Eigenschaft eines physikalischen Systems ist. Eine ganz ähnliche Relation besteht in der klassischen Physik zwischen dem Zeitsignal $f(t)$ einer Welle, beispielsweise einer Schallwelle, und der Frequenzverteilung $g(\nu)$. Hier findet man die Beziehung $\Delta\nu\,\Delta t \geq \frac{1}{4\pi}$. Damit kann man verstehen, dass ein Tubaspieler nicht so schnelle saubere Tonfolgen erzeugen kann wie ein Flötenspieler.

Um einen Ton als „sauber" zu empfinden, verlangt unser Ohr eine relative Frequenzgenauigkeit von mindestens 0,03 Prozent, also $\Delta\nu/\nu = 0{,}03 \cdot 10^{-2}$. Wie lang muss dann ein Tonsignal bei 500 Hz sein, um einen sauberen Ton zu erzeugen? Wie lang bei einer Frequenz von 8000 Hz? (Antwort Seite 212)

Die quantenmechanische Unschärfe zeigt uns also Aspekte des Wellencharakters der Wellenfunktion, was natürlich auch ihr Name unterstreicht. Der Teilchencharakter zeigt sich darin, dass man bei einer Messung immer das ganze Teilchen findet.

Als Konsequenz der Unschärferelation kann man ein Quantenteilchen nicht an einem Punkt im Raum lokalisieren, es hätte andernfalls eine unendlich ausgedehnte Impulsverteilung. Es existieren aber dennoch sogenannte Quantenpunkte, und wir wollen uns ansehen, was darunter zu verstehen ist.

Quantenpunkte

Ein sogenannter **Quantenpunkt** (engl. „quantum dot") ist ein winzig kleiner Kristall aus etwa 10^4 bis 10^6 Atomen eines Halbleitermaterials mit einer Größe von etwa 100 nm, also etwa ein Zehntausendstel Millimeter. Er verhält sich also zur Größe eines Fußballs so wie der Fußball zu unserer Erdkugel.

Bild 3.7 Ein Quantenpunkt aus wenigen tausend Atomen steht in dem gleichen Größenverhältnis zu einem Fußball wie der zu der Größe der Erde. (Quelle: Johan Jarnestad/The Royal Swedish Academy of Sciences)

Ein Elektron in diesem Kristall muss quantenmechanisch behandelt werden. Wenn man dies in einem einfachen Modell beschreibt, etwa durch einen Potentialkasten, dann erhält man diskrete Energiezustände, deren Abstände wachsen bei abnehmender Ausdehnung des Nanokristalls. Wird das Elektron angeregt, etwa durch äußere Strahlung, dann geht es aus dem Grundzustand in den nächsthöheren Zustand über.

Bei dem anschließenden Rücksprung in den Grundzustand wird dann die Energiedifferenz ΔE der Zustände als Strahlung mit der Frequenz $\nu = \Delta E/h$ emittiert. Man kann jetzt die Systemparameter, also das Halbleitermaterial und die Abmessungen des Nanokristalls, kontrolliert so anpassen, dass diese Strahlung genau einer erwünschten Farbe entspricht. Dabei führt eine Verkleinerung der Kristallgröße zu einer Blauverschiebung der Frequenz,

Jetzt darf man sich aber nicht vorstellen, dass solche Quantenpunkte exotische Strukturen sind, die in mühsam in einem hochspezialisierten Labor untersucht werden. Im Gegenteil, sie sind weltweit verbreitet, und man findet sie beispielsweise in Fernsehbildschirmen als QLEDs. Die Größe des globalen Quantenpunktmarktes wurde im Jahr 2023 auf etwa sechs Milliarden US-Dollar geschätzt.

Quantenoszillatoren & plancksches Strahlungsgesetz

Wie oft in der Physik, betrachtet man zur Beschreibung eines elektromagnetischen Strahlungsfeldes gern eine stark vereinfachte Situation. Das ist beispielsweise ein Hohlraum, dessen Wände eine konstante Temperatur besitzen. Die Wände emittieren elektromagnetische Strahlung und absorbieren solche Strahlung aus dem Hohlraum. Von Interesse ist das elektromagnetische Feld im Hohlraum im Gleichgewicht, wenn sich also nichts mehr verändert. Experimentell könnte man dann die Strahlung beobachten, die durch eine kleine Öffnung entweicht. Man bezeichnet eine solche Anordnung als **Schwarzer Körper**. Es war über viele Jahre hinweg nicht möglich, die beobachtete Abhängigkeit der Strahlungsintensität von der Wellenlänge λ theoretisch herzuleiten. Das gelang erst Max Planck um das Jahr 1900 herum mit seiner Annahme, dass die Strahlungsenergie nicht kontinuierlich ausgetauscht wird, sondern nur in kleinen Happen der Größe $h\nu$, wobei ν die Strahlungsfrequenz ist, die mit der Wellenlänge λ über $c = \lambda\nu$ zusammenhängt (c ist die Lichtgeschwindigkeit). Die von Planck ad-hoc eingeführte Größe h entpuppte sich als eine neue fundamentale Naturkonstante, die **Planck-Konstante**. Wir wollen hier nicht versuchen, die damaligen Überlegungen von Planck nachzuzeichnen, sondern beginnen gleich mit einer Beschreibung des Strahlungsfeldes durch harmonische Oszillatoren.

Der **harmonische Oszillator** ist ein wichtiges Modellsystem der Physik, insbesondere auch als der **harmonische Quantenoszillator**. Das ist ein Quantensystem, das unendlich viele Zustände besitzt mit den Energien $E_n = nh\nu$, $n = 0, 1, 2, \ldots$, wenn wir die Energie E_0 des Grundzustandes gleich null wählen. Bei einem Übergang des Systems von einem Zustand n in den nächstniedrigeren wird eine Energie $h\nu$ frei. Damit lässt sich beispielsweise die Emission eines Photons der Frequenz ν modellieren. Eine Gesamtheit solcher Oszillatoren beschreibt ein Photonengas, das viele ähnliche Eigenschaften hat wie ein gewöhnliches Gas wie Druck, Volumen oder Temperatur.

Hier benötigen wir eine wichtige Eigenschaft eines solchen Systems, das mit einem Wärmebad der Temperatur T im Gleichgewicht ist, nämlich die Besetzungswahrscheinlichkeit eines Zustands der Energie E. Nach der **Boltzmann-Statistik** ist diese Wahrscheinlichkeit proportional zu $e^{-E/kT}$. Dabei ist k die Boltzmann-Konstante von Seite 134, und die so entstehende Verteilung nennt man eine **Boltzmann-Verteilung**. Eine bekannte Anwendung ist die exponentielle Abnahme des Luftdrucks unserer Atmosphäre mit der Höhe:

Der Luftdruck p nimmt mit der Höhe h ab wie $p(h) = p(h_0)\,e^{-mg(h-h_0)/kT}$. Wie lässt sich diese **Barometrische Höhenformel** begründen? (Antwort Seite 212)

Für unser Photonengas aus harmonischen Quantenoszillatoren ist die Boltzmann-Verteilung recht einfach zu berechnen:

Zuerst normieren wir die Wahrscheinlichkeiten, denn ihre Summe über alle Energieniveaus n muss eins ergeben. Dazu summieren wir die Terme $e^{-E_n/kT} = e^{-nh\nu/kT}$ über alle Werte von n. Wir setzen $h\nu/kT = x$ und berechnen die Summe mit der Summenformel der geometrischen Reihe (siehe Seite 191)

$$Z = \sum_{n=0}^{\infty} e^{-nx} = \sum_{n=0}^{\infty} \left(e^{-x}\right)^n = \frac{1}{1 - e^{-x}} \,.$$

Wir benötigen eine weitere Summenformel, die wir erhalten, indem wir beide Seiten der obigen Gleichung nach der Variablen x differenzieren:

$$\frac{dZ}{dx} = -\sum_{n=0}^{\infty} n\,e^{-nx} = -\frac{e^{-x}}{(1 - e^{-x})^2} = -Z^2\,e^{-x} \,.$$

Dann erhalten wir die Besetzungswahrscheinlichkeit p_n des Zustands n als

$$p_n = \frac{1}{Z}\,e^{-E_n/kT} = \frac{1}{Z}\,e^{-nh\nu/kT} = \frac{e^{-nh\nu/kT}}{1 - e^{-h\nu/kT}} \quad \text{mit} \quad \sum_{n=0}^{\infty} p_n = 1 \,.$$

Das können wir verwenden, um die mittlere Energie $E(\nu,T) = \sum_n E_n p_n$ eines Schwingungszustands der Frequenz ν bei einer Temperatur T zu bestimmen:

$$E(\nu,T) = \sum_n E_n p_n = \frac{1}{Z}\sum_{n=0}^{\infty} nh\nu\,e^{-nh\nu/kT} = \frac{h\nu}{Z} Z^2 e^{-nh\nu/kT} = h\nu\frac{e^{-h\nu/kT}}{1 - e^{-h\nu/kT}} = \frac{h\nu}{e^{h\nu/kT} - 1} \,.$$

Was wir eigentlich anstreben, ist die frequenzabhängige Intensität $I(\nu)$, also die Energie der Strahlung pro Volumen im Frequenzintervall zwischen ν und $\nu + d\nu$. Dabei überlassen wir es den Experten zu begründen, dass wir $I(\nu)$ aus der Energie $E(\nu,T)$ erhalten durch Multiplikation mit der Zustandsdichte $8\pi\nu^2/c^3$.

Oft interessiert auch die Wellenlängenabhängigkeit der Intensität, die man über den fundamentalen Zusammenhang $c = \lambda\nu$ von Frequenz und Wellenlänge aus $I(\lambda) = I(\nu)\,|d\nu/d\lambda|$ mit $d\nu/d\lambda = -c/\lambda^2$ erhält.

Wir können also das **plancksche Strahlungsgesetz** in beiden Abhängigkeiten angeben:

$$I(\nu) = \frac{8\pi h\nu^3}{c^3} \frac{1}{e^{h\nu/kT} - 1} \qquad \text{oder} \qquad I(\lambda) = \frac{8\pi hc}{\lambda^5} \frac{1}{e^{hc/\lambda kT} - 1} \, .$$

Beide Verteilungen zeigt Bild 3.8 für die Temperaturen 1300 K und 1000 K. Die Intensität $I(\lambda)$ hat ein ausgeprägtes Maximum bei einer Wellenlänge $\lambda_{max} = 2229$ nm bei $T = 1300$ K im Infrarotbereich, langwelliger als das sichtbare Spektrum zwischen 400 und 780 nm. Mit abnehmender Temperatur wird die Verteilung flacher und das Maximum verschiebt sich zu längeren Wellenlängen.

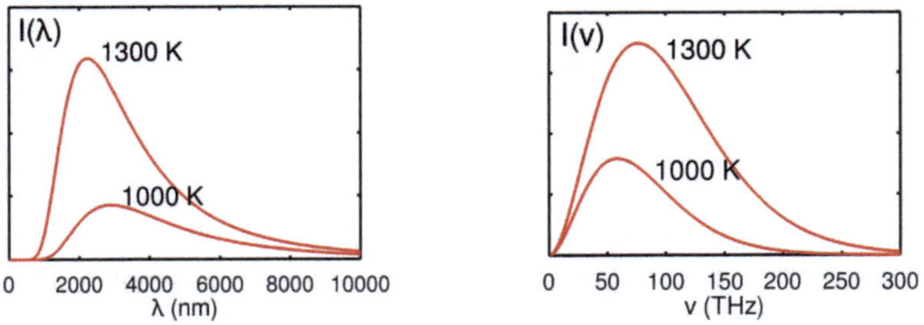

Bild 3.8 Intensität der Strahlung eines Schwarzen Körpers in Abhängigkeit von der Wellenlänge λ (links) und der Frequenz ν (rechts) für Temperaturen von 1000 und 1300 Kelvin.

Es ist interessant, dass man die Abhängigkeit der Wellenlänge λ_{max} des Intensitätsmaximums bei der Temperatur T in recht einfacher Weise bestimmen kann. Diese Herausforderung werden sich doch alle Leserinnen und Leser nicht entgehen lassen!

Das **Wiensche Verschiebungsgesetz** lautet $\lambda_{max}T = b = 2{,}898 \cdot 10^{-3}$ m K. Lässt sich das in einfacher Weise beweisen? (Antwort Seite 212)

Der oben genannte Wert $\lambda_{max} = 2229$ nm bei 1300 K erfüllt diese Beziehung. Die Formel erlaubt es dann, das Maximum für die im Bild gezeigte Verteilung für $T = 1000$ K als $\lambda_{max} = b/T = 289$ nm zu bestimmen. Auch die Werte der Strahlungsintensität der Sonne und die Abstrahlung der Erde auf Seite 134 erfüllen das Wiensche Gesetz.

Wenn man die Gültigkeit des Wienschen Verschiebungsgesetzes in der in der Aufgabe genannten Formel unterstellt, dann erlaubt es auch eine experimentelle Bestimmung der Planck-Konstante h. Dazu muss man nur die Wellenlänge λ_{max} des Intensitätsmaximums der Strahlung eines schwarzen Körpers bei einer Temperatur T bestimmen und erhält den Wert der Planck-Konstante als $h = (kx/c)\,\lambda_{max}T$ mit dem in der Lösung der obigen Aufgabe auf Seite 212 angegebenen Wert $x = 4{,}9651$ und den bekannten Werten der Lichtgeschwindigkeit c und der Boltzmann-Konstante k (siehe Seite 198).

Hier können wir noch etwas ergänzen. Wenn wir die plancksche Strahlungsformel für $I(\nu)$ über alle Frequenzen integrieren, erhalten wir die Abhängigkeit der gesamten Energiedichte von der Temperatur T. Sie ist proportional zu T^4 nach dem **Stefan-Boltzmann-Gesetz**. Das sieht man ganz einfach, wenn man in dem Integral von $I(\nu)$ über ν die Substitution $x = h\nu/kT$ vornimmt. Dann ist $\nu^3 \mathrm{d}\nu \sim T^4$.

3.3 Vierdimensionale Räume

Der Raum, in dem wir leben, ist dreidimensional. Man kann aber problemlos, jedenfalls mathematisch, auch einen vierdimensionalen Raum definieren, ja sogar höherdimensionale Räume oder gar unendlichdimensionale, und sie finden sogar viele Anwendungen. Man bezeichnet einen solchen Raum gern als einen **Hyperraum**. Aber bleiben wir zunächst einmal bescheiden bei vier Raumdimensionen. In einem solchen Raum hat ein kartesischen Koordinatensystem vier Richtungen, die alle aufeinander senkrecht stehen, und jeder Punkt wird durch vier Koordinaten beschrieben. Es ist nicht einfach, sich Objekte in einem solchen Raum vorzustellen, aber es ist mit einiger Übung möglich.

Platonische Körper & Polytopsatz in 4D

Denken wir einmal an einen Würfel im dreidimensionalen Raum mit seinen acht Ecken, sechs Seitenflächen und zwölf Kanten. Wenn wir die Flächen durchsichtig machen und den Würfel auf eine Fläche projizieren, dann können wir aus dem zweidimensionalen Projektionsbild erkennen, dass es sich um einen Würfel handelt, denn unser Gehirn ist darin geschult. Eine andere Möglichkeit besteht darin, den Würfel an einigen Kanten aufzutrennen und die Flächen dann in einer Ebene auszubreiten, wobei man noch notieren sollte, welche Kanten man bei einer Rekonstruktion des Würfels durch Auseinanderfalten zusammenkleben muss.

In gleicher Weise kann man auch mit vierdimensionalen Körpern verfahren, wie dem vierdimensionalen Würfel, auch als **Hyperwürfel** oder **Tesserakt** bekannt. Dabei ergibt sich allerdings ein Problem, denn das Projektionsbild des vierdimensionalen Äquivalents eines Würfels ist dreidimensional und wird dann in aller Regel noch ein weiteres Mal auf eine Ebene, also einen zweidimensionalen Raum projiziert, was in dem Bild 3.9 zu sehen ist.

Bild 3.9 Ein **Tesserakt**, eine Projektion eines vierdimensionalen Würfels.

Es ist besonders amüsant, dass man einen solchen **4D-Würfel mit dem 3D-Drucker** ausdrucken kann (genauer seine 3D-Projektion). Im Bild 3.9 sieht man ein Beispiel (ein Geburtstagsgeschenk meines Enkels Torge). Ein solcher Hyperwürfel hat 16 Ecken, 32 Kanten, und 24 zweidimensionale Seiten (Quadrate). Aber das ist noch nicht alles! Was könnte noch fehlen? Denken wir einmal nach! Ein zweidimensionaler Würfel (ein Quadrat) wird von vier eindimensionalen Kanten begrenzt und ein dreidimensionaler Würfel von sechs zweidimensionalen Würfeln. Also sollte ein vierdimensionaler Würfel von (vermutlich) acht dreidimensionalen Würfeln begrenzt sein, und so ist es auch. Es ist eine gute Übung, diese Randwürfel in dem Bild zu identifizieren!

In der dreidimensionalen Welt gibt es fünf **platonische Körper** (siehe Seite 72), Tetraeder, Hexaeder (Würfel), Oktaeder, Dodekaeder und Ikosaeder. Das sind Polyeder (Vielflächner), die von gleichen regelmäßigen Polygonen begrenzt sind und die nach deren Anzahl benannt werden. Ihnen entsprechen im vierdimensionalen Raum sechs sogenannte **reguläre Polytope**, begrenzt von einer Anzahl n gleicher dreidimensionaler Polyeder (Zellen). Auch sie werden nach altgriechischen Bezeichnungen für diese Anzahl bezeichnet, oder neuerdings einfach als n-Zell. Das 5-Zell nennt man auch Simplex und das 8-Zell auch Hyperwürfel. Die folgende Tabelle 3.1 liefert weitere Informationen.

Tabelle 3.1 Die sechs regulären Polytope

Name	griech. Name	Ecken	Kanten	2D-Seiten	3D-Seiten
Simplex	Pentachoron	5	10	10 Dreiecke	5 Tetraeder
Hyperwürfel	Tesserakt	16	32	24 Quadrate	8 Würfel
16-Zell	Hexadecachoron	8	24	32 Dreiecke	16 Tetraeder
24-Zell	Icositetrachoron	24	96	96 Dreiecke	24 Oktaeder
120-Zell	Hecatonicosachoron	600	1200	720 Pentagone	120 Dodekaeder
600-Zell	Hexacosichoron	120	720	1200 Dreiecke	600 Tetraeder

Einen guten Einblick in die Geschichte dieser vierdimensionalen Polytope unter besonderer Berücksichtigung der Arbeiten des Schweizer Mathematikers **Ludwig Schläfli** findet man unter **https://www.dimensions-math.org/Dim_CH3_DE.htm**. Hinweisen möchte ich auch auf die Webseite **https://www.spektrum.de/alias/120-zell-das-grosse-bastelprojekt/1587932** mit dem mutigen Versuch, mit vereinten Kräften ein 120-Zell zu basteln.

Bei Betrachtung der Tabelle drängt sich die Vermutung auf, dass es auch hier wieder duale Paare geben kann, wie bei den dreidimensionalen platonischen Polyedern (siehe Seite 75). Hier werden bei der Dualitätstransformation Ecken in dreidimensionale Seiten und Kanten in zweidimensionale Seiten abgebildet und umgekehrt. Es sind dann 8-Zell (Hyperwürfel) und 16-Zell sowie 120-Zell und 600-Zell duale Partner. 5-Zell (Simplex) und 24-Zell sind selbst-dual.

Die eulersche **Polyederformel** von Seite 73 lässt sich auch für den vierdimensionalen Raum formulieren. Dabei muss man allerdings berücksichtigen, dass es neben den E nulldimensionalen Begrenzungen (Ecken), den K eindimensionalen Kanten und den S_2 zweidimensionalen Seitenflächen jetzt auch noch S_3 dreidimensionale Polyeder-Seiten gibt. Man kann dann zeigen, dass gilt

$$E - K + S_2 - S_3 = 0\,,$$

was wir als vierdimensionale **Polytopformel** bezeichnen. Für die regulären Polytope kann (und sollte!) man dies anhand der Tabelle nachprüfen, aber die Formel gilt auch hier wieder für alle konvexen vierdimensionalen Polytope.

Es ist sicher aufgefallen, dass in der eulerschen Polytopformel der neu hinzukommende Term S_3 ein negatives Vorzeichen hat, genau wie die Anzahl K der Kanten. Das lässt sich motivieren durch die Invarianz der Formel gegenüber Verfeinerungen durch einen Einbau zusätzlicher Ecken, Kanten und so weiter, wie wir es beispielsweise auf Seite 73 durchgeführt hatten. Dabei werden die neu hinzugezählten Objekte gerader Dimension durch die ungerader Dimension kompensiert. Man man erhält dann eine Formel für n-dimensionale konvexe Polytope, die man schreiben kann als

$$N_0 - N_1 + N_2 - N_3 + \ldots + (-1)^{n-1} N_{n-1} = 1 - (-1)^n\,,$$

wobei N_j die Anzahl der auftretenden Begrenzungspolytope j-ter Dimension ist.

Der Phasenraum der klassischen Mechanik

Doch zurück zur Physik. Nach unserem Ausflug in die Quantenwelt sind wir in diesem Abschnitt wieder auf einem (vermeintlich) bekannten Terrain, denn wir beschäftigen uns mit der simplen klassischen Dynamik, die wir schon in einer Reihe von Beispielen kennengelernt haben. Wir betrachten ein klassisches Teilchen, das sich ohne Reibung und ohne äußeren Antrieb bewegt. Wir hatten schon gesehen, dass sich seine

Bewegungsgleichungen aus dem hamiltonschen Prinzip herleiten lassen, also aus einem Prinzip extremaler Wirkung. Wir wollen das hier nicht durchführen, sondern wir notieren nur das einfache Resultat, und zwar zunächst nur für einen einzigen Freiheitsgrad. Wir nennen die einzige Systemkoordinate x und definieren dazu eine Impulsvariable p. Wenn das Teilchen eine kinetische Energie T besitzt und eine potentielle Energie V, dann definieren wir durch

$H(p,x) = T(p,x) + V(p,x)$ die **Hamilton-Funktion**,

die wir schon im ersten Kapitel kennengelernt haben. Die Differentialgleichungen, die das Zeitverhalten des Systems bestimmen, die hamiltonschen Gleichungen von Seite 41, sind gleich

$$\dot{x} = \frac{\mathrm{d}x}{\mathrm{d}t} = \frac{\partial H}{\partial p}, \quad \dot{p} = \frac{\mathrm{d}p}{\mathrm{d}t} = -\frac{\partial H}{\partial x}.$$

Das sieht doch wirklich einfach aus! Versuchen wir einen Test. Für ein Teilchen der Masse m im Schwerefeld (siehe Seite 61) ist die kinetische Energie gleich $T = p^2/2m$ (wenn man das nicht weiß, muss man es zunächst glauben), aber die potentielle Energie $V = mgx$ kennen wir, wenn wir unsere vertraute z-Koordinate für die Höhe in x umbenennen. Mit der Hamilton-Funktion $H(p,x) = T + V = p^2/2m + mgx$ lauten die hamiltonschen Gleichungen $\dot{x} = p/m$ und $\dot{p} = -mg$. Daraus erhalten wir durch Ableiten von $p = m\dot{x}$ nach der Zeit $\dot{p} = m\ddot{x} = -mg$, also die bekannte Bewegungsgleichung $\ddot{x} = -g$ von Seite 61.

Die Hamilton-Funktion $H = T + V$ hat zwei wichtige Eigenschaften: Erstens erzeugt sie die Zeitdynamik des Systems und zweitens ist ihr Wert gleich der Gesamtenergie $H = T + V = E$. Da die Hamilton-Funktion hier nicht explizit von der Zeit abhängt, ist die Energie konstant, also eine **Erhaltungsgröße**, was wir aus der Aufgabe auf Seite 41 wissen.

Den Raum, der durch die Koordinaten und Impulse aufgespannt wird, nennt man den **Phasenraum** des Systems und eine Bahn in diesem Raum, also eine Lösung der Bewegungsgleichungen, heißt **Phasenbahn**.

Wenn wir mehrere Freiheitsgrade haben, dann gelten die hamiltonschen Gleichungen für jede Orts- und Impulskomponente. Für zwei Freiheitsgrade mit Koordinaten x, y und Impulsen p_x, p_y mit der Hamilton-Funktion $H(p_x,p_y,x,y)$ lauten sie

$$\dot{x} = \frac{\partial H}{\partial p_x}, \quad \dot{p}_x = -\frac{\partial H}{\partial x}, \quad \dot{y} = \frac{\partial H}{\partial p_y}, \quad \dot{p}_y = -\frac{\partial H}{\partial y}.$$

Der Phasenraum ist also vierdimensional und eine Phasenbahn bleibt immer auf einer dreidimensionalen **Mannigfaltigkeit**, auf der **Energieschale** $H(p_x,p_y,x,y) = E$. Sie gleicht lokal, also in jedem ihrer Punkte, einem euklidischen Raum und hat oft die Topologie einer Kugelfläche.

Wir wollen speziell ein System betrachten, das die Bewegung einer Masse m in einem zweidimensionalen Potential $V(x,y)$ beschreibt mit der Hamilton-Funktion

$$H(p_x,p_y,x,y) = \frac{p_x^2}{2m} + \frac{p_y^2}{2m} + V(x,y)\,.$$

Dabei wollen wir annehmen, dass das Potential das Teilchen bindet, dass also die Potentialfunktion $V(x,y)$ nach allen Seiten soweit ansteigt, dass das Teilchen immer im Endlichen bleibt. Im ersten Kapitel haben wir mit den Billards schon solche Systeme kennengelernt, aber dort haben wir die Dynamik schnell auf die Betrachtung der Randstöße reduziert.

Betrachten wir zunächst den Fall einer potentiellen Energie $V(x,y) = V(x^2 + y^2)$, die also rotationssymmetrisch ist und nur vom radialen Abstand vom Nullpunkt abhängt. Dann gibt es neben der Energie noch eine weitere Erhaltungsgröße, nämlich den **Drehimpuls** $L = xp_y - yp_x$. Die Drehimpulserhaltung ist eine Folge der Rotationssymmetrie der potentiellen Energie, und wir wollen sie kurz beweisen:

Die hamiltonschen Gleichungen sind mit $u = x^2 + y^2$ und $V = V(u)$ gleich

$$\dot{x} = \frac{p_x}{m}\,,\quad \dot{y} = \frac{p_y}{m}\,,\quad \dot{p}_x = -\frac{\partial V}{\partial x} = -\frac{dV}{du}\frac{\partial u}{\partial x} = -2x\frac{dV}{du}\,,\quad \dot{p}_y = -\frac{\partial V}{\partial y} = -2y\frac{dV}{du}\,,$$

und damit erhalten wir das gewünschte Ergebnis, denn die Zeitableitung des Drehimpulses ist gleich null:

$$\dot{L} = \dot{x}p_y + x\dot{p}_y - \dot{y}p_x - y\dot{p}_x = \frac{p_x}{m}p_y - 2xy\frac{dV}{du} - \frac{p_y}{m}p_x + 2xy\frac{dV}{du} = 0\,.$$

Die Bewegung des Teilchens ist also durch *zwei* Bedingungen eingeschränkt, die Erhaltung von Energie und Drehimpuls, und die Phasenbahn verläuft dann auf einer zweidimensionalen Mannigfaltigkeit. Man kann zeigen, dass sie die Struktur eines Torus hat (ein Theorem von Liouville und Arnold). Hier verstehen wir unter dem Begriff „Torus“ nur seine Oberfläche. Eine Bahn bleibt für alle Zeiten auf diesem Torus, er ist unter der Zeitentwicklung invariant und heißt daher auch **invarianter Torus**.

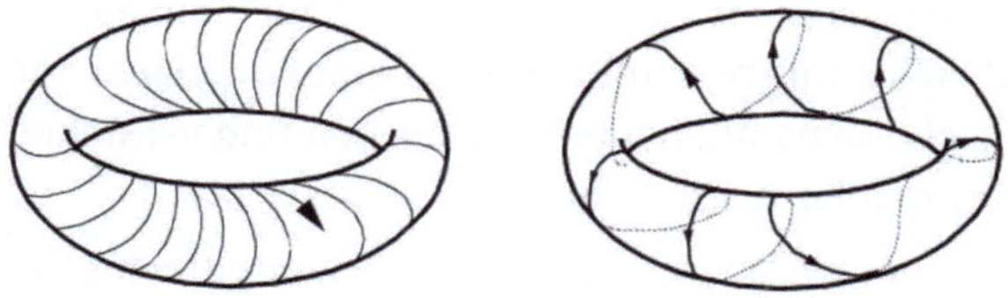

Bild 3.10 Invarianter Torus mit einer typischen Bahn, die sich nicht schließt, (links) und einer periodischen Bahn (rechts).

Unser hamiltonsches System mit zwei Freiheitsgraden und zwei unabhängigen Erhaltungsgrößen heißt auch **integrables System**. Für ein solches System ist der gesamte vierdimensionale Phasenraum dicht durch solche invarianten Tori ausgefüllt oder „geblättert“, und jede Bahn bleibt immer auf einem solchen Torus. Er kann charakterisiert werden durch zwei Frequenzen ω_1 und ω_2 für die Windung um den kleinen bzw. den großen Torusumlauf (vgl. Bild 2.21 auf Seite 99). Im Normalfall ist das Frequenzverhältnis ω_1/ω_2 irrational, denn die Menge der rationalen Zahlen ist abzählbar und damit innerhalb der reellen Zahlen vom Maß null. Die Bahn windet sich für alle Zeiten um den Torus, bis sie ihn schließlich ganz ausfüllt (linkes Bild 3.10). Bei einem rationalen Frequenzverhältnis jedoch ist jede Bahn periodisch (rechtes Bild 3.10). (Die Tori müssen natürlich nicht die Rettungsring-Form wie auf den Bildern haben, sondern liegen verformt im vierdimensionalen Phasenraum.)

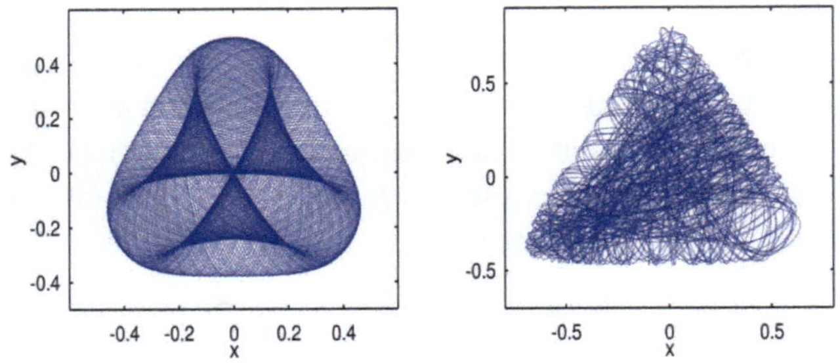

Bild 3.11 Reguläre (links) und chaotische Bahn (rechts) im Hénon-Heiles-System.

Wir betrachten jetzt ein Beispiel *ohne* eine kontinuierliche Rotationssymmetrie, die Bewegung einer Masse $m = 1$ für das Potential

$$V(x,y) = \frac{1}{2}\left(x^2 + y^2\right) + x^2 y - \frac{1}{3}\, y^3 \,.$$

Es ist bekannt unter dem Namen **Hénon-Heiles-System** und zeigt viele Eigenschaften, die für zweidimensionale Systeme typisch sind, und von denen wir uns einen ersten Eindruck verschaffen wollen.[1] Das linke Bild 3.11 zeigt eine Bahn im Ortsraum für eine Energie $E = 0{,}1$ mit den Anfangsbedingungen $x = y = 0$ und $p_y = 0{,}4$, das rechte für $E = 0{,}15$ und $x = y = 0$, $p_y = 0{,}2$. Dabei werden die Anfangswerte $p_x > 0$ jeweils aus dem Energiesatz berechnet. Die dargestellten Bahnen erstrecken sich über ein endliches Zeitintervall. Was sind die Unterschiede? Die Bahn im linken Bild zeigt eine geordnete Struktur mit einer dreizähligen Symmetrie, denn das Potential ist symmetrisch bei Drehungen um 120°. Diese diskrete Potentialsymmetrie ist auch im rechten Bild zu bemerken, aber nur weil Potentialbereiche mit $V(x,y) > E$ nicht erreichbar sind. Ansonsten ist die Bahn selbst völlig unregelmäßig, sie erscheint **chaotisch**. Aber wie können wir eine solche chaotische Dynamik näher untersuchen und verstehen? Dazu gibt es ein geniales Hilfsmittel, den **Poincaré-Schnitt**.

Wir betrachten dazu eine zweidimensionale Schnittebene durch den vierdimensionalen Phasenraum, zum Beispiel die (y,p_y)-Ebene bei $x = 0$. Dann liegt in jedem Punkt

1 Wir verwenden dazu numerische Ergebnisse aus dem Buch H. J. Korsch, *Numerische Physik mit Octave und Matlab*, Carl Hanser Verlag 2022.

der Schnittebene wegen der Energieerhaltung der Impuls p_x fest als

$$p_x = \pm\sqrt{2m(E - V(0,y)) - p_y^2}\ ,$$

bis auf das Vorzeichen, das wir wählen können. Jetzt berechnen wir durch Lösen der hamiltonschen Gleichungen eine Bahn im Phasenraum und notieren davon *nur* die Durchstoßpunkte durch unsere Schnittfläche mit dem gewählten Vorzeichen von p_x. Das liefert eine Folge von Punkten $(y_n, p_{y\,n})$, $n = 0, 1, 2, \ldots$ in der Schnittfläche, die wir dann plotten können.

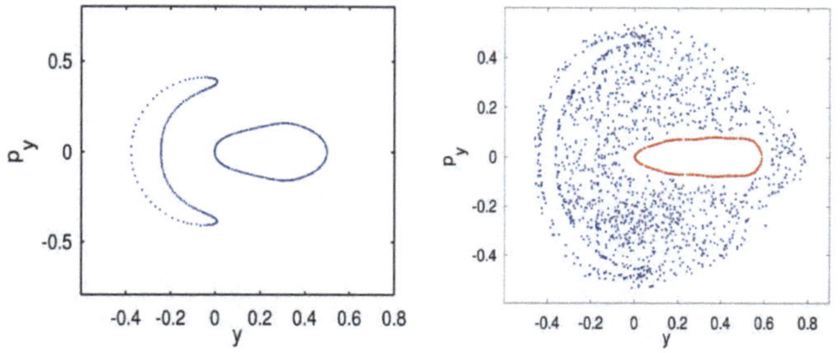

Bild 3.12 Poincaré-Schnitte der Bahnen aus Bild 3.11.

Das linke Bild 3.12 zeigt die Bahnpunkte in einem solchen Poincaré-Schnitt für die im linken Bild 3.11 gezeigte reguläre Bahn mit $E = 0{,}1$. Die einzelnen Punkte organisieren sich längs zweier Kurven, die sich interpretieren lassen als Durchstoßkurven eines invarianten Torus durch die Schnittebene. Wir nennen eine solche Bahn **regulär**. Das rechte Bild zeigt den Poincaré-Schnitt der chaotischen Bahn aus dem obigen rechten Bild für $E = 0{,}15$ mit den Anfangsbedingungen $x = y = 0$ und $p_y = 0{,}2$. (Für die linke Bahnkurve wurde $p_x > 0$ gewählt, für die rechte $p_x < 0$.) Hier ergeben sich viele Schnittpunkte, die mehr und mehr einen flächigen Bereich überdecken. Es bilden sich aber darin auch inselartige freie Flächen aus. Um die Dynamik innerhalb einer solchen Insel zu untersuchen, wurde in der großen Insel rechts eine weitere Bahn gestartet, deren Schnittpunkte sich hier offensichtlich wieder längs einer Kurve organisieren, der Durchstoß eines invarianten Torus durch die Schnittfläche. Diese Bahn ist also regulär. Es sind noch mehr solche regulären Bahnen zu finden und man spricht von „regulären Inseln in einem chaotischen See“.

Jetzt sind wir wahrscheinlich begierig darauf, die Phasenraumdynamik näher zu erforschen. Dazu können wir weitere Bahnen starten mit anderen Anfangswerten y und p_y in der Schnittebene, aber mit gleicher Energie. Wenn man das durchführt, erhält man einen Poincaré-Schnitt wie im Bild 3.13 links für $E = 0{,}1$. Man erkennt reguläre Bahnen, die eindimensionale Kurven füllen, und schmale Bereiche, in denen eine einzige chaotische Bahn eine Fläche füllt. Wenn wir die Energie erhöhen, vergrößern sich die chaotischen Bereiche, wie wir es im Bild weiter oben für $E = 0{,}15$ gesehen haben. Erniedrigen wir die Energie, so verkleinern sie sich, wie das rechte Bild für $E = 0{,}08$ zeigt.

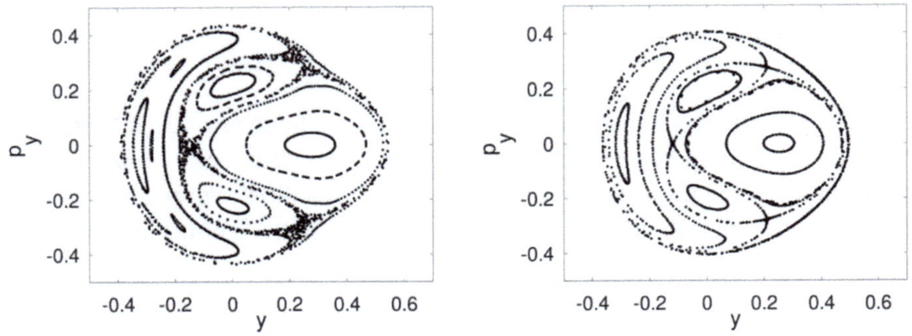

Bild 3.13 Poincaré-Schnitte für mehrere Bahnen mit der Energie $E = 0{,}1$ (links) und $E = 0{,}08$ (rechts).

Natürlich ist es interessant, diese Strukturen genauer zu erforschen und herauszufinden, an welchen Punkten sich das Chaos zuerst ausbreitet, welche Eigenschaften eine solche chaotische Bahn auszeichnet, was sich in den Zentren der Inseln befindet und vieles mehr. Aber dazu verweisen wir auf die reichhaltige(!) Literatur zur chaotischen Dynamik. Hier wollen wir zum Abschluss nur noch auf die wohl wichtigste Erkenntnis auf diesem Gebiet hinweisen:

Das **Kolmogorow-Arnold-Moser-Theorem**, kurz **KAM-Theorem**, macht eine Aussage über das Verhalten eines Systems mit zwei Freiheitsgraden, beschrieben durch die Hamilton-Funktion H_0, mit zwei Erhaltungsgrößen unter der Störung H_1. Dazu betrachten wir die Hamilton-Funktion $H_0 + \epsilon H_1$ mit einem reellen Parameter ϵ.

Für $\epsilon = 0$ ist das System integrabel und der gesamte Phasenraum ist geblättert in Tori, die jeweils durch zwei Frequenzen ω_1 und ω_2 charakterisiert sind, wie auf Seite 154 beschrieben. Wir wählen die Bezeichnungen so, dass $\omega_1 \leq \omega_2$ gilt. Wenn wir jetzt die Störung aufdrehen, also ϵ vergrößern, dann existiert für eine typische Störung die zweite Erhaltungsgröße neben der Energie nicht mehr, auf der die Existenz der invarianten Tori beruht. Überraschenderweise zeigt das KAM-Theorem, dass trotzdem die meisten Tori bei der Störung überleben, genauer diejenigen, deren Frequenzverhältnis „hinreichend irrational" ist. Das muss natürlich genauer erklärt werden.

Die rationalen Zahlen im Intervall $[0{,}1]$ sind das Verhältnis zweier natürlicher Zahlen, nennen wir sie hier r und s mit $r \leq s$ und wählen sie teilerfremd. Dann überleben

$$\text{alle Tori mit} \quad \left|\frac{\omega_1}{\omega_2} - \frac{r}{s}\right| > \frac{K(\epsilon)}{s^{5/2}}, \quad \text{sogenannte KAM-Tori},$$

wobei die Konstante $K(\epsilon)$ mit ϵ gegen null geht. Tori, die diese Ungleichung nicht erfüllen, werden in der Regel zerstört. Das sind zunächst einmal alle mit einem rationalen Frequenzverhältnis $\omega_1/\omega_2 = r/s$ und mit ihnen jeweils ein Intervall, dessen Länge $2K(\epsilon)/s^{5/2}$ mit wachsendem Nenner schnell kleiner wird.

Bei einer weiteren Vergrößerung von ϵ werden mehr und mehr Tori zerstört und der letzte überlebende Torus wird der sein, dessen Frequenzverhältnis sich am schlechtesten durch rationale Zahlen approximieren lässt. Zur Erinnerung: die rationalen Zahlen liegen dicht in den reellen, also gibt es in jeder noch so kleinen Nachbarschaft einer reellen Zahl nicht nur eine, sondern unendlich viele rationale Zahlen. Klarerweise wird der Nenner der approximierenden Zahlen immer größer, je genauer die Approximation werden soll.

Aber wie findet man die besten Approximationen mit möglichst kleinen Nennern? Da hilft uns das Folgende: Jede irrationale Zahl x lässt sich als (regulärer) **Kettenbruch** mit der ganzen Zahl a_0 und den natürlichen Zahlen a_1, a_2, ... darstellen als

$$x = a_0 + \cfrac{1}{a_1 + \cfrac{1}{a_2 + \cfrac{1}{a_3 + \dots}}}, \quad \text{wie zum Beispiel} \quad x = \sqrt{2} = 1 + \cfrac{1}{2 + \cfrac{1}{2 + \cfrac{1}{2 + \dots}}}.$$

Bricht man diese Kettenbruchentwicklung ab, erhält man eine rationale Zahl, und man kann zeigen, dass dies die **beste rationale Approximation** für x ergibt. Als ein Beispiel betrachten wir den Kettenbruch für $x = \sqrt{2}$, wobei wir uns vorher vergewissern wollen, dass er wirklich diese Wurzel darstellt. Kurzes Nachdenken bestätigt hoffentlich, dass man die oben angegebene Kettenbruchentwicklung auch schreiben kann als $x = 1 + 1/(1 + x)$. Daraus folgt $x(1 + x) = 1 + x + 1 = 2 + x \implies x^2 = 2$ oder $x = \sqrt{2}$. Für eine abgebrochene Entwicklung erhält man die Näherungen von $\sqrt{2} = 1{,}4142\dots$ als $1 + 1/2 = 3/2 = 1{,}5$ oder, eine Stufe weiter, $1 + 1/(2 + 1/2) = 7/5 = 1{,}4$ oder, noch eine Stufe weiter, $1 + 1/(2 + 1/(2 + 1/2)) = 17/12 = 1{,}4167$ usw.

Die Kettenbruchentwicklung liefert also eine Folge rationaler Näherungen für eine Zahl x, und ihre Konvergenzrate ist ein Maß für die „Irrationalität" von x. Da die Konvergenz besser wird für größere a_j, ergibt sich die schlechteste Konvergenz, wenn alle a_j den kleinstmöglichen Wert annehmen, nämlich $a_j = 1$ für alle $j \geq 1$. Da wir eine Zahl im Einheitsintervall suchen, wählen wir $a_0 = 0$ und erhalten dann

$$x = \cfrac{1}{1 + \cfrac{1}{1 + \cfrac{1}{1 + \dots}}}, \quad \text{woraus folgt} \quad x = \frac{1}{1 + x} \implies x = \frac{\sqrt{5} - 1}{2} = 0{,}61803\dots.$$

Dies ist die „irrationalste" Zahl zwischen 0 und 1. Sie und ihre Kollegin $x + 1 = (\sqrt{5} + 1)/2$ sind bekannt unter dem Namen **goldener Schnitt**. Der KAM-Torus mit diesem Frequenzverhältnis ist in den meisten Fällen der letzte überlebende Torus bei anwachsender Störung und wird daher auch als „goldener KAM-Torus" bezeichnet.

Das oben betrachtete Beispiel eines chaotischen Systems hat einen etwas abstrakten Charakter, aber es gibt viele Systeme, die anschaulicher, aber leider mathematisch nicht so einfach zugänglich sind. Ein beliebtes Modell ist das **Doppelpendel**, eine Masse an einer Pendelstange, an der ein zweites Pendel so aufgehängt ist, dass das gesamte System in einer vertikalen Ebene schwingen kann. Dies lässt sich leicht experimentell realisieren und erlaubt viele Demonstrationen chaotischer Dynamik.

Nach dieser Abschweifung zur doch nicht so ganz einfachen klassischen Bewegung im vierdimensionalen Phasenraum soll es etwas ruhiger zugehen, obwohl wir dabei SEHR große Geschwindigkeiten in Betracht ziehen.

3.4 Die Raumzeit

Unsere Welt wird meistens als dreidimensional betrachtet, als ein großer unendlicher(?) euklidischer(?) Raum, in dem eine Zeit unerbittlich in Richtung Zukunft abläuft. Aber wir wissen inzwischen, dass das nicht stimmt. Diese Vorstellung eines absoluten Raums und einer absoluten Zeit ist unvereinbar mit der Tatsache, dass die Geschwindigkeit c des Lichts im Vakuum in *jedem* System gleich groß ist, unabhängig davon, wie schnell sich das System selbst bewegt. Um dies korrekt zu beschreiben, musste unser Weltbild korrigiert werden und wurde ersetzt durch eine vierdimensionale Raumzeit, in der die Zeit als eine weitere Koordinate erscheint, allerdings nicht in genau der gleichen Weise wie die Raumkoordinaten.

Die flache Raumzeit

Die **spezielle Relativitätstheorie** (kurz SRT) ist heute schon (fast) Allgemeingut, aber wir wollen uns trotzdem noch einmal ihre Grundlagen ansehen. Worum geht es da überhaupt? Betrachten wir einfache Systeme, in denen jeder kräftefreie Körper in Ruhe bleibt oder sich mit konstanter Geschwindigkeit bewegt (man nennt sie **Inertialsysteme**), dann müssen alle Gesetze der Physik in jedem dieser Systeme dieselbe Form haben. Zwei solche Systeme bewegen sich dann mit konstanter Relativgeschwindigkeit v zueinander und, wenn wir unsere kartesischen Koordinatensysteme in beiden Systemen so legen, dass beide x-Koordinaten in Richtung der Relativgeschwindigkeit zeigen, dann sollte man annehmen, dass zwischen den Zeiten und Koordinaten in beiden Systemen die Beziehung

$$t' = t\,, \quad x' = x - vt\,, \quad y' = y\,, \quad z' = z$$

besteht. Diese **Galilei-Transformation** stimmt zwar mit unseren Erfahrungen im Alltagsleben überein, beispielsweise besteht zwischen den Geschwindigkeiten eines Objekts in beiden Systemen die einleuchtende Beziehung $\Delta x'/\Delta t' = \Delta x/\Delta t - v$, ist aber letztlich falsch, denn man stellt leider(?) fest, dass das Licht in allen diesen Systemen die *gleiche* Geschwindigkeit $c = 299792458\,\text{m/s}$ hat und nicht etwa $c' = c - v$. Also muss man die Transformationsgleichung zwischen den Systemen modifizieren. Dabei stellt sich heraus, dass dies nicht möglich ist, wenn man an der gleichen Zeit $t' = t$ festhält. Das war die wesentlich neue Einsicht: Es existiert keine universelle Zeit!

Wie das in der Physik üblich ist, versucht man dann einen linearen Ansatz und bestimmt die Koeffizienten so, dass die Lichtgeschwindigkeit in beiden Systemen gleich bleibt. Das Resultat ist

$$t' = \gamma\left(t - \beta\frac{x}{c}\right), \quad x' = \gamma\left(x - vt\right), \quad y' = y, \quad z' = z \quad \text{mit } \beta = \frac{v}{c}, \quad \gamma = \frac{1}{\sqrt{1-\beta^2}},$$

die **Lorentz-Transformation**. Im Grenzfall kleiner Geschwindigkeit v geht β gegen null und γ gegen eins, und wir erhalten wieder unsere vertrauten Beziehungen der Galilei-Transformation. Unter der Lorentz-Transformation sind die physikalischen Gesetze unveränderlich, sie sind *invariant*.

Wir sollten uns noch kurz ansehen, in welcher Beziehung die Geschwindigkeiten stehen. Das erledigt eine kleine Umformung:

$$\frac{\Delta x'}{\Delta t'} = \frac{\gamma(\Delta x - v\Delta t)}{\gamma(\Delta t - \beta\Delta x/c)} = \frac{\Delta x/\Delta t - v}{1 - (\beta/c)\Delta x/\Delta t}.$$

Wenn die Geschwindigkeit gleich der Lichtgeschwindigkeit ist, $\Delta x/\Delta t = c$, dann sehen wir, dass sie erhalten bleibt:

$$\frac{\Delta x'}{\Delta t'} = \frac{c - v}{1 - (\beta/c)c} == \frac{c - v}{1 - \beta} = \frac{c - v}{1 - v/c} = \frac{c - v}{c - v}c = c.$$

Auch kann (und sollte!) man sich davon überzeugen, dass $\Delta x'/\Delta t'$ immer kleiner ist als c, falls $\Delta x/\Delta t$ es ist.

Durch die vier Koordinaten ct, x, y und z wird ein vierdimensionaler Raum aufgespannt, dabei wird die Zeit mit dem Faktor c multipliziert, damit alle Koordinaten die Dimension einer Länge haben. Man nennt den Punkt (ct,x,y,z) ein **Ereignis** in dem **Ereignisraum**, der auch als **Raumzeit** oder als **Minkowski-Raum** bezeichnet wird.

Jetzt kommt es zu einer Besonderheit, denn man definiert den **Abstand** s_{12} zweier Ereignisse (ct_1,x_1,y_1,z_1) und (ct_2,x_2,y_2,z_2) durch

$$s_{12}^2 = -(ct_1 - ct_2)^2 + (x_1 - x_2)^2 + (y_1 - y_2)^2 + (z_1 - z_2)^2.$$

Dabei überrascht das negative Vorzeichen[2)]! Es hat aber die angenehme Konsequenz, dass der Abstand der beiden Ereignisse für einen bewegten Beobachter den gleichen Wert hat!

Die Invarianz des relativistischen Abstands bei einer Lorentz-Transformation zeigt man durch eine kleine Rechnung. (Antwort Seite 213)

---

2 Man findet in der Literatur auch eine alternative Abstandsdefinition mit umgekehrten Vorzeichen.

Der Abstand ist also eine **Lorentz-Invariante**, genau wie der Abstand ds zwischen infinitesimal benachbarten Ereignissen

$$\mathrm{d}s^2 = -c^2\mathrm{d}t^2 + \mathrm{d}x^2 + \mathrm{d}y^2 + \mathrm{d}z^2 = g_{00}\,\mathrm{d}x_0^2 + g_{11}\,\mathrm{d}x_1^2 + g_{22}\,\mathrm{d}x_2^2 + g_{33}\,\mathrm{d}x_3^2$$

mit $x_0 = ct$, $x_1 = x$, $x_2 = y$, $x_3 = z$ und der

Minkowski-Metrik $\quad g_{00} = -1\,,\quad g_{11} = g_{22} = g_{33} = 1\,.$

Diese metrischen Koeffizienten sind unabhängig von den Koordinaten. Daher ist die Raumzeit der SRT trotz des unterschiedlichen Vorzeichens flach (vgl. die Bemerkung auf Seite 103). Anstelle des Linienelements ds verwendet man oft auch das Element dτ der **Eigenzeit**, definiert durch $\mathrm{d}s^2 = -c^2\mathrm{d}\tau^2$.

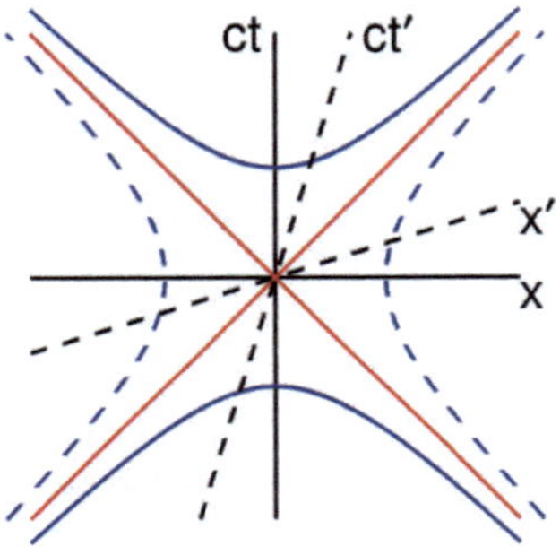

Bild 3.14 Raumzeit-Ebene für eine Relativbewegung in x-Richtung im ruhenden und bewegten System. Auf den Hyperbeln ist Δs^2 konstant positiv (gestrichelt) oder negativ (durchgezogen).

Punkte, also Ereignisse in der Raumzeit, deren Abstand $\Delta s^2 = -c^2t^2 + x^2$ von einem gegebenen Punkt (hier der Koordinatennullpunkt) negativ ist, bezeichnet man als **zeitartig**, Punkte mit positvem Abstand als **raumartig** und solche mit Abstand Δs gleich null als **lichtartig**. Die lichtartigen Punkte liegen hier in unserem Bild 3.14 mit nur einer Raumdimension auf zwei Geraden $ct = \pm x$. In zwei (und mehr) Raumdimensionen wäre das ein Doppelkegel, der **Lichtkegel**. Im Inneren des Lichtkegels ($|x| < |ct|$) liegen die zeitartigen, im äußeren ($|x| > |ct|$) die raumartigen Ereignisse. Der raumartige Bereich der Ereignisse ist zusammenhängend, der zeitartige zerfällt in einen Zukunftslichtkegel und einen Vergangenheitslichtkegel, die sich nur in einem Punkt treffen, der Gegenwart. Für raumartige Ereignisse kann man immer ein Inertialsystem finden, in dem sie gleichzeitig sind, für zeitartige eines, in dem sie am gleichen Ort stattfinden. Das Bild illustriert auch die Lorentz-Transformation für eine Relativbewegung in x-Richtung, wobei die Koordinaten ct' und x' im bewegten System durch die Gleichungen

$$ct' = \gamma(t - \beta x)\,,\quad x' = \gamma(x - vt)$$

gegeben sind, dargestellt durch die gestrichelten Linien.

Aus diesen Gleichungen ergeben sich alle die bekannten relativistischen Phänomene, wie Längenkontraktion (bewegte Objekte schrumpfen), Zeitdilatation (bewegte Uhren gehen langsamer) und die berühmte Formel $E = mc^2$ für die Beziehung zwischen Gesamtenergie und relativistischer Masse. Mehr darüber findet man bei Wikipedia unter **Spezielle Relativitätstheorie.** Die SRT ist gültig, wenn der Einfluss der Gravitation vernachlässigt werden kann. Ist das nicht der Fall, dann muss man die Raumkrümmung durch die Gravitation berücksichtigen. Das versuchen wir im folgenden Abschnitt.

Die gekrümmte Raumzeit

Die **spezielle Relativitätstheorie** (SRT) veränderte grundlegend unsere Vorstellung von Raum und Zeit. Allerdings blieben noch viele Fragen offen, die erst durch die **allgemeine Relativitätstheorie** (kurz ART) weitgehend geklärt werden konnten. Dabei wurde die Gravitation durch eine Krümmung der vierdimensionalen Raumzeit erklärt. Die Materie krümmt den sie umgebenden Raum und die Raumzeitkrümmung wiederum beeinflusst die Bewegung der Materie. Eine spezielle Gravitationskraft entfällt dann, und bei einer sonst kräftefreien Bewegung folgt die Bahn, die „Weltlinie“, einer Geodäte in der Raumzeit.

Das Ganze wird mathematisch beschrieben durch die **einsteinschen Feldgleichungen**, ein System von tensoriellen Differentialgleichungen, die die Kopplung zwischen Materie und gekrümmter Raumzeit beschreiben. Näher auf diese Gleichungen einzugehen soll im Rahmen dieses Buches nicht einmal ansatzweise versucht werden.

Wir betrachten als einfachstes Beispiel die Metrik in der Umgebung einer Punktmasse M und verwenden für die Raumkoordinaten sphärische Polarkoordinaten r, ϑ, φ, wobei wir den Nullpunkt in den Massenpunkt legen. Im flachen Raum ist die Metrik durch $\mathrm{d}s^2 = -c^2\mathrm{d}t^2 + \mathrm{d}r^2 + r^2\,\mathrm{d}\vartheta^2 + r^2\sin^2\vartheta\,\mathrm{d}\varphi^2$ gegeben. Wie muss die Metrik jetzt verändert werden? Wegen der Rotationssymmetrie sind in den $\mathrm{d}\vartheta$- und $\mathrm{d}\varphi$-Termen keine Änderungen zu erwarten, wohl aber in den Zeit- und Radialkomponenten. Es ergibt sich dann

$$\mathrm{d}s^2 = -\left(1-\frac{r_s}{r}\right)c^2\mathrm{d}t^2 + \left(1-\frac{r_s}{r}\right)^{-1}\mathrm{d}r^2 + r^2\,\mathrm{d}\vartheta^2 + r^2\sin^2\vartheta\,\mathrm{d}\varphi^2 \quad \text{mit} \quad r_s = \frac{2GM}{c^2}$$

mit der Gravitationskonstante G. Das ist die **Schwarzschild-Metrik**, benannt nach Karl Schwarzschild, der sie schon 1915/16 als Lösung der einsteinschen Feldgleichungen hergeleitet hatte. Die Größe r_s ist der **Schwarzschild-Radius**, auch als **Ereignishorizont** bezeichnet. Für große Werte von r geht die Metrik gegen die der flachen Raumzeit. Wir werden in dem folgenden Abschnitt über schwarze Löcher noch mehr über die Bedeutung des Schwarzschild-Radius hören, aber zunächst betrachten wir einige Auswirkungen dieser Metrik.

(1) Raumkrümmung: Beginnen wir mit der **Krümmung** des Raums. Wir halten die Zeit fest und bleiben in der Äquatorialebene. Dann haben wir nur zwei Variable, den Abstand r vom Zentrum und den Längengrad φ, sind also auf vertrautem Gebiet und können dann die gaußsche Krümmung K (siehe Seite 100) berechnen. Versuchen wir es zunächst mit der Technik des intelligenten Ratens. Wir unterstellen eine möglichst einfache Abhängigkeit von den verfügbaren Größen. Die Krümmung wird hervorgerufen von der Masse M, also vermuten wir eine direkte Proportionalität $K \sim M$. Die Krümmung K hat die Dimension Länge^{-2} und kann nur noch abhängig sein von der Gravitationskonstante G (Dimension $\mathrm{m^3kg^{-1}s^{-2}}$) und der Lichtgeschwindigkeit c (Dimension $\mathrm{ms^{-1}}$). Wir versuchen einen Ansatz als Potenzgesetz, $K \sim MG^{\ell}c^m r^n$. Als einzige Möglichkeit ergibt das $\ell = 1$, $m = -2$ und $n = -3$, also

$$K = -\frac{GM}{c^2r^3} = -\frac{r_s}{2r^3} \quad \text{mit} \quad K \to 0 \quad \text{für} \quad r \to \infty \quad \text{oder} \quad c \to \infty\,,$$

wobei wir den gewählten Proportionalitätsfaktor -1 allerdings noch begründen müssten. Eine direkte Berechnung bestätigt diese Formel:

Mit $\vartheta = \pi/2$ ist $\mathrm{d}s^2 = f(r)\,\mathrm{d}r^2 + r^2\,\mathrm{d}\varphi^2$ mit $f(r) = (1 - r_s/r)^{-1}$, und man kann daraus mit der Formel von Seite 103 die gaußsche Krümmung K bestimmen. Wir erhalten dann mit $x_1 = r$, $x_2 = \varphi$ und $g_{11} = f(r)$, $g_{22} = r^2$

$$K = \frac{1}{4r^2f}\Big(-4 + \frac{2rf'}{f} + \frac{4r^2}{r^2}\Big) = \frac{f'}{2rf^2} = -\frac{r_s}{2r^3} = -\frac{GM}{c^2r^3}$$
$$\text{mit} \quad f'(r) = -\big(1 - \frac{r_s}{r}\big)^{-2}\frac{r_s}{r^2} = -f^2\frac{r_s}{r^2}\,.$$

Das Ergebnis bestätigt unsere „geratene“ Formel.

Es ist auch möglich, die gekrümmte Raumzeit mit einer Schwarzschild-Metrik „von außen“ zu betrachten, genau wie man einen Eindruck von der gekrümmten Kugeloberfläche gewinnt, wenn man sie in den dreidimensionalen Raum einbettet. Wir erweitern also unsere vierdimensionale Raumzeit zu einem fünfdimensionalen Raum mit einer zusätzlichen Koordinate w. Dann betrachten wir einen Schnitt bei fester Zeit t in einer Äquatorialebene, sodass wir uns wieder in einem vertrauten dreidimensionalen euklidischen Raum befinden mit den Koordinaten r, φ und w. Das Linienelement formen wir ein wenig um in die Schwarzschild-Metrik:

$$\mathrm{d}s^2 = \mathrm{d}w^2 + \mathrm{d}r^2 + r^2\mathrm{d}\varphi = \Big(1 + \big(\frac{\mathrm{d}w}{\mathrm{d}r}\big)^2\Big)\,\mathrm{d}r^2 + r^2\mathrm{d}\varphi = \big(1 - \frac{r_s}{r}\big)^{-1}\mathrm{d}r^2 + r^2\mathrm{d}\varphi\,.$$

Daraus erhalten wir

$$\Big(\frac{\mathrm{d}w}{\mathrm{d}r}\Big)^2 = \frac{1}{1 - r_s/r} - 1 = \frac{1 - 1 + r_s/r}{1 - r_s/r} = \frac{r_s}{r - r_s} \quad \Longrightarrow \quad w^2(r) = 4r_s(r - r_s)\,,$$

was man durch Differenzieren bestätigen kann. Das Bild 3.15 stellt w als Funktion von r und φ dar, wobei w nach oben abgetragen ist, ein Rotationsparaboloid, bekannt als das **Schwarzschild-Wurmloch** oder Flamms Paraboloid. Hier ist die negative Raumkrümmung deutlich zu erkennen. Es soll noch einmal betont werden, dass das vorgestellte Modell nur den Bereich $r \geq r_s$ abdeckt.

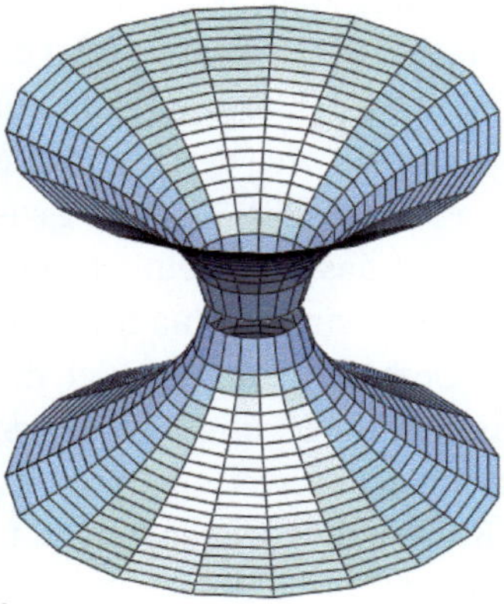

Bild 3.15 Schwarzschild-Wurmloch (oder auch Flamms Paraboloid) $w(r) = \pm 2\sqrt{r_s(r - r_s)}$.

(2) Rotverschiebung: Eine weitere Konsequenz der Raumzeitkrümmung ist die **gravitative Rotverschiebung**. Unter der Rotverschiebung versteht man eine Verschiebung der beobachteten Wellenlänge λ_b zur emittierten Wellenlänge λ_{em} im Verhältnis zu λ_{em}, also durch die Größe

$$z = \frac{\lambda_b - \lambda_{em}}{\lambda_{em}} = \frac{\lambda_b}{\lambda_{em}} - 1 \quad \text{falls } z > 0\,.$$

Ist die beobachtete Wellenlänge kürzer als die emittierte ($z < 0$), spricht man von einer Blauverschiebung. Solch ein Effekt kann beispielsweise durch eine Bewegung der Quelle relativ zum Beobachter bewirkt werden, bekannt als Dopplereffekt. Hier interessiert aber nur der Einfluss der Gravitation.

Betrachten wir dazu eine Strahlungsquelle, zum Beispiel ein Strahlung der Frequenz ν_{em} emittierendes Atom, im Gravitationsfeld einer großen Masse M im Abstand r_{em}. Dann vergeht zwischen der Emission zweier Wellenberge die Eigenzeit $\Delta\tau_{em} = 1/\nu_{em}$. Das Gleiche gilt auch für die Detektion der Wellenberge durch den Beobachter im Abstand r_b mit dem Eigenzeitintervall $\Delta\tau_b = 1/\nu_b$. Beide sind gegeben durch

$$\Delta\tau_{em} = \Delta t\,\sqrt{1 - r_s/r_{em}} = 1/\nu_{em} = \lambda_{em}/c\,, \quad \Delta\tau_b = \Delta t\,\sqrt{1 - r_s/r_b} = 1/\nu_b = \lambda_b/c\,,$$

wobei die Intervalle Δt der „Koordinatenzeit“ t gleich groß sind. Dann ergibt sich die Rotverschiebung als

$$z = \frac{\lambda_b}{\lambda_{em}} - 1 = \sqrt{\frac{1 - r_s/r_b}{1 - r_s/r_{em}}} - 1 \quad \underset{r_b \to \infty}{\longrightarrow} \quad \frac{1}{\sqrt{1 - r_s/r_{em}}} - 1 \quad \underset{r_{em} \gg r_s}{\longrightarrow} \quad \frac{r_s}{2r_{em}}\,.$$

Zunächst sehen wir also, dass es immer eine Rotverschiebung gibt ($z > 0$), falls die Quelle dem Zentrum näher ist als der Beobachter, also für $r_{\text{em}} < r_{\text{b}}$. Nähert sich die Quelle dem Schwarzschild-Radius, $r_{\text{em}} \longrightarrow r_s$, geht die Rotverschiebung gegen unendlich.

In der Kosmologie tritt eine weitere **Rotverschiebung** auf, verursacht durch die Ausdehnung des Universums. Mehr dazu im letzten Abschnitt.

(3) Periheldrehung: Von Interesse sind natürlich die **Bewegungsgleichungen** für eine Testmasse in der Raumzeit mit der Schwarzschild-Metrik. Die Bewegung folgt den Geodäten, und da wissen wir, wie wir vorgehen müssen, nämlich genauso, wie wir es im zweidimensionalen Fall im Flachland auf Seite 34 gelernt haben. Aus den metrischen Koeffizienten berechnen wir die **Christoffel-Symbole** und daraus die Bewegungsgleichungen für die Ableitungen nach der Eigenzeit. Nur sind das hier deutlich mehr Größen mit mehr Indizes und das Ganze erfordert mehr Rechenarbeit. Man findet dieses auf der Wikipedia-Seite zur **Schwarzschild-Metrik**. Dort wird auch gezeigt, dass die Gleichungen für $c \longrightarrow \infty$ in die bekannten newtonschen Bewegungsgleichungen übergehen. Auch wird demonstriert, dass die Lösungen näherungsweise Ellipsen darstellen, die sich langsam um die Zentralmasse in ihrem Brennpunkt drehen. Das ist für unser Sonnensystem die Drehung des sonnennächsten Punkts der Bahn (das „Perihel") des Planeten Merkur. Diese **Periheldrehung des Merkur** ist ein bekannter **Test der allgemeinen Relativitätstheorie**, genau wie die Lichtablenkung im Gravitationsfeld.

Wir müssen aber, bevor wir uns den Schwarzen Löchern zuwenden, noch ein Problem aus der Welt schaffen, damit keine Missverständnisse entstehen. Die Schwarzschild-Metrik divergiert für $r = r_s$, sie wird „singulär" auf der Oberfläche einer Kugel mit dem Schwarzschild-Radius. Man könnte denken, dass die Singularität des Gravitationspotentials bei $r = 0$ in der ART auf diese Kugeloberfläche aufgebläht wird. Das ist aber *nicht* der Fall, denn hier handelt es sich um keine echte Singularität, sondern sie beruht auf den verwendeten Schwarzschild-Koordinaten und verschwindet bei einer anderen Koordinatenwahl.

Wir zeigen das am Beispiel der **Lemaître-Koordinaten** (Webseite in engl.). Dabei werden die Schwarzschild-Koordinaten t und r durch τ und ρ ersetzt. Dann ist die Lemaître-Transformation durch

$$c\,\mathrm{d}\tau = c\,\mathrm{d}t + \sqrt{\frac{r_s}{r}}\left(1 - \frac{r_s}{r}\right)^{-1}\mathrm{d}r$$

$$\mathrm{d}\rho = c\,\mathrm{d}t + \sqrt{\frac{r}{r_s}}\left(1 - \frac{r_s}{r}\right)^{-1}\mathrm{d}r$$

gegeben, wobei man beachten sollte, dass unter den beiden Wurzeln r und r_s vertauscht sind. Sie führt auf die Metrik

$$\mathrm{d}s^2 = -c^2\mathrm{d}\tau^2 + \frac{r_s}{r}\,\mathrm{d}\rho^2 + r^2\left(\mathrm{d}\vartheta^2 + \sin^2\vartheta\,\mathrm{d}\varphi^2\right) \quad \text{mit} \quad r = \left(\frac{3}{2}(\rho - c\tau)\right)^{2/3} r_s^{1/3}\,.$$

Sie ist nicht-singulär an dem Schwarzschild-Radius $r = r_s = 3(\rho - c\tau)/2$. Übrig bleibt jedoch eine Singularität bei $r = 0$, die nicht behoben werden kann.

Weil diese Glättung der vermeintlichen Singularität am Schwarzschild-Radius wichtig ist, wollen wir die Gleichung für die Metrik bestätigen. Dazu ist „nur eine kleine Rechnung" nötig:

$$
\begin{aligned}
-c^2\mathrm{d}\tau^2 + \frac{r_s}{r}\,\mathrm{d}\rho^2 &= -\Big(c\mathrm{d}t + \sqrt{\frac{r_s}{r}}\,(1-\frac{r_s}{r})^{-1}\mathrm{d}r\Big)^2 + \frac{r_s}{r}\Big(c\mathrm{d}t + \sqrt{\frac{r}{r_s}}\,(1-\frac{r_s}{r})^{-1}\mathrm{d}r\Big)^2 \\
&= -(1-\frac{r_s}{r})c^2\mathrm{d}t^2 + 2\Big(\sqrt{\frac{r_s}{r}}\,(1-\frac{r_s}{r})^{-1} + \frac{r_s}{r}\sqrt{\frac{r}{r_s}}\,(1-\frac{r_s}{r})^{-1}\Big)\,\mathrm{d}t\,\mathrm{d}r \\
&\qquad - \Big(\frac{r_s}{r}\,(1-\frac{r_s}{r})^{-2} - (1-\frac{r_s}{r})^{-2}\Big)\,\mathrm{d}r^2 \\
&= -(1-\frac{r_s}{r})c^2\mathrm{d}t^2 - 2\Big(\sqrt{\frac{r_s}{r}} - \frac{r_s}{r}\sqrt{\frac{r}{r_s}}\Big)(1-\frac{r_s}{r})^{-1}\,\mathrm{d}t\,\mathrm{d}r - (\frac{r_s}{r}-1)(1-\frac{r_s}{r})^{-2}\,\mathrm{d}r^2 \\
&= -(1-\frac{r_s}{r})c^2\mathrm{d}t^2 + (1-\frac{r_s}{r})^{-1}\,\mathrm{d}r^2\,.
\end{aligned}
$$

Wir sehen, dass dies die Schwarzschild-Metrik reproduziert. Wir wollen auch noch die angegebene Formel für r bestätigen. Dazu bilden wir die Differenz von $\mathrm{d}\rho$ und $c\mathrm{d}\tau$ und integrieren. Das ergibt

$$
\mathrm{d}\rho - c\mathrm{d}\tau = \Big(\sqrt{\frac{r}{r_s}} - \sqrt{\frac{r_s}{r}}\Big)\,(1-\frac{r_s}{r})^{-1}\mathrm{d}r = \sqrt{\frac{r}{r_s}}\,\mathrm{d}r \quad\Longrightarrow\quad \rho - c\tau = \frac{1}{\sqrt{r_s}}\frac{2}{3}\,r^{3/2}\,.
$$

Wenn wir dies nach r auflösen, erhalten wir die gesuchte Formel.

Diese Koordinaten von Georges Lemaître sind aber nicht die einzigen derartigen Koordinaten, es waren allerdings die ersten. Spätere Varianten sind für spezielle Anwendungen geeigneter. Eine Liste findet man auf der Wikipedia-Seite zur **Schwarzschild-Metrik**.

Es fehlt allerdings noch eine nützliche Anwendung der Lemaître-Koordinaten auf ein interessantes physikalisches Problem. Wir versuchen es einmal mit einer radial frei fallenden Masse. Was könnte uns da interessieren? Auf jeden Fall die Zeit, in der von einem Abstand $r > r_s$ der Schwarzschild-Radius r_s erreicht wird, und was für kleinere Abstände, $r < r_s$, geschieht.

Der freie radiale Fall: Hier spielen die Winkelanteile keine Rolle und die Lamaître-Metrik ist gleich $\mathrm{d}s^2 = -c^2\mathrm{d}\tau^2 + \frac{r_s}{r}\,\mathrm{d}\rho^2$. Bei einem freien Fall folgt unsere Masse der Geodäte $\mathrm{d}s^2 = -c^2\mathrm{d}\tau^2$. Dann ist $\mathrm{d}\rho = 0$ und daher gilt

$$
c\,\mathrm{d}t = -\sqrt{\frac{r}{r_s}}\left(1-\frac{r_s}{r}\right)^{-1}\mathrm{d}r = -\sqrt{\frac{r}{r_s}}\,\frac{r}{r-r_s}\,\mathrm{d}r \approx -\frac{r_s}{r-r_s}\,\mathrm{d}r \quad \text{für} \quad r \to r_s\,.
$$

Das können wir integrieren, und das Resultat

$$
r(t) = r_s + (r_0 - r_s)\mathrm{e}^{-c(t-t_0)/r_s} \quad \underset{t\to\infty}{\longrightarrow} \quad r_s
$$

zeigt uns, dass es für den Beobachter mit der Koordinatenzeit t unendlich lange dauert, bis der Schwarzschild-Radius erreicht wird.

Betrachten wir aber die Eigenzeit τ, so sieht es anders aus. Mit dem dt aus der Formel oben ergibt sich

$$c\,\mathrm{d}\tau = c\,\mathrm{d}t + \sqrt{\frac{r_s}{r}}\left(1-\frac{r_s}{r}\right)^{-1}\mathrm{d}r = -\sqrt{\frac{r}{r_s}}\left(1-\frac{r_s}{r}\right)^{-1}\mathrm{d}r + \sqrt{\frac{r_s}{r}}\left(1-\frac{r_s}{r}\right)^{-1}\mathrm{d}r$$
$$= \left(-\sqrt{\frac{r}{r_s}}+\sqrt{\frac{r_s}{r}}\right)\left(1-\frac{r_s}{r}\right)^{-1}\mathrm{d}r = \sqrt{\frac{r}{r_s}}\left(-1+\frac{r_s}{r}\right)\left(1-\frac{r_s}{r}\right)^{-1}\mathrm{d}r = -\sqrt{\frac{r}{r_s}}\,\mathrm{d}r\,.$$

Wir sehen, dass die Radialgeschwindigkeit $\mathrm{d}r/\mathrm{d}\tau = -c\sqrt{r_s/r}$ am Schwarzschild-Radius gleich $-c$ ist, also gleich der (negativen) Lichtgeschwindigkeit. Wenn wir die Formel oben integrieren, erhalten wir für das Zeitintervall $\Delta\tau$ in dem von einem radialen Abstand r_0 der Schwarzschild-Radius erreicht wird,

$$c\,\Delta\tau = -\int_{r_0}^{r_s}\sqrt{\frac{r}{r_s}}\,\mathrm{d}r = \frac{2}{3}\,\frac{r_0^{3/2}-r_s^{3/2}}{r_s^{1/2}}\,.$$

Wir erreichen also den Schwarzschild-Radius $r = r_s$ in endlicher Zeit.

Schwarze Löcher

Ein massives Objekt mit Masse M innerhalb einer Kugel, deren Radius kleiner ist als $r_s = 2GM/c^2$, liegt vollständig unterhalb des **Ereignishorizonts** (siehe Seite 161). Das Innere des Ereignishorizonts ist von außen völlig unsichtbar und man bezeichnet es als ein **Schwarzes Loch** (engl. „black hole"), ein Name, den im Jahr 1967 der US-amerikanische Physiker John Archibald Wheeler prägte. Laut Wikipedia ist das „ein Objekt, dessen Masse die Raumzeit so stark krümmt, dass Materie, Licht und damit auch jegliche Information auf einen bestimmten Bereich der Raumzeit beschränkt bleibt und diesen nicht mehr unmittelbar verlassen kann."

Historisch gesehen war die mögliche Existenz solcher Objekte lang Zeit rein spekulativ, beispielsweise sprach schon Laplace 1795 davon, dass es so schwere Sterne geben könnte, denen das Licht nicht mehr entkommen könnte. Die Idee bekam dann aber (etwas) Auftrieb durch die ART, was wir ja schon an der Schwarzschild-Metrik gesehen haben, und mit der wir solche Objekte mathematisch beschreiben können.

Ich selbst, der Autor, hörte zum ersten Mal von einem ähnlichem Objekt in den siebziger Jahren, als ein Kollege aus der Astrophysik von einem misslungenen numerischen Experiment berichtete. Man wollte mithilfe eines (damals) leistungsstarken Computers das zeitliche Verhalten einer Galaxie simulieren, also die Bewegung einer großen Menge von „Sternen", Punktmassen mit Gravitationswechselwirkung, die anfangs scheibenförmig angeordnet waren. Leider konnte man nicht die erwartete Ausbildung von Spiralarmen beobachten, sondern musste feststellen, dass das ganze System instabil war und auseinander flog. Es ließ sich aber stabilisieren durch die Annahme eines zusätzlichen extrem(!) massereichen Objekts im Zentrum der Galaxie. Allerdings gab es in unserer Galaxie so etwas nicht, jedenfalls konnte man dort nichts davon sehen, und folglich blieb dies rätselhaft. Heute wissen wir es besser, denn im Zentrum unserer Galaxie befindet sich ein Schwarzes Loch von etwa drei Millionen Sonnenmassen und die Astrophysiker gehen davon aus, dass sich im Zentrum jeder Galaxie ein supermassereiches Schwarzes Loch verbirgt.

Wir hatten gesehen, dass die gravitative Rotverschiebung am Schwarzschild-Radius unendlich groß wird, was bedeutet, dass keine Strahlung emittiert werden kann. Das bringt uns auf eine Idee:

Auf Seite 115 haben wir die Fluchtgeschwindigkeit im Gravitationsfeld einer Masse M ermittelt, also die Minimalgeschwindigkeit, mit der ein Objekt aus einer Entfernung r vom Zentrum das Gravitationsfeld verlassen kann. Es ergab sich $v = \sqrt{2GM/r}$. Je kleiner der Abstand r beim Start, desto größer also die Fluchtgeschwindigkeit.

Nun wissen wir ja, dass die größtmögliche Geschwindigkeit die Lichtgeschwindigkeit c ist. Also ist der kleinste radiale Abstand r, der noch ein Entweichen ermöglicht, durch $c = \sqrt{2GM/r}$ gegeben. Daraus folgt $r = 2GM/c^2 = r_s$. Der Minimalabstand ist also gleich dem Schwarzschild-Radius.

Diese einfache „Herleitung“ des Schwarzschild-Radius ist natürlich rundum falsch, trotz des richtigen Ergebnisses. Die Formel für die Fluchtgeschwindigkeit ist rein klassisch hergeleitet und relativistisch nicht korrekt, beispielsweise ist dabei die Masse des entweichenden Teilchens konstant. Insgesamt ist dies aber ein schönes Beispiel für gute Resultate mit falschen Begründungen.

Betrachten wir jetzt einen radialen Lichtstrahl. Dann gilt, wie immer für lichtartige Bewegung, $\mathrm{d}s = 0$ und mit $\mathrm{d}s^2 = c^2\mathrm{d}\tau^2 - (r_s/r)\,\mathrm{d}\rho^2 = 0$ führt das zu $c\,\mathrm{d}\tau = \pm\sqrt{r_s/r}\,\mathrm{d}\rho$ mit einem Plus- oder Minuszeichen für Strahlen, die aufwärts bzw. abwärts gerichtet sind. Wir ersetzen hier $\mathrm{d}\rho$ durch $\mathrm{d}\rho = c\mathrm{d}\tau + \sqrt{r/r_s}\,\mathrm{d}r$ und erhalten

$$\mathrm{d}r = \left(\pm 1 - \sqrt{r_s/r}\,\right) c\,\mathrm{d}\tau \qquad \text{oder} \qquad c\,\mathrm{d}\tau = \frac{1}{\pm 1 - \sqrt{r_s/r}}\,\mathrm{d}r\,.$$

Im Ereignisraum bilden die beiden Geraden mit den Steigungen $1/(\pm 1 - \sqrt{r_s/r})$ den **Lichtkegel**, oder besser den „Lichthyperdoppelkegel“. In seinem Inneren liegen die zeitartigen Ereignisse (mit $\mathrm{d}s^2 < 0$) für Zukunft ($\mathrm{d}\tau > 0$) und Vergangenheit ($\mathrm{d}\tau < 0$), im Außenraum die raumartigen (mit $\mathrm{d}s^2 > 0$), wie wir es schon für die flache Raumzeit gesehen hatten (siehe Seite 160). Das Bild 3.16 zeigt diese Lichtkegel für unterschiedliche Abstände r vom Zentrum. Für große Abstände nähert sich der Lichtkegel dem der flachen Raumzeit mit einer senkrechten Achse. Wenn r kleiner wird, nimmt die Achsenneigung zu.

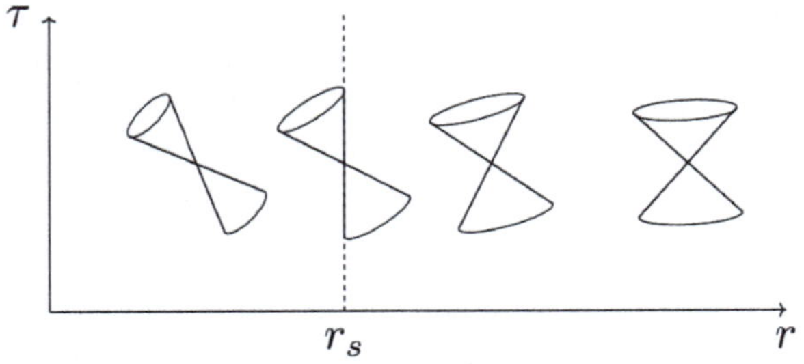

Bild 3.16 Lichtkegel in verschiedenen Abständen von einer Masse im Zentrum. Ist der Abstand kleiner als der Schwarzschild-Radius r_s, kann kein Signal nach außen dringen.

Für $r < r_s$ ergibt sich sowohl für abwärts gerichtete Lichtstrahlen (mit $-1 - \sqrt{r_s/r} < 0$) als auch für die aufwärts gerichteten (mit $1 - \sqrt{r_s/r} < 0$) ein *negatives* dr. Kein Licht und auch kein anderes Signal kann also den Bereich $r < r_s$ verlassen. Man bezeichnet daher den Radius r_s als den **Ereignishorizont**, der die Raumzeit in unterschiedliche Bereiche trennt, sodass Ereignisse in einem Bereich für den anderen unzugänglich sind. Innerhalb des Ereignishorizonts geht es, wie wir gesehen haben, nur noch „bergab" und alles, was vom Schwarzen Loch verschlungen wurde, landet in der Singularität im Zentrum.

Welche Eigenschaften außer seiner Masse kann ein Schwarzes Loch überhaupt haben? Das sind sehr wenige. Auf John Archibald Wheeler geht das „**No-Hair-Theorem**" zurück. Es besagt, dass Schwarze Löcher nur maximal drei Eigenschaften haben können: Masse, Ladung und Drehimpuls, was man ausdrücken kann als „Ein Schwarzes Loch hat keine Haare." (Der Begriff „Haare" ist dabei eine Metapher für alle anderen möglichen Eigenschaften, die ein Objekt haben könnte.) Neben der Masse modifizieren auch Drehimpuls und Ladung die Metrik.

Damit beenden wir unsere kurze Betrachtung der Allgemeinen Relativitätstheorie, wobei wir hoffentlich die Neugier auf dieses faszinierende Gebiet geweckt haben. Insbesondere Schwarze Löcher sind sicherlich von großem Interesse. Wer mehr darüber erfahren möchte, der findet es in dem Artikel **Schwarze Löcher – Das dunkelste Geheimnis der Gravitation** von Andreas Müller. Dort wird auch der Problemkreis der **Quantengravitation** behandelt. Hier können wir darauf nicht weiter eingehen, aber wir wollen wenigstens ein Problem erwähnen, um zu zeigen, warum man hier überhaupt die Quantentheorie heranziehen muss. Ein Hauptproblem ist die Singularität im Zentrum des Schwarzen Lochs, in der letztlich die gesamte Masse und Energie endet. Eine solches Objekt ist mit unserer Quantentheorie nicht verträglich, und wir müssen sie modifizieren und in irgendeiner Weise mit der ART vereinen. Aber trotz vieler Anstrengungen konnte eine solche quantisierte Gravitationstheorie bisher noch nicht entwickelt werden.

3.5 Hochdimensionale Räume

In den vorangehenden Abschnitten haben wir uns bemüht, vierdimensionale Räume ein wenig zu verstehen. Aber man begegnet häufig(!) auch höherdimensionalen Räumen oder sogar sehr hochdimensionalen. Vor Beginn weiterer Überlegungen wollen wir einige Bezeichnungen festlegen. Im dreidimensionalen Raum hatten wir einen Punkt durch die Koordinaten (x,y,z) beschrieben. Das ist in einem n-dimensionalen Raum nicht mehr sinnvoll, und wir bezeichnen einen Punkt x als $x = (x_1,x_2,\ldots,x_n)$ mit Koordinaten x_j. Im einfachsten Fall bilden die Punkte einen euklidischen Raum und in direkter Erweiterung des Abstands im dreidimensionalen Raum auf Seite 70 bezeichnen wir den euklidischen Abstand vom Nullpunkt, den Betrag (oder die Länge) von x, als $|x|$ mit $|x|^2 = x_1^2 + x_2^2 + \ldots + x_n^2$. Der Abstand zweier Punkte $x = (x_1,x_2,\ldots,x_n)$ und $y = (y_1,y_2,\ldots,y_n)$ ist dann gleich $|x - y|$ mit

$$|x - y|^2 = (x_1 - y_1)^2 + (x_2 - y_2)^2 + \ldots + (x_n - y_n)^2 .$$

Aber das ist wirklich nur der einfachste Fall und es muss nicht immer so sein.

Als Beispiel für das Auftreten höherdimensionale Räume betrachten wir eine Anwendung in der Medizin. Wir notieren für einen Patienten einen Datensatz mit den sieben Merkmalen Alter, Größe, Gewicht, Blutdruck, Ruheherzfrequenz und Körpertemperatur, dabei liefert der Blutdruck zwei Werte. Dann erhält man für N Patienten N Punkte in einem siebendimensionalen Raum. Diese Raumdimension kann sich noch erhöhen, wenn weitere Merkmale hinzugefügt werden. Die Daten müssen dabei nicht kontinuierliche reelle Zahlen sein, sondern können auch diskrete Werte annehmen, wie die Blutgruppe.

Die Raumdimension kann aber auch WESENTLICH größer sein. Beispielsweise enthält ein bescheidenes Graustufen-Bild mit 70×85 Pixeln 5950 Punkte, deren Helligkeit man beschreiben kann durch eine Zahl zwischen null und eins. Dann liefert jedes Bild einen Punkt in einem Raum der Dimension 5950. Es gibt aber noch größere Raumdimensionen.

Betrachten wir beispielsweise eine Sprache mit n Wörtern. Wir wollen hier von Feinheiten wie Großbuchstaben absehen und weiterhin annehmen, dass in einem Satz keine Wörter mehrfach auftreten. Dann können wir einen Satz beschreiben, indem wir angeben, an welcher Stelle des Satzes jedes dieser Wörter auftritt, also durch einen Punkt in einem n-dimensionalen Raum. Für die deutsche Standardsprache ergibt sich so ein 75000-dimensionaler Raum.

Zur Illustration betrachten wir hier aber als einfaches Beispiel eine Sprache mit $n = 6$. In dieser Sprache gibt es nur die sechs Wörter (alle, eckig, kugeln, rund, sind, würfel), geordnet in alphabetischer Reihenfolge. Dann schreiben wir einen Satz wie „alle kugeln sind rund“ als $\vec{a} = (1,0,2,4,3,0)$ in unserem sechsdimensionalen Wortraum. Dabei bedeutet beispielsweise die 3 an fünfter Stelle, dass das fünfte Wort in der Wörterliste,

„sind“, in dem Satz als drittes Wort auftaucht. Eine 0 bedeutet, dass ein Wort nicht vorkommt. Welcher Satz verbirgt sich also hinter $\vec{b} = (1,4,0,0,3,2)$? „alle“ ist das erste Wort, „eckig“ erscheint an vierter Stelle, „kugeln“ und „rund“ kommen nicht vor, „sind“ an dritter und „würfel“ an zweiter. Der Satz lautet also „alle würfel sind eckig“.

Wie lautet die Codierung des Satzes „eckig sind alle würfel“? (Antwort Seite 213)

In unserem Text haben wir versucht, Techniken der Vektorrechnung zu vermeiden, aber hier haben wir einmal eine Ausnahme gemacht und die Punkte im Wortraum als Vektoren durch einen Vektorpfeil wie $\vec{a}$ und $\vec{b}$ charakterisiert. Es gibt dann ein Maß für die Ähnlichkeit zweier Vektoren, die **Kosinus-Ähnlichkeit**. Man definiert sie über das **Skalarprodukt** für $\vec{a} = (a_1, a_2, \ldots, a_n)$ und $\vec{b} = (b_1, b_2, \ldots, b_n)$ als

$$\vec{a} \cdot \vec{b} = |\vec{a}|\,|\vec{b}|\,\cos\theta = \sum_j a_j b_j \quad \text{mit} \quad |\vec{a}|^2 = \sum_j a_j^2\,,\ |\vec{b}|^2 = \sum_j b_j^2\,.$$

Dabei ist θ der Winkel zwischen den Vektoren.

Die **Kosinus-Ähnlichkeit** $\cos\theta = \vec{a} \cdot \vec{b} / |\vec{a}|\,|\vec{b}|$ ist ein Maß dafür, wie ausgeprägt zwei Vektoren in die gleiche Richtung zeigen. Für unser Beispiel oben mit den Wörtern $\vec{a} = (1,0,2,4,3,0)$ und $\vec{b} = (1,4,0,0,3,2)$ ergibt sich $\vec{a} \cdot \vec{b} = 1 + 9 = 10$ und aus $|\vec{a}|^2 = 1+4+16+9 = 30$ und $|\vec{b}|^2 = 1+16+9+4 = 30$ sieht man, dass die Beträge gleich sind, da beide Sätze die gleiche Länge von vier Wörtern haben. Die Kosinus-Ähnlichkeit ist damit gleich $\cos\theta = 1/3$.

Das war natürlich nur ein einfaches einführendes Beispiel. Etwas nützlicher ist es schon, wenn wir die Komponenten eines Vektors im Wortraum durch die Anzahl der Vorkommnisse jedes Worts in einem Dokument kennzeichnen. Dann liefert die **Kosinus-Ähnlichkeit** zweier Dokumente ein Maß für die Ähnlichkeit der beiden Dokumente.

Dieses Verfahren zum Textvergleich ist natürlich nur ein simples Beispiel, aber es kann auf beliebig lange Texte in hochdimensionalen Wort-Räumen angewandt werden, wobei die vielen auftretenden Nullen helfen. Die aktuell wirklich verwendeten Techniken sind jedoch wesentlich ausgefeilter.

Als letztes Beispiel sollte darauf hingewiesen werden, dass höherdimensionale Räume in der Quantenmechanik alltäglich sind. Wir hatten weiter oben kurz den **Hilbert-Raum** kennengelernt (siehe Seite 140), dort allerdings nur für zwei Dimensionen. Dies lässt sich aber problemlos auf n-dimensionale Hilbert-Räume ausdehnen und sogar auf unendlichdimensionale, dann aber nicht mehr ganz so problemlos.

Hyperwürfel und Hyperkugeln

Ein n-dimensionaler Würfel, kurz ein n-Würfel (auch als **Hyperwürfel** bezeichnet) mit Kantenlänge a ist eine n-dimensionale Verallgemeinerung eines dreidimensionalen Würfels, also ein n-dimensionaler Körper, der ausschließlich von ebenen Flächen begrenzt wird, dessen Kanten die gleiche Länge a haben und paarweise aufeinander senkrecht stehen. Sein Volumen ist einfach zu berechnen als $V_W = a^n$. Dies ist aber nicht der Fall für eine n-Kugel (oder **Hyperkugel**) mit Radius r, die Menge aller x mit $|x| \leq r$.

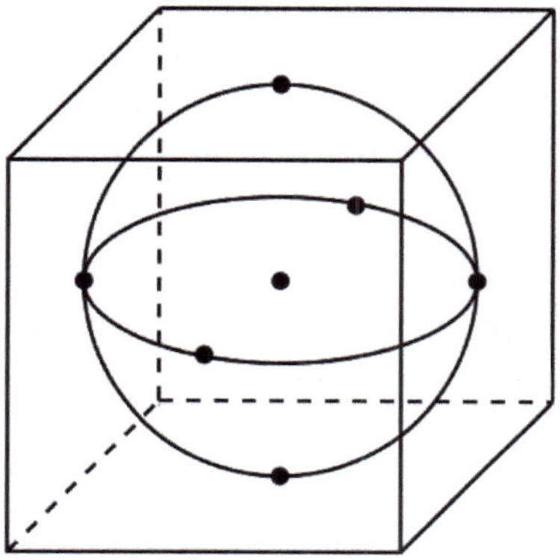

Bild 3.17 Dreidimensionaler Würfel mit einbeschriebener Kugel.

Wir versuchen zunächst eine numerische Berechnung mit der Monte-Carlo-Methode (siehe Seite 7 und Seite 78). Wir erzeugen also wieder N gleichmäßig verteilte Zufallspunkte $x = (x_1,x_2,\ldots,x_n)$ mit $-r < x_j < +r$, also in einem Würfel mit Kantenlänge $2r$ und Volumen $(2r)^n$, der die Kugel in den Seitenmitten berührt, wie im Bild 3.17 für $n = 3$ illustriert, und zählen die Anzahl N_K der Punkte, die innerhalb der Kugel liegen, also die Punkte mit $|x| \leq r$. Dann liefert $N_K(2r)^n/N$ eine Näherung für das n-Kugelvolumen. Für $n = 2$ hatten wir $2 \cdot 10^3$ Punkte benötigt, um das Volumen auf zwei Dezimalstellen zu berechnen, für $n = 3$ schon $N = 2 \cdot 10^4$. Also versuchen wir es für $n = 4$ mit $N = 2 \cdot 10^5$ mit dem Resultat 4,95, was aber nicht ausreicht, denn für $N = 2 \cdot 10^6$ ergibt sich 4,93, was dann stabil bleibt, wenn man n weiter erhöht.

Für einen fünfdimensionalen Raum muss man die Anzahl der Punkte noch deutlich mehr erhöhen, und für $n = 6$ war wegen der stark angewachsenen Rechenzeit keine Konvergenz mehr zu erzielen, jedenfalls nicht auf dem verwendeten Laptop.

Wir werden der Ursache dieses Phänomens nachgehen, jedoch wollen wir zuerst eine exakte Formel für das Volumen der n-Kugel vorstellen:

Wir verzichten hier auf den Versuch einer Begründung (oder gar einer Herleitung) und notieren nur das Ergebnis:

$$V(n,r) = \frac{\pi^{n/2} r^n}{\Gamma(n/2+1)} = V(n,1)\, r^n \quad \text{Volumen der n-Kugel mit Radius } r\,.$$

Dabei ist $\Gamma(x)$ die **Gammafunktion**, von der wir uns merken sollten, dass sie eine Verallgemeinerung der Fakultät $n! = 1 \cdot 2 \cdot 3 \cdots n$ auf reelle (sogar komplexe) Argumente darstellt, denn es gilt speziell für natürliche Zahlen $\Gamma(n+1) = n!$. Für die Fakultät gilt $n! = n\,(n-1)!$, und die Gammafunktion erbt diese Eigenschaft. Es gilt die Funktionalgleichung $\Gamma(x+1) = x\,\Gamma(x)$.

Jetzt wollen wir demonstrieren, dass wir die n-dimensionalen Kugelvolumina auch berechnen können, ohne ein Computerprogramm für die Gammafunktion zur Verfügung zu haben. Dazu formen wir die Formel für das Volumen der n-dimensionalen Einheitskugel mithilfe der Formel $\Gamma(n/2+1) = (n/2)\,\Gamma(n/2)$ um:

$$V(n,1) = \frac{\pi^{n/2}}{\Gamma(n/2+1)} = \frac{\pi^{n/2}}{(n/2)\,\Gamma(n/2)} = \frac{2\pi}{n}\,\frac{\pi^{(n-2)/2}}{\Gamma((n-2)/2+1)} = \frac{2\pi}{n}\,V(n-2,1)\,.$$

Das ist eine Rekursionformel, mit der sich aus den Anfangsbedingungen $V(1,1) = 2$ und $V(2,1) = \pi$ nacheinander alle weiteren Volumina berechnen lassen. Wir erhalten so

$$V(3,1) = \frac{2\pi}{3}\,V(1,1) = \frac{4\pi}{3}\,, \quad V(4,1) = \frac{2\pi}{4}\,V(2,1) = \frac{\pi^2}{2}\,,$$
$$V(5,1) = \frac{2\pi}{5}\,V(3,1) = \frac{8\pi^2}{15}\,, \quad V(6,1) = \frac{2\pi}{6}\,V(4,1) = \frac{\pi^3}{6}\,.$$

Wenn wir uns diese Kugelvolumina in Zahlen ansehen, sind das die Werte 2, 3,14, 4,19, 4,93, 5,26, die mit der Dimension $n = 1,2,3,4,5$ ansteigen. Das hätte man auch erwartet, weil der Raum in irgendeiner Weise „größer" wird. Aber Vorsicht, denn man soll nicht zu schnell verallgemeinern! Rechnen wir doch einmal weiter, denn dann ergibt sich $V(6,1) = 5{,}17$. Das Volumen nimmt also wieder ab! Das linke Bild 3.18 zeigt, dass sich dieser Trend verstärkt und dass das Volumen $V(n,1)$ mit wachsender Dimension n rapide gegen null konvergiert. Aber wir haben hier etwas unsauber gearbeitet, denn es wurden nur die reinen *Zahlen* verglichen! Die Volumina haben aber auch eine *Dimension*! Das eindimensionale Volumen ist eine Länge, gemessen in Metern, das zweidimensionale eine Fläche, gemessen in Quadratmetern. Man darf aber nicht sagen 2 m sind kleiner als 3,14 m^2!

Besser ist es, wenn wir den Anteil betrachten, den eine n-Kugel mit Radius r in einem n-Würfel mit Kantenlänge $2r$ einnimmt, der sie an seinen Seitenmitten berührt, wie in dem Bild 3.17 auf der vorangehenden Seite für $n = 3$. Das führt auf die dimensionslose Größe

$$\Delta(n) = \frac{V(n,r)}{(2r)^n} = \frac{V(n,1)r^n}{(2r)^n} = \frac{V(n,1)}{2^n}\,,$$

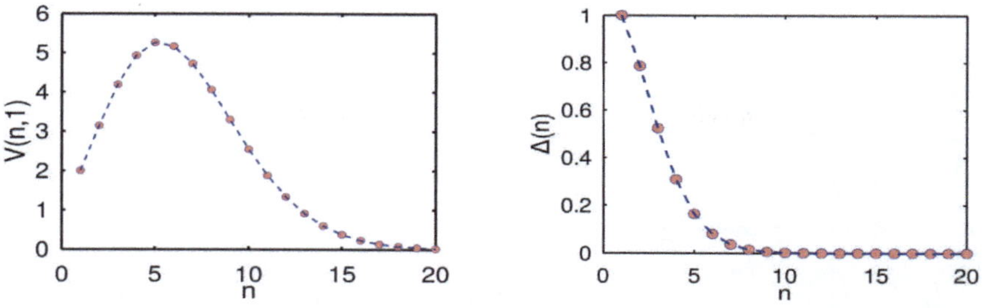

Bild 3.18 Volumen $V(n,1)$ der n-dimensionalen Einheitskugel (links) und Verhältnis $\Delta(n) = V(n,r)/(2r)^n$ von Kugel- zu Würfelvolumen (rechts) in Abhängigkeit von der Dimension n.

die nicht mehr von dem Radius abhängt. Das rechte Bild 3.18 zeigt ein schnelles Abfallen des Kugelvolumens im Vergleich zu einem umschließenden Würfel. Für einen dreidimensionalen Raum ist das Verhältnis etwa 50 Prozent, für einen zehndimensionalen Raum nur noch etwa ein Promille. Wenn uns also dort eine Einheitskugel in einen Einheitswürfel hineinfällt, werden wir große Probleme haben, sie wiederzufinden! Dieses Schrumpfen der Kugel setzt sich fort. Bei $n = 20$ sind wir bei einem Verhältnis von 10^{-8} und für $n = 100$ bei 10^{-70}.

Nachdem wir uns also davon überzeugt haben, dass für höhere Dimensionen die innere Kugel verschwindend klein wird, wollen wir im Folgenden versuchen, den n-dimensionalen Raum noch etwas besser zu verstehen. Wir betrachten dazu wieder unsere Einheitskugel in dem Würfel mit dem Volumen 2^n. Die Flächenmittelpunkte liegen bei $e_j = (0,0,\ldots,1,0,\ldots,0)$, wobei an der j-ten Stelle die 1 steht. Die e_j haben natürlich den Betrag eins, und ihr Abstand ist gleich $|e_j - e_k| = \sqrt{(1)^2 + (-1)^2} = \sqrt{2}$ für $j \neq k$, unabhängig von n. Jetzt betrachten wir die Ecken des Würfels. Sie liegen bei $x = (\pm 1, \pm 1, \ldots, \pm 1)$, wobei alle 2^n unterschiedlichen Kombinationen der Vorzeichen auftreten. Ihr Abstand d vom Kugelmittelpunkt, also ihr Betrag, ist gleich

$$d = |x| = \sqrt{(\pm 1)^2 + (\pm 1)^2 + \ldots + (\pm 1)^2} = \sqrt{n}\,,$$

wächst also mit der Dimension an. Für $n = 100$ sind die Würfelecken also zehnmal so weit entfernt wie die Punkte auf der Kugeloberfläche.

Das Bild 3.19 illustriert die Struktur eines n-Würfels mit 2^n herausragenden Stacheln, den Eckpunkten des Würfels, mit einer Einheitskugel im Zentrum. Es erscheint völlig anders als das Bild auf Seite 171 für $n = 3$. Siehe dazu auch den Wikipedia-Eintrag zu dem **Volumen der n-Kugel** (in engl.). Aber wo liegt eigentlich das ganze Volumen des n-Würfels? Das erhellt eine kleine Überlegung: Wir betrachten einen zweiten, kleineren Würfel innerhalb des Einheitswürfels mit Punkten, deren Koordinaten zwischen $-1 + \epsilon$ und $1 - \epsilon$ liegen mit $0 < \epsilon < 1$. Dann ist das Volumen der Raum zwischen den beiden Würfeln gleich der Differenz von 2^n und $(2(1 - \epsilon))^n$. Also ist das Verhältnis zu

Bild 3.19 Illustration eines n-dimensionalen Würfels. Die Eckpunkte befinden sich in der Entfernung $\sqrt{n}$ von der Oberfläche einer eingeschriebenen n-dimensionalen Einheitskugel.

dem gesamten Volumen 2^n gleich

$$\frac{2^n - (2(1-\epsilon))^n}{2^n} = 1 - (1-\epsilon)^n \longrightarrow 1 \quad \text{für } n \longrightarrow \infty\,, \quad \text{da } 0 < 1 - \epsilon < 1\,.$$

Das heißt also: Fast das gesamte Volumen liegt für großes n in einer kleinen Schicht unterhalb der Oberfläche des Würfels. Es liegt aber nicht in den 2^n Ecken, denn wenn wir in jeder Ecke einen n-dimensionalen Würfel mit Kantenlänge ϵ platzieren, dann ist das Gesamtvolumen aller 2^n Ecken gleich $2^n\epsilon^n = (2\epsilon)^n$ und geht mit wachsender Dimension n gegen null für $\epsilon < 1/2$. Also vermutet man den Hauptanteil des Würfelvolumens in der Umgebung seiner Seitenmitten.

Die Eigenschaften von Hyperwürfeln und Hyperkugeln scheinen oft dem „gesunden Menschenverstand" zu widersprechen, sie sind sind kontraintuitiv und entsprechen nicht unseren niedrigdimensionalen Erfahrungen. Wir testen unser bisher gewonnenes Verständnis an einer einfachen(?) Frage:

In einem n-dimensionalen Raum zeichnen wir um alle Punkte $(\pm 1, \pm\, 1, \ldots, \pm\, 1)$, also um alle Eckpunkte eines Hyperwürfels, eine n-dimensionale Einheits-Hyperkugel und danach eine weitere Hyperkugel um den Ursprung, die alle anderen Hyperkugeln tangiert. Wie groß ist der Abstand dieser zentralen Hyperkugel von dem Hyperwürfel? Bitte zuerst denken und dann (eventuell) auch etwas rechnen! (Antwort Seite 213)

Wenn wir also in dem n-Hyperwürfel mit Kantenlänge zwei N gleichverteilte Zufallszahlen platzieren, dann sollten wir die meisten von ihnen in einem Bereich dicht unter der Oberfläche finden, entfernt von den Ecken, also mehr in der Nachbarschaft der Seitenmitten. Das wollen wir einmal numerisch testen. Dazu wählen wir für jede der n Koordinaten x_j eine gleichverteilte Zufallszahl zwischen -1 und $+1$ aus und berechnen für den so erzeugten Punkt $x = (x_1, x_2, \ldots, x_n)$ den Betrag $|x|$, also den Abstand vom Würfelmittelpunkt. Das machen wir N mal und erzeugen mit den resultierenden Punkten ein **Histogramm** der Beträge. Was erwarten wir für einen eindimensionalen

Würfel, also für das Intervall $-1 < x < +1$? Richtig, es ergibt sich eine Gleichverteilung. Wenn wir auch noch die Abstände der Punkte berechnen, dann zeigt die Statistik einen linearen Abfall von dem kleinstmöglichen Wert null bis zu dem größtmöglichen Wert zwei.

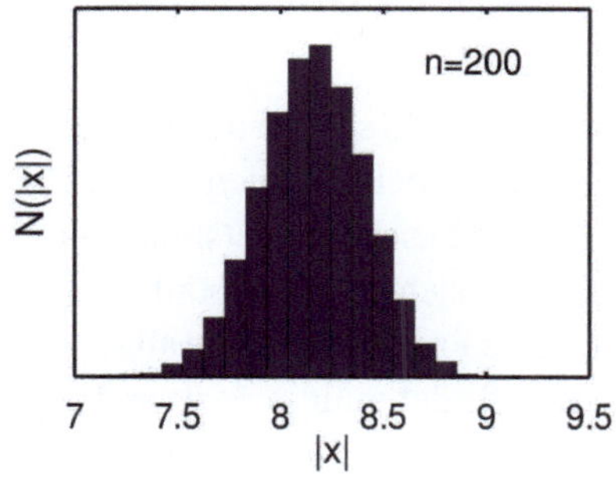

Bild 3.20 Wahrscheinlichkeitsverteilung der Beträge von 20000 gleichverteilten Zufallszahlen in einem 200-dimensionalen Hyperwürfel.

Jetzt könnten wir natürlich unserem Forschungsdrang nachgeben und zwei- und dreidimensionale Würfel untersuchen, aber das überlassen wir unseren Leserinnen und Lesern. Stattdessen springen wir gleich zu größeren Dimensionen. Das Bild 3.20 zeigt die Wahrscheinlichkeitsverteilung der Beträge für $n = 200$ Dimensionen, berechnet für $N = 20000$ Punkte. Wir sehen eine Verteilung, die in guter Näherung einer **Normalverteilung** entspricht, mit einen Mittelwert von etwa 8,2. (Eine genauere theoretische Analyse zeigt, dass der Mittelwert für große Werte von n bei $\sqrt{n/3} \approx 8{,}17$ liegen sollte.) Das ist deutlich unterhalb des maximal möglichen Wertes $\sqrt{n} \approx 14{,}1$. Außerdem sehen wir an der Verteilung, dass sie auf einen sehr schmalen Bereich mit einer Breite von ungefähr eins beschränkt ist, und dass kleine oder große Werte gar nicht vorkommen!

Ein ganz ähnliches Verhalten findet man auch für die Verteilung der Abstände der Zufallspunkte. Sie folgen wieder näherungsweise einer Normalverteilung um den Mittelwert $\sqrt{2n/3} \approx 11{,}547$ mit einer schmalen Breite und die Bereiche bis zu den extremal möglichen Werten 0 und $2\sqrt{n} \approx 28{,}2$ sind fast leer. Mit wachsender Dimension n gehen die relativen Breiten dieser Verteilungen gegen null, dass heißt, sie sind bei den Mittelwerten lokalisiert. Diese Phänomene erschweren es, bei statistischen Untersuchungen Bereiche jenseits der Maxima dieser Verteilungen abzudecken.

Aber zum Abschluss wollen wir, wenn wir schon einmal die Daten für die zufälligen 200-dimensionalen Punkte haben, deren **Kosinus-Ähnlichkeit** (siehe Seite 170) berechnen. Man erhält dann wieder eine Normalverteilung um den Wert null, der mittlere Winkel θ zwischen den Zufallspunkten ist also gleich 90°, sie sind im Mittel orthogonal. Wenn man die Bedeutung dieser Größe als eine „Ähnlichkeit" in Betracht zieht, ist das bei Zufallswerten auch zu erwarten. Wenn man aber etwas genauer hinschaut, dann sieht man, dass die Abweichungen von diesem Mittelwert extrem klein sind, nämlich von der Größenordnung 10^{-5}. Fragestellungen, die sich auf Ähnlichkeiten beziehen, sind also mit Zufallszahlen so einfach nicht zu untersuchen.

Alle diese Effekte, die bei der Untersuchung höherdimensionaler Datensätze auftreten und die etwas gewöhnungsbedürftig sind, bezeichnet man gern als den **Fluch der Dimensionalität**. Es erfordert spezielle Techniken, um diesen Herausforderungen zu begegnen.

n-dimensionale Kugelpackungen

Die dichteste Kugelpackung, bei der nicht-überlappende Kugeln so angeordnet werden, dass sie den größten Raum einnehmen und die maximale Packungsdichte erreichen, haben wir schon für zwei- und dreidimensionale Räume beschrieben (siehe Seite 11 und Seite 122). Dabei sind praktische Anwendungen offensichtlich. Für Mathematiker ist es natürlich ohne weitere Begründung reizvoll, diese Fragen auch für allgemeine n-dimensionale Kugelpackungen zu untersuchen. Man findet einiges dazu im letzten Abschnitt der Webseite **Dichteste Kugelpackung**. Bevor wir hier mehr darüber erfahren, möchte ich darauf hinweisen, dass es dafür weit wichtigere praktische Anwendungen gibt, als man vermuten würde. Beispielsweise ist das Konzept der dichtesten Kugelpackung eng verbunden mit der **Fehlerkorrektur in der digitalen Kommunikation und Datenverarbeitung**. Das muss aber näher erläutert werden:

Nehmen wir einmal an, wir würden zu übertragende Codewörter durch n Bits verschlüsseln. Bei einer Übertragung können Fehler auftreten und einzelne Bits verändern. Dann müssen wir Codewörter verwenden, deren Sequenzen eindeutig genug sind, um auch mit wenigen fehlerhaften Bits noch erkennbar zu sein, also von den anderen unterscheidbar. Das führt zu einem Geometrieproblem, bei dem die Bits Punkten in einem n-dimensionalen Raum entsprechen.

Wenn ein Übertragungsfehler auftritt, verändert sich die Position dieses Datenpunkts innerhalb einer gewissen Fehlerumgebung. Sei beispielsweise unser Codewort gleich $c = (1,0,0,1,1,\ldots,0)$ und der fehlerhaften Datenpunkt ist $d = (1,0,0,0,1,\ldots,0)$. Es wird also ein Bit verändert und der Abstand der beiden Punkte $|c - d|$ ist gleich eins. Werden sogar k Bits fehlerhaft übertragen, ist dieser Abstand gleich $r = \sqrt{k}$. Wenn k die maximale Anzahl der Bit-Fehler ist, die man korrigieren will, dann liegen alle diese Fehler in einer Hyperkugel mit Radius r um den Mittelpunkt der Codewörter.

Sind alle diese Fehlerkugeln disjunkt, dann lassen sich die Fehler eindeutig korrigieren. Überlappen sie sich jedoch, sind die zugehörigen Codewörter nicht mehr unterscheidbar. Um die Menge der zu übertragenden und anschließend zu korrigierenden Daten zu optimieren, stellt sich die Frage nach ihrer dichtesten Packung. Diese Grundidee liegt fast allen digitalen Kommunikations- und Speichersystemen zugrunde, von Mobiltelefonen über CDs bis hin zum Internet.

Hier wollen wir uns aber nicht mit diesen Codierungsfragen befassen, sondern kurz einiges darstellen, was über die dichten Kugelpackungen in n Dimensionen bekannt ist. Dies ist eine extrem schwierige Materie, bei der die meisten Fragen noch völlig ungeklärt sind. Dennoch sind in jüngster Zeit wesentliche Fortschritte erzielt worden, von den wir uns einen ersten Eindruck verschaffen wollen.

Zunächst sollten wir einsehen, dass es wesentlich einfacher ist, die dichteste Kugelpackung für den Fall zu finden, dass die Kugelzentren auf den Punkten eines vorgegebenen Gitters liegen, denn das liefert eine gewisse Diskretisierung des Problems. Hier ein einfaches Beispiel: Das linke Bild 3.21 zeigt eine einfache zweidimensionale Gitterstruktur. Wenn wir um die Gitterpunkte gleichgroße Kreise legen und ihre Radien größer werden lassen, finden wir für dieses Gitter die dichteste Packung im rechten Bild.

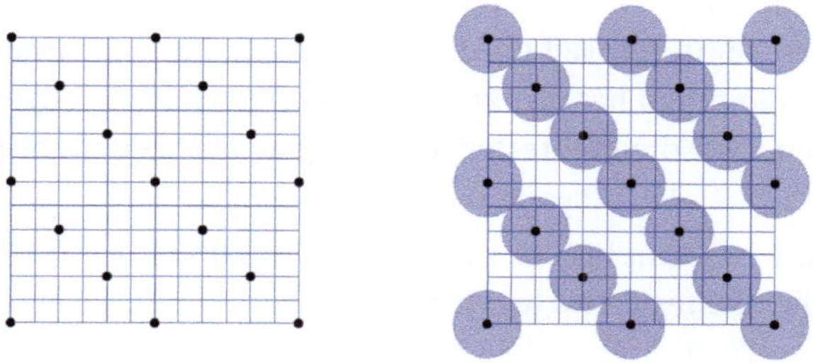

Bild 3.21 Links: ein einfaches zweidimensionales Gitter. Rechts: dichteste Kugelpackung auf diesem Gitter.

Die Packungsdichte des abgebildeten Gitters ist sicher kleiner als die eines hexagonalen Gitters mit einer Dichte von etwa 0,907. Aber wie groß ist sie? (Antwort Seite 214)

Besser ist da schon die dichteste Packung auf einem Quadratgitter mit einer Packungsdichte von $\pi/4 \approx 0{,}785$ (bitte nachprüfen!). Als nächste Aufgabe gilt es dann, die dichteste Gitterpackung für *alle* Gitter zu finden. Das Ergebnis ist eine hexagonale Gitterpackung. Wesentlich(!) schwieriger ist es dann zu zeigen, ob diese optimale Gitterpackung auch die dichteste Packung überhaupt ist, dass es also keine dichtere Packung gibt, die nicht auf einem regelmäßigen Gitter liegt. Daher ist es nicht überraschend, dass die zugehörigen Beweise erst viel später erfolgten als die der besten Gitterpackungen.

Der Fall $n = 1$, also die dichteste Packung auf der Geraden, ist trivial. Hier ist die Packungsdichte gleich eins. Für $n = 2$ zeigte Axel Thue 1890, dass die hexagonale Kreispackung die dichteste Gitterpackung in der Ebene ist mit einer Packungsdichte von $\pi/\sqrt{12} \approx 0{,}91$. Dass sie auch die dichteste Kreispackung überhaupt ist, bewies László Fejes Tóth erst 1942. Für $n = 3$ ist die dichteste Gitterpackung auch eine Anordnung auf Punkten eines hexagonalen Gitters, hier natürlich im dreidimensionalen Raum, mit einer Packungsdichte von $\pi/\sqrt{18} \approx 0{,}74$ (die **Keplersche Vermutung**, bewiesen von Carl Friedrich Gauß 1831). Thomas Hales zeigte erst 1998, also mehr als 150 Jahre später, dass sie auch die allgemeine optimale Dichte liefert. Sein Beweis erforderte etwa 200 Seiten Text und Computerunterstützung.

In höheren Dimensionen ist das Problem weitgehend offen. Als Einstieg in diese Materie können wir zunächst einmal eine triviale Packung erzeugen. Dazu nehmen wir einen n-dimensionalen Einheits-Hyperwürfel mit dem Volumen 1^n mit einer einbeschriebenen Hyperkugel, die also alle Seitenmitten berührt. Sie hat den Radius $r = 1/2$ und ein Volumen $V(n,r)$, das wir auf Seite 172 angegeben haben, Wenn wir nun viele solcher Hyperwürfel raumfüllend stapeln, erhalten wir eine Gitterpackung, eine triviale Verallgemeinerung der quadratischen Packung in der Ebene. Ihre Packungsdichte $\Delta(n) = V(n,1/2) = V(n,1)/2^n$ haben wir auf Seite 172 schon beschrieben. Wie das Bild dort zeigt, fällt sie von dem Wert $\Delta(1) = 1$ mit wachsendem n sehr schnell ab gegen null. Dies zeigt, wie „leer" hochdimensionale Räume sind. Fast das gesamte Volumen eines Hyperwürfels befindet sich in seinen weit entfernten Regionen, während die einbeschriebene Kugel, die nur den zentralen Teil des Raums ausfüllt, im Verhältnis dazu immer kleiner wird. Dieses Phänomen hat direkte Auswirkungen auf die allgemeine Dichte von Kugelpackungen, und die dichtesten Packungen sind in höheren Dimensionen erstaunlich leer.

Die dichtesten Gitterpackungen sind bekannt bis zur Dimension $n = 8$ und für $n = 24$. Für $n = 1, 2, 3, 8, 24$ sind es auch die dichtesten Kugelpackungen überhaupt, was man für die Dimensionen 4 bis 7 nicht weiß. Hier eine Liste ihrer Dimensionen, wobei die mit bekannter allgemeiner optimaler Dichte fett hervorgehoben sind:

$$\mathbf{1, 2, 3,}\ 4, 5, 6, 7,\ \mathbf{8, 24}\,.$$

Für alle anderen Dimensionen kann man nur die Dichten der besten bekannten Packungen angeben. Auch eine obere Schranke für die Packungsdichte ist bekannt. Für $n > 24$ liegen diese beiden Grenzen sehr(!) weit auseinander, das heißt um viele Größenordnungen, und die optimale Dichte, die zwischen diesen Grenzen liegt, ist unbekannt.

Die optimalen Packungen für $n = 1$, 2 und 3 haben wir oben schon besprochen. Die Fälle $n = 8$ und 24 sind erst kürzlich dazugekommen. Für die Dimension 8 gelang es der jungen Mathematikerin **Maryna Viazovska** im Jahr 2016 in einer nur(!) fünfzehnseitigen Arbeit zu beweisen, dass die Gitterpackung eines E8-Gitters die dichteste Packung für alle beliebigen Kugelpackungen liefert mit $\Delta(8) = \pi^4/384 \approx 0{,}25367$. Wenig später konnte auch gezeigt werden, dass die Leech-Gitterpackung in der Dimension $n = 24$ mit $\Delta(24) = \pi^{12}/12! \approx 0{,}0019$ optimal ist. Maryna Viazovska wurde dafür 2022 mit der renommierten **Fields-Medaille** ausgezeichnet.

Hier möchte ich auf die anspruchsvollen mathematischen Methoden der bahnbrechenden Arbeit von Maryna Viazovska nicht eingehen. Eine recht allgemeinverständliche Darstellung findet man in dem Artikel „**Dichteste Kugelpackungen in höheren Dimensionen – Die Arbeiten von Maryna Viazovska**" von Jürg Kramer. Sehr empfehlenswert ist dazu auch das englischsprachige You-Tube-Video „**Something weird happens in dimension 8**" („Etwas Seltsames passiert in Dimension 8"), wobei allerdings Kenntnisse der Linearen Algebra und der Fourier-Transformationen benötigt werden.

3.6 Das Universum

Das **Universum** ist die Gesamtheit von Raum, Zeit und aller Objekte darin, von den elementaren Teilchen bis zu gigantischen Strukturen wie Galaxien und Galaxienhaufen. Damit befasst sich die **Kosmologie**, ein Teilgebiet sowohl der Physik als auch der Philosophie. Wobei uns hier der physikalische Aspekt interessiert, der hauptsächlich auf der allgemeinen Relativitätstheorie beruht, in Kombination mit astronomischen Beobachtungen.

Bevor wir in die Einzelheiten gehen, ist es sinnvoll, wenn wir uns zunächst mit den Größenordnungen der Entfernungen zwischen den verschiedenen astronomischen Objekten vertraut machen. Innerhalb eines Planetensystems verwendet man gerne die **astronomische Einheit** AE $\approx 150 \cdot 10^6$ km, der mittlere Abstand der Erde von der Sonne, zwischen den Sternen das **Lichtjahr** Lj $\approx 9{,}46 \cdot 10^{12}$ km $\approx 3{,}07 \cdot 10^5$ AE, die Strecke, die das Licht in einem Jahr zurücklegt, und für Entfernungen zwischen Galaxien das **Megaparsec** Mpc $\approx$ 3,26 Millionen Lj. Wir sehen, dass dabei die Skala ganz grob um den Faktor von einer Million anwächst. Die Sonne ist 1 AE von der Erde entfernt, der nächste Stern, Proxima Centauri, 4,24 Lj und die nächste Galaxie, die Andromeda-Galaxie, 0,77 Mpc.

Eine der tiefliegenden Fragen betrifft die Ganzheit des Universums, also seine Größe, Gestalt, Topologie, Geschichte und Zukunft. Das sind Problemkreise der **Kosmologie**. Die naive erste Vorstellung davon könnte etwa so lauten: „Das Universum ist unendlich ausgedehnt und die Sterne sind gleichmäßig darin verteilt. Das war immer so und wird auch so bleiben." Das klingt zwar vernünftig, ist aber leider nicht haltbar, denn eine simple Beobachtung zeigt uns, dass es nachts dunkel ist. Wenn alle Sterne gleichmäßig im Raum verteilt wären, müsste man in jeder Himmelsrichtung einen Stern sehen. Diese Sterne sind allerdings weiter und weiter entfernt, und ihre Helligkeit nimmt mit dem Quadrat der Entfernung ab. Allerdings nimmt ihre Anzahl mit dem Quadrat der Entfernung zu, sodass insgesamt die Gesamthelligkeit gleich bleibt. Daraus folgt, dass der Nachthimmel hell sein müsste. Das ist bekannt als **olberssches Paradoxon** nach dem deutschen Astronomen Olbers, der dies 1823 formulierte. Da wir inzwischen wissen, dass Sterne entstehen, altern und sterben, benötigten wir für eine zeitliche Konstanz auch einen Mechanismus, der für ein Gleichgewicht ihrer Dichte sorgt.

Was also können wir uns überlegen, um die Geheimnisse unseres Universums zu entschleiern? Dazu könnte man zunächst einmal versuchen, weitere Beobachtungen einzubinden, insbesondere die Rotverschiebung und die Hintergrundstrahlung.

Hubble-Diagramme: Man hat bei den Spektren des von Galaxien ausgesandten Lichts eine **Rotverschiebung** z (siehe Seite 163) festgestellt, die linear mit ihrer Entfernung D von der Erde zunimmt. Das geht zurück auf Studien des US-amerikanischen Astronomen **Edwin Hubble**, der dazu Daten von bis zu 2 Mpc entfernten astronomischen Objekten benutzte. Man erhält in einem solchen Hubble-Diagramm näherungsweise eine Gerade durch den Nullpunkt, die man schreiben kann als

$$z\,c = H_0\,D$$

mit der Lichtgeschwindigkeit c und der **Hubble-Konstanten** H_0. Sie ist unabhängig von der Raumrichtung, aber nicht notwendigerweise von der Zeit. Daher spricht man allgemeiner auch von dem **Hubble-Parameter** $H(t)$ mit $H(t_0) = H_0$, wenn wir unsere aktuelle Zeit mit t_0 bezeichnen.

Wir interpretieren dies so, dass der Raum sich lokal ausdehnt, anschaulich etwa wie im Zweidimensionalen ein Gummituch, das auseinandergezogen wird. Wenn d den Abstand zweier lichtaussendenden Objekte bezeichnet, dann entfernen sie sich mit einer Geschwindigkeit $v = H_0 d$ voneinander. Also entfernen sich die Objekte mit dieser Geschwindigkeit von der Erde. Dies liefert aufgrund des Doppler-Effekts eine Rotverschiebung der Wellenlänge proportional zu H_0. Der Zahlenwert von H_0 ergibt sich aus den Hubble-Diagrammen als

$$H_0 \approx 70\,\frac{\mathrm{km/s}}{\mathrm{Mpc}}\,, \quad \text{die } \textbf{Hubble-Konstante}\,,$$

wobei über den exakten Wert derzeit in der Fachwelt noch debattiert wird. Dabei steht Mpc für die Längeneinheit Megaparsec (siehe Seite 179). Das ist eine Beobachtung, die man natürlich theoretisch untermauern sollte.

Dazu müssen wir allerdings ein wenig ausholen. Um Missverständnisse zu vermeiden, sei hervorgehoben, dass wir uns hier nur für die globale Beschreibung des Universums interessieren, nicht etwa für lokale Raumkrümmungen etwa durch im Raum verteilte Massen. Ein Ansatz dazu beruht auf einer geeigneten Metrik (siehe Seite 161) der Raumzeit, die **Friedmann-Lemaître-Robertson-Walker-Metrik**, oder kurz **FLRW-Metrik**

$$\mathrm{d}s^2 = -c^2\mathrm{d}t^2 + a^2(t)\left(\frac{\mathrm{d}r^2}{1-kr^2} + r^2\,\mathrm{d}\vartheta^2 + r^2\,\sin^2\vartheta\,\mathrm{d}\varphi^2\right).$$

Sie ist eine exakte Lösung der einsteinschen Feldgleichungen der allgemeinen Relativitätstheorie und beschreibt eine homogene, isotrope Expansion des Universums. Dabei ist $a(t)$ ein dimensionsloser Skalenfaktor, der die räumlichen Abstände wie $a(t)\mathrm{d}r$ skaliert, die zeitlichen Abstände $\mathrm{d}t$ bleiben dabei unverändert. Die Zeit t in der FLRW-Metrik ist die **kosmologische Zeit**, die Eigenzeit eines mitbewegten Beobachters, die seit dem Urknall vergangen ist.

Der Krümmungsparameter k kann die Werte $+1$, 0, -1 annehmen. Für $k = 0$ ist der Raum unendlich und ohne Krümmung, für $k = +1$ endlich und positiv gekrümmt und für $k = -1$ unendlich und negativ gekrümmt. Der einfachste Fall ist der eines flachen Universums. Dann lautet mit $k = 0$ die FLRW-Metrik in kartesischen Koordinaten

$$\mathrm{d}s^2 = -c^2\mathrm{d}t^2 + a^2(t)\left(\mathrm{d}x^2 + \mathrm{d}y^2 + \mathrm{d}z^2\right),$$

entspricht also der Minkowski-Metrik von Seite 160, ergänzt durch den Skalenfaktor $a(t)$, der die räumliche Expansion berücksichtigt.

Jetzt fehlt uns aber noch die Brücke zwischen dem Skalenfaktor $a(t)$ der Metrik und dem Hubble-Parameter $H(t)$. Versuchen wir es wieder einmal mit dem intelligenten Raten. Zunächst können wir ja über den Absolutwert von $a(t)$ beliebig verfügen, indem wir den Wert zu irgendeiner Zeit gleich eins setzen. Der Zusammenhang zwischen $H(t)$ und $a(t)$ sollte also unabhängig sein von einer Normierung $a(t) \longrightarrow s\,a(t)$ mit einem Faktor s. Außerdem ist $H(t)$ sicher dann gleich null, wenn $a(t)$ konstant ist, und daher ist eine Abhängigkeit von der Änderungsrate $\dot{a} = \mathrm{d}a/\mathrm{d}t$ zu vermuten. Der einfachste Ansatz, der auch die Dimension 1/Zeit des Hubble-Parameters ergibt, ist dann

$$H(t) = \frac{\dot{a}(t)}{a(t)}\,,$$

was man auch durch eine ernsthafte Herleitung bestätigen kann. Zum heutigen Zeitpunkt t_0 ist der Wert $H_0 = H(t_0)$. Hieraus ergibt sich auch die Zeitabhängigkeit des Hubble-Parameters. Wäre er zeitlich konstant, also gleich H_0, dann wäre die Expansionsrate exponentiell, $a(t) \sim \mathrm{e}^{H_0 t}$. Man kann aber zeigen, dass dies nur möglich wäre für ein Universum, das leer ist oder nur von dunkler Energie dominiert, was aber nicht der Fall ist.

Wir müssen uns allerdings noch davon überzeugen, dass daraus auch die Linearität der Hubble-Diagramme folgt:

Die Rotverschiebung z war definiert als die Differenz zwischen beobachteter Wellenlänge λ_0 und emittierter Wellenlänge λ_{em}, dividiert durch letztere, was wir mithilfe des Skalenfaktors $a(t)$ ausdrücken können als

$$1 + z = 1 + \frac{\lambda_0 - \lambda_{em}}{\lambda_{em}} = \frac{\lambda_0}{\lambda_{em}} = \frac{a(t_0)}{a(t_{em})}\,.$$

Wir nehmen an, dass die Abstände der emittierenden Objekte klein sind. (Dazu werden wir später noch bestätigen, dass eine Entfernung von einem Megaparsec klein ist gegenüber kosmischen Entfernungen im Universum.) Dann sind auch die Zeitdifferenzen $\Delta t = t_0 - t_{em} > 0$ klein und wir können $a(t)$ um die Zeit t_0 linear approximieren:

$$a(t_{em}) \approx a(t_0) + \dot{a}(t_0)\big(t_{em} - t_0\big) = a_0 - \dot{a}_0\,\Delta t\,,$$

Damit erhalten wir

$$1 + z \approx \frac{a_0}{a_0 - \dot{a}_0\,\Delta t} = \frac{1}{1 - \frac{\dot{a}_0}{a_0}\,\Delta t} \approx 1 + \frac{\dot{a}_0}{a_0}\,\Delta t = 1 + H_0 \Delta t \qquad \Longrightarrow z \approx H_0 \Delta t\,.$$

Wir multiplizieren die letzte Gleichung mit der Lichtgeschwindigkeit und erhalten mit der Strecke $D \approx c\,\Delta t$, die das Licht zurückgelegt hat, also der Entfernung des strahlenden Objekts, die gesuchte Formel $z\,c = H_0\,D$.

Nachdem wir jetzt unsere theoretischen Überlegungen hinter uns gebracht haben, bleibt nur noch die Frage offen, wie unser Universum wirklich gestaltet ist. Das kann die Theorie (noch?) nicht beantworten. Wir alle haben schon von der Annahme gehört, dass das Universum in einem sogenannten „Urknall" entstanden ist und sich dann (eventuell sogar „inflationär") ausgedehnt hat, aber darauf möchte ich nicht eingehen, genauso wie auf seine interessanten Bestandteile „dunkle Materie" und „dunkle Energie".

Jedenfalls scheint es so zu sein, dass zu einer Zeit von etwa Dreihunderttausend Jahren nach dem Urknall (ein sehr kleiner Zeitraum, im Vergleich zu den Hundertmillionen Jahren, die seit den Dinosauriern vergangen sind!) die Materie aus einem heißen Plasma freier Protonen und Elektronen bestand. Eventuell stattfindende Rekombinationen langsamer Elektronen und Protonen zu Wasserstoff wurden sofort durch Stöße wieder ionisiert. In einem solchen dichten Plasma konnte sich wegen ihrer Wechselwirkung mit den Ladungen keine elektromagnetische Strahlung ausbreiten. Es war also „dunkel". Allerdings war eine Ausbreitung von Dichteschwankungen möglich, analog zu den Schallwellen in der Luft. Diese „Akustik" im jungen Universum wurde angetrieben durch die Gravitation und den Strahlungsdruck. Diese beiden Kräfte führten zu stehenden Schallwellen im Plasma. Die maximale Ausdehnung einer solchen Schallwelle wird als **Schallhorizont** bezeichnet und betrug damals, also 300000 Jahre nach dem Urknall, etwa 230000 Lichtjahre und dient als ein kosmisches Standard-Lineal. Seine heutige, mitbewegte Größe beträgt, korrigiert durch die Expansion und das präzise kosmologische Modell, 480 Millionen Lj.

Die Rekombination: Wegen der Expansion des Raums sank die Dichte des Plasmas, und nach etwa 380000 Jahren „wurde es hell", Licht konnte sich ausbreiten. Warum? Dabei hilft uns folgende Überlegung. Das Plasma verhält sich wie ein Gas im Gleichgewicht und lässt sich durch seine Temperatur beschreiben. Wenn sich der Raum ausdehnt, sinkt die Temperatur und damit auch die Energie der Teilchen. Versuchen wir einmal, das zu begründen. Bei einem Gas sind innere Energie U und Volumen durch $\mathrm{d}U = -p\mathrm{d}V$ verknüpft. Dabei ist p der Gasdruck. Wenn sich das Volumen also vergrößert, dann sinkt die innere Energie. Die ist aber proportional zur vierten Potenz der Temperatur (siehe Seite 149) und daher sinkt die Temperatur. Wenn man dieses Szenario von einem Experten der Atomphysik durchrechnen lässt, dann erhält man als Ergebnis, dass bei einer Temperatur von etwa 3000 Kelvin das Plasma in ein Wasserstoffgas übergeht. Damit wird es durchsichtig und emittiert elektromagnetische Strahlung wie ein Schwarzer Körper mit einer Temperatur von 3000 Kelvin.

Die Wellenlänge dieser emittierten Strahlung, des ersten Lichts, liegt im (roten) sichtbaren Bereich und im nahen Infrarot mit einem Strahlungsmaximum bei $\lambda \approx 966$ nm, was wir natürlich sofort nachprüfen! (Antwort Seite 214)

Kosmische Mikrowellen-Hintergrundstrahlung: Heute, etwa 13,8 Milliarden Jahre später, empfangen wir diese Strahlung noch immer, aber inzwischen haben sich die Wellenlängen durch die Expansion des Universums, die kosmologische Rotverschiebung, stark gedehnt. Wir beobachten aus allen Raumrichtungen diese Hintergrundstrahlung, immer noch eine Schwarzkörperstrahlung mit einem Intensitätsmaximum bei einer Wellenlänge $\lambda_{\text{max}} \approx 1{,}06$ Millimeter, also im Mikrowellenbereich. Dem entspricht nach dem Wienschen Gesetz eine heutige Temperatur von etwa 3000 Kelvin $\cdot$ $966 \cdot 10^{-9}/1{,}06 \cdot 10^{-3} \approx 2{,}7$ Kelvin. Man bezeichnet daher die Hintergrundstrahlung auch als Drei-Kelvin-Strahlung,

Von Interesse ist auch die **Rotverschiebung** z der Hintergrundstrahlung. Wir können sie für die Wellenlänge maximaler Intensität leicht berechnen als

$$z = \frac{\lambda_{\text{heute}}}{\lambda_{\text{em}}} - 1 = \frac{1{,}06 \cdot 10^{-3}\,\text{m}}{966 \cdot 10^{-9}\,\text{m}} - 1 \approx 1100\,.$$

Damit können wir jetz beispielsweise eine ganz grobe Schätzung der heutigen Größe des oben erwähnten Schallhorizonts angeben, indem wir nur den Skalenfaktor berücksichtigen. Damit wäre er, wie die Rotverschiebung, von 230000 Lj durch Multiplikation mit z auf 253 Millionen Lj angewachsen, was wenigstens in der Größenordnung dem korrekten Wert 480 Millionen Lj nahekommt.

Die **Hintergrundstrahlung** (oft kurz CMB für Cosmic Microwave Background), die wir am gesamten Himmel wahnehmen, kommt von einer dünnen Schale um uns herum. Jeder Punkt dieser Fläche ist der maximale sichtbare Abstand (der sogenannte **Partikelhorizont**) in jeder Richtung. Er beträgt heute etwa 46 Milliarden Lj oder $14 \cdot 10^3$ Mps und ist der Rand des heute beobachtbaren Universums.

Da die Hintergrundstrahlung eine wichtige Informationsquelle ist, muss man sie vor allen weiteren Untersuchungen aufbereiten. Zunächst müssen alle sonstigen Strahlungsquellen, wie Sterne und Galaxien, eliminiert werden. Dann beobachtet man eine deutliche Rotverschiebung in eine Himmelsrichtung sowie eine Blauverschiebung in entgegengesetzter Richtung, verursacht durch die Bewegung unseres Sonnensystems relativ zum Strahlungshintergrund. Wenn man diesen Dopplereffekt herausfiltert, erhält man als Nebenprodukt auch eine Geschwindigkeit der Sonne von etwa 369 km/s. Aber wir dürfen jetzt nicht annehmen, dass die Hintergrundstrahlung völlig gleichmäßig ist. Sie enthält winzige Temperaturschwankungen, erzeugt durch Dichteschwankungen im Plasma. Solche **Hotspots** bildeten die „Samen" für alle späteren Strukturen (Galaxien, Galaxienhaufen). Das Bild 3.22 zeigt die Temperaturschwankungen der Hintergrundstrahlung über den gesamten Himmel, aufgenommen durch durch die ESA Planck-Mission 2018. Die Verteilung ist nahezu isotrop mit einer mittleren Temperatur von 2,725 Kelvin mit sehr kleinen lokal begrenzten Schwankungen im Bereich von Hunderttausendstel Kelvin, die in den Karten meist farblich kodiert sind. Rot entspricht dabei höheren Temperaturen, blau niedrigeren als der Mittelwert.

Dieses Muster gibt die Dichteschwankungen des Plasmas im frühen Universum zur Zeit des ersten Lichts wieder, also der „Schallwellen". Um mehr Informationen zu erhalten,

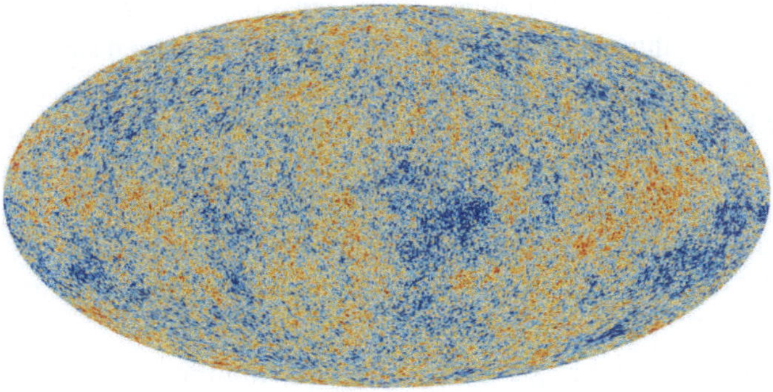

Bild 3.22 Temperaturschwankungen der kosmischen Hintergrundstrahlung (ESA, Planck Collaboration)

kann man dieses Fleckenmuster genauer analysieren. Zur Erläuterung betrachten wir ein einfaches Beispiel:

Nehmen wir einmal an, wir untersuchen eine 2π-periodische Funktion $f(x)$. Dann können wir sie darstellen als eine Summe von Sinus- und Kosinusfunktionen $\sin(\ell x)$ und $\cos(\ell x)$ mit $\ell = 0, 1, \ldots$, also als eine Fourier-Reihe. Wir wollen hier einmal annehmen. dass die Kosinus-Terme nicht beitragen, und haben also

$$f(x) = \sum_{\ell=0}^{\infty} c_\ell \sin(\ell x) \,.$$

Dann kann man zeigen, dass man die Koeffizienten durch Integration erhält:

$$c_\ell = \frac{1}{\pi} \int_{-\pi}^{+\pi} f(x) \sin(\ell x) \, dx \,.$$

Betrachten wir jetzt die Beträge dieser Koeffizienten in Abhängigkeit von ℓ, so finden wir oft ein ausgeprägtes Maximum bei einem Wert ℓ_{max} und die Strukturen in $f(x)$ werden von dem Term $\sin(\ell_{max} x)$ dominiert, oder, da man sich meistens für die Intensität $|f(x)|^2$ interessiert, von $\sin^2(\ell_{max} x) = (1 - 2\cos(2\ell_{max} x))/2$. Das ist periodisch und aus $2\ell_{max} x = 2\pi$ erhält man die Periode π/ℓ_{max}. Die Maxima der Verteilung haben also einen mittleren Abstand und ein Breite von etwa π/ℓ_{max}.

Wenn wir in ähnlicher Weise unsere Hintergrundstrahlung analysieren, haben wir es mit der Intensitätsverteilung auf einer Kugelschale zu tun, die durch zwei Polarwinkel ϑ und φ beschrieben werden kann. Sie lässt sich dann anstelle von trigonometrischen Funktionen durch eine Reihe von **Kugelflächenfunktionen** $Y_{\ell m}(\vartheta,\varphi)$ mit $\ell = 0, 1, \ldots$ und $m = -\ell, \ldots, \ell$ beschreiben. Man findet dann ein deutliches Maximum dieses Leistungsspektrums der CMB-Daten bei einem Wert von $\ell_{max} = 220$, dem sogenannten „ersten akustischen Peak“. Das ergibt einem Winkelabstand dieser Hotspots von $\alpha = \pi/\ell_{max} \approx 0{,}014$ rad oder $0{,}82\,°$, also für die Winkelbreite, unter der uns der Schallhorizont erscheint.

Die Krümmung des Universums: Wie können wir nun durch Beobachtungen herausfinden, ob unser Universum flach oder gekrümmt ist? Wir können es ja nicht „von außen“ betrachten, aber wir könnten beispielsweise die Winkelsumme in einem kosmischen Dreieck vermessen. Ist sie größer als $180\,^\circ$, dann ist unser Universum positiv gekrümmt wie eine Kugelfläche, ist sie kleiner, dann ist es negativ gekrümmt wie eine Sattelfläche, und für den Fall, dass die Winkelsumme gleich $180\,^\circ$ ist, ist unser Universum flach. Aber wie spannt man solch ein riesiges kosmisches Dreieck auf?

Da helfen die folgenden Überlegungen. Wir haben oben gelernt, dass sich in einer heutigen physikalischen Entfernung von $h = 46$ Milliarden Lj (der „Teilchenhorizont“) die Schale der Hintergrundstrahlung befindet. Auf dieser Schale finden wir Dichtefluktuationen, und die physikalische Größe der größten Dichtefluktuation (der „Schallhorizont“) hat im mitbewegten System den Wert $b \approx 480$ Millionen Lj. Damit haben wir unser kosmisches Dreieck gefunden, das sogenannte **Akustische Dreieck**. Dieses gleichschenklige Dreieck hat die Erde an der Spitze, als Basis b den Schallhorizont, als Höhe h den Teilchenhorizont, die Winkel-Durchmesser-Distanz zur Oberfläche der Hintergrundstrahlung, und den oben angegebenen Winkel $\alpha \approx 0{,}82\,^\circ$ an der Spitze. Für den Fall einer flachen Metrik muss dann gelten $\tan\alpha/2 = b/2h$. Aber Vorsicht ist geboten, denn wir müssen zunächst den oben angegeben physikalischen Wert $h = 46$ Milliarden Lj in den mitbewegten Wert umrechnen, und zwar in der FLRW-Metrik (siehe Seite 180), was aber unsere Möglichkeiten hier übersteigt. Es zeigt sich dann, dass α genau einen Wert annimmt, der nur in einem flachen Universum ($k = 0$) möglich ist.

Die Topologie des Universums: Für eine flache Geometrie ist die einfachste Annahme das euklidische Universum, es ist unendlich und einfach zusammenhängend. Aber das muss nicht notwendig eine triviale Topologie nach sich ziehen. Es wären auch kompakte (endliche) Topologien für ein flaches Universum denkbar, wie der 3-Torus, bei dem das Universum ein Würfel ist, dessen gegenüberliegende Seiten identifiziert werden. Man verlässt den Würfel auf einer Seite und tritt auf der gegenüberliegenden wieder ein. Ein solches Universum wäre endlich im Volumen, hätte aber keinen Rand. Um die Topologie zu klären, suchen Wissenschaftler nach sich wiederholenden Mustern in der kosmischen Hintergrundstrahlung oder nach Mehrfachbildern derselben Galaxie an verschiedenen Stellen. Das wäre ein Indikator für eine endliche, sich selbst wiederholende Topologie. Diese Suche ist jedoch sehr schwierig und hat bisher keine aussagekräftigen Ergebnisse geliefert, aber wir sollten offen sein für zukünftige Überraschungen.

Damit sind wir am Ende mit unserem Ausflug in die Kosmologie. Wir haben uns auf das Notwendigste beschränkt und sicher besteht der Wunsch, mehr darüber zu erfahren. Dazu empfehle ich den Artikel von Matthias Bartelmann, „Kosmischer Schall und die Krümmung des Raums“ in: Einstein Online Band 02 (2006), 02-1109, zu finden unter **www.einstein-online.info/spotlight/kosmischerschall**.

A
Mathematische Werkzeuge

Elementare Arithmetik & Geometrie

Wir beginnen damit, einfaches mathematisches Grundwissen aufzulisten:

Algebra: Die **Fakultät** $n!$ (gelesen n-Fakultät) ist das Produkt der natürlichen Zahlen von 1 bis n:

$$n! = 1 \cdot 2 \cdot 3 \cdots (n-1) \cdot n \quad \text{mit} \quad 0! = 1 \quad \text{und} \quad n! = n\,(n-1)!\,.$$

Dies beschreibt beispielsweise die Anzahl aller möglichen Anordnungen von n Objekten. Die Folge der $n!$ wächst schnell an, stärker als jede Potenz x^n.

Fast jeder kennt aus der Schule die **Binomischen Formeln**:

$$(a \pm b)^2 = a^2 \pm 2ab + b^2\,, \quad (a+b)(a-b) = a^2 - b^2\,,$$

die man notfalls auch direkt durch Ausmultiplizieren der Produkte erhält, und manche erinnern sich auch noch an die Formel für die dritte Potenz:

$$(a+b)^3 = a^3 + 3a^2b + 3ab^2 + b^3\,.$$

Lineare Gleichungen mit zwei Unbekannten x und y der Form

$$ax + by = u\,, \quad cx + dy = v$$

haben die eindeutige Lösung

$$x = \frac{ud - bv}{ad - bc}\,, \quad y = \frac{av - uc}{ad - bc} \quad \text{für} \quad ad - bc \neq 0\,.$$

Für $ad - bc = 0$ gibt es entweder unendlich viele oder keine Lösungen.

Die **quadratische Gleichung** $ax^2 + bx + c = 0$ mit $a \neq 0$ hat die Lösungen x_+ und x_- mit

$$x_\pm = \frac{-b \pm \sqrt{b^2 - 4ac}}{2a} \quad \text{oder für } a = 1: \quad x_\pm = -\frac{b}{2} \pm \sqrt{\frac{b^2}{4} - c}\,,$$

die berühmte **Mitternachtsformel**.

Summen: Die bekannteste Formel einer endlichen Summe ist die Formel

$$S_n = \sum_{k=1}^{n} k = \frac{n(n+1)}{2}$$

für die Summe der ersten n natürlichen Zahlen. Der Beweis mit **vollständiger Induktion** ist einfach: Die Formel ist offensichtlich richtig für $n = 1$. Wenn sie richtig ist für n, dann gilt

$$S_{n+1} = \sum_{k=1}^{n+1} k = S_n + n + 1 = \frac{n(n+1)}{2} + n + 1 = (n+1)\left(\frac{n}{2} + 1\right) = \frac{(n+1)(n+2)}{2}\,.$$

Die Formel ist also auch richtig für $n + 1$ und damit für alle n.

Reelle Funktionen: Eine reelle Funktion, also eine Abbildung f, die einer reellen Zahl x eine reelle Zahle $f(x)$ zuordnet, heißt **stetig**, wenn kleine Änderungen des Arguments x nur kleine Änderungen von $f(x)$ nach sich ziehen. Eine in einem abgeschlossenen Intervall $[a,b]$ stetige Funktion nimmt nach dem **Zwischenwertsatz** dort alle Werte zwischen $f(a)$ und $f(b)$ an.

Die **Ableitung** einer Funktion $f(x)$ ist der Grenzwert

$$f'(x) = \lim_{\epsilon \to 0} \frac{f(x+\epsilon) - f(x)}{\epsilon}\,,$$

wenn er existiert. Man nennt $f(x)$ dann im Punkt x differenzierbar. Beispielsweise ist die Funktion $f(x) = ax^n$ mit einer natürlichen Zahl n für jedes x differenzierbar mit der Ableitung $f'(x) = nax^{n-1}$. Die zweite Ableitung ist die Ableitung der ersten (falls sie existiert). Man schreibt sie als $f''(x)$ oder als $f^{(2)}(x)$, wobei man die letzte Schreibweise auf die n-te Ableitung $f^{(n)}(x)$ ausdehnen kann.

Eine der wichtigsten Differentiationsregeln ist die **Kettenregel** für eine Verkettung $h(x) = f(g(x))$ differenzierbarer Funktionen f und g. Sie lautet

$$h'(x) = f'(g(x))\,g'(x)\,.$$

Damit erhält man zum Beispiel $\left((1 + x^2)^3\right)' = 3(1 + x^2)^2\,2x$.

Sind $y = f(x)$ und $x = g(y)$ **Umkehrfunktionen** und differenzierbar, dann gilt für ihre Ableitungen

$$\frac{\mathrm{d}y}{\mathrm{d}x} = \left(\frac{\mathrm{d}x}{\mathrm{d}y}\right)^{-1} \quad \text{falls} \quad \frac{\mathrm{d}x}{\mathrm{d}y} \neq 0\,.$$

Für eine Funktion $f(x,y)$ mit zwei Variablen ist die **partielle Ableitung** nach x die Ableitung, bei der man x als alleinige Variable betrachtet. Man schreibt sie als $\partial f/\partial x$ oder kurz f_x und genauso erhält man $\partial f/\partial y = f_y$. Entsprechend kann man höhere partielle Ableitungen bilden wie $\partial^2 f/\partial x^2 = f_{xx}$, $\partial^2 f/\partial y^2 = f_{yy}$, $\partial^2 f/\partial x \partial y = f_{xy}$ oder $\partial^2 f/\partial y \partial x = f_{yx}$. Dabei sind nach dem **Satz von Schwarz** die gemischten Ableitungen unabhängig von der Reihenfolge, $\partial_{xy} f = \partial_{yx} f$, wenn die partiellen Ableitungen existieren und stetig sind.

Den Ausdruck

$$\mathrm{d}f = \frac{\partial f}{\partial x}\,\mathrm{d}x + \frac{\partial f}{\partial y}\,\mathrm{d}y = f_x\,\mathrm{d}x + f_y\,\mathrm{d}y$$

bezeichnet man als das **totale Differential** von $f(x,y)$.

Unter dem (unbestimmten) **Integral** einer Funktion $f(x)$ versteht man einen Ausdruck

$$\int f(x)\,\mathrm{d}x = F(x) + C \quad \text{mit} \quad F'(x) = f(x)\,.$$

Dabei bezeichnet man $F(x)$ als *Stammfunktion* von $f(x)$ und $f(x)$ als *Integrand*. Das bestimmte Integral der Funktion $f(x)$ ist dann

$$\int_a^b f(x)\,\mathrm{d}x = [F(x)]_a^b = F(b) - F(a)\,.$$

Für $a < b$ ergibt das bestimmte Integral die Fläche zwischen dem Graphen der Funktion $f(x)$ und der x-Achse, wobei Regionen mit $f(x) < 0$ negativ eingehen. Natürlich sind auch hier Fragen der Integrierbarkeit zu klären, aber für stückweise stetige Funktionen $f(x)$ tauchen keine Probleme auf. Mehr dazu findet man unter dem Schlagwort **riemannsches Integral**.

Geometrie: In einem (ebenen) Dreieck ist die Summe der drei Innenwinkel gleich 180°. In einem rechtwinkligen Dreieck ist das Quadrat der Länge der längsten Seite gleich der Summe der Quadrate der anderen beiden Seitenlängen (**Satz des Pythagoras**). Mit den Bezeichnungen aus Bild A.1 gilt also $a^2 + b^2 = c^2$. Das Quadrat der Höhe h ist gleich dem Produkt der beiden Abschnitte p und q der Seite c, also $h^2 = pq$ (**Höhensatz des Euklid**). Zu beiden Sätzen gibt es sehr viele und sehr unterschiedliche Beweise. Beispiele findet man auf den angegeben Webseiten.

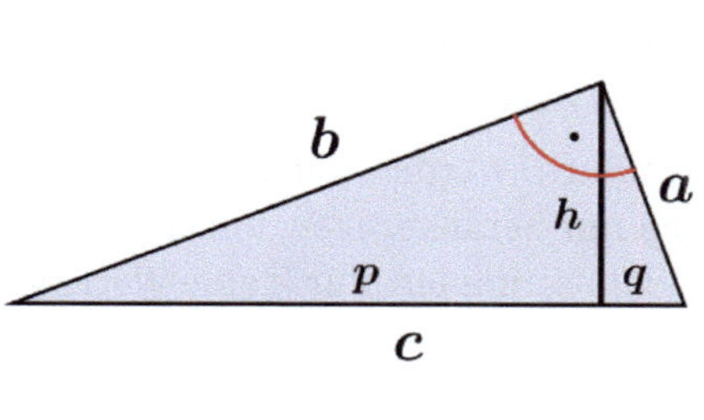

Bild A.1 Für das rechtwinklige Dreieck gilt $a^2 + b^2 = c^2$ und $h^2 = pq$.

Der **Strahlensatz** beschreibt zwei von einem Punkt, dem Scheitel S, ausgehende Strahlen, die von zwei Parallelen geschnitten werden, wie im Bild A.2 dargestellt. Es gilt dann:

(1) Zwei Abschnitte auf einem Strahl verhalten sich so wie die entsprechenden Abschnitte auf dem anderen Strahl, zum Beispiel gilt $\overline{SA}/\overline{AB} = \overline{SC}/\overline{CD}$.

(2) Die Abschnitte auf den Parallelen verhalten sich so wie die entsprechenden, vom Scheitel aus gemessenen Abschnitte auf einem Strahl, zum Beispiel $\overline{AC}/\overline{BD} = \overline{SA}/\overline{SB}$.

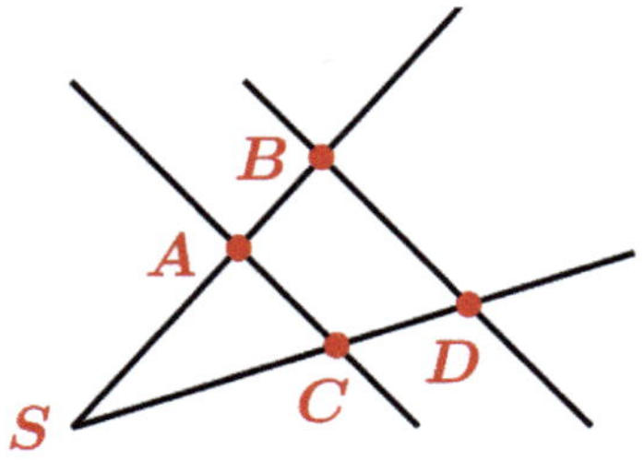

Bild A.2 Zwei von einem Scheitel S ausgehende Strahlen werden von zwei Parallelen geschnitten. Es gelten dann die Strahlensätze.

Reihenentwicklungen

Eine wichtige Methode bei dem Umgang mit Funktionen ist ihre Darstellung durch ein **Potenzreihe** in der Form

$$f(x) = a_0 + a_1(x - x_0) + a_2(x - x_0)^2 + \ldots = \sum_{n=0}^{\infty} a_n(x - x_0)^n$$

mit dem Entwicklungspunkt x_0. Dabei ist natürlich zu untersuchen, ob diese Reihe gegen den Funktionswert konvergiert, und für welche x-Werte dies der Fall ist. Man bezeichnet eine solche Funktion, die lokal durch eine konvergente Potenzreihe dargestellt werden kann, als **analytische Funktion**. Recht übersichtlich ist diese Darstellung, wenn die Funktion unendlich oft differenzierbar ist. Dann gilt mit den n-ten Ableitungen $f^{(n)}(x_0)$ am Entwicklungspunkt für die Koeffizienten

$$a_n = \frac{f^{(n)}(x_0)}{n!} \,.$$

Aber Vorsicht, selbst wenn diese sogenannte **Taylor-Reihe** konvergiert, muss sie nicht notwendigerweise gegen den Funktionswert konvergieren!

Aber in den meisten Fällen (auch hier in diesem Buch) werden solche Reihen schon nach sehr(!) wenigen Schritten abgebrochen und nur herangezogen, um einen Funktionswert in der Nachbarschaft eines Punkts x_0 zu bestimmen. Für kleine Werte von $|x - x_0|$ verwendet man dann oft die Näherung

$$f(x) \approx f(x_0) + f'(x_0)\,(x - x_0) \,,$$

eine lineare Approximation, wobei der Graph der Funktion durch deren Tangente im Punkt x_0 angenähert wird.

Zwei Beispiele sollen das illustrieren: Entwickeln wir die Funktion $f(x) = 1/(1-x)$ mit der Ableitung $f'(x) = 1/(1-x)^2$ und die Funktion $f(x) = \sqrt{1+x}$ mit $f'(x) = 1/2\sqrt{1+x}$ um den Punkt $x_0 = 0$ so erhalten wir in linearer Näherung

$$\frac{1}{1-x} \approx 1 + x \quad \text{und} \quad \sqrt{1+x} \approx 1 + \frac{1}{2}x\,.$$

Doch zurück zu den Taylor-Reihen. Wenn wir die Funktion $f(x) = 1/(1-x)$ mehrmals differenzieren, erhalten wir die Formel $f^{(n)}(x) = n!/(1-x)^{n+1}$ für die n–te Ableitung (Beweis durch vollständige Induktion) und damit $f^{(n)}(0) = n!$. Die Taylor-Reihe hat dann die einfache Form

$$\frac{1}{1-x} = \sum_{n=0}^{\infty} \frac{f^{(n)}(0)}{n!} x^n = \sum_{n=0}^{\infty} x^n \quad \text{für} \quad |x| < 1\,,$$

auch bekannt als **geometrische Reihe**.

Mithilfe der Taylor-Reihe können wir auch Funktionswerte der wohl wichtigsten nichtelementaren Funktion berechnen, die **Exponentialfunktion** $f(x) = \mathrm{e}^x$, die man durch die Eigenschaften $f(0) = 1$ und $f'(x) = f(x)$ definieren kann. Das ergibt dann sofort mit $f^{(n)}(x) = f(x)$ und $f^{(n)}(0) = f(0) = 1$ die Potenzreihe

$$\mathrm{e}^x = 1 + x + \frac{x^2}{2!} + \frac{x^3}{3!} + \ldots = \sum_{n=0}^{\infty} \frac{x^n}{n!}\,,$$

eine Taylor-Reihe mit dem Entwicklungspunkt $x_0 = 0$. Man kann auf relativ einfache Weise zeigen, dass diese Reihe für jedes x konvergiert und dass man ihre Ableitung erhält, indem man sie gliedweise differenziert. Das wollen wir einmal durchführen. Mit $m = n - 1$ und $n/n! = 1/(n-1)! = 1/m!$ erhalten wir

$$\frac{\mathrm{d}\mathrm{e}^x}{\mathrm{d}x} = 0 + 1 + \frac{2x}{2!} + \frac{2x^2}{3!} + \ldots = \sum_{n=0}^{\infty} \frac{nx^{n-1}}{n!} = \sum_{n=1}^{\infty} \frac{nx^{n-1}}{n!} = \sum_{n=1}^{\infty} \frac{x^{n-1}}{(n-1)!} = \sum_{m=0}^{\infty} \frac{x^m}{m!} = \mathrm{e}^x\,.$$

Wir notieren außerdem noch die Formeln

$$\mathrm{e}^{x+y} = \mathrm{e}^x\,\mathrm{e}^y\,, \qquad \frac{\mathrm{d}\,\mathrm{e}^{ux}}{\mathrm{d}x} = u\,\mathrm{e}^{ux}\,.$$

Die erste Gleichung, das **Additionstheorem**, beweisen wir mithilfe der Funktion $f(x) = \mathrm{e}^{x+y}/\mathrm{e}^y$. Sie erfüllt $f(0) = 1$ und $f'(x) = \mathrm{e}^{x+y}/\mathrm{e}^y = f(x)$, ist also nach den definierenden Eigenschaften oben gleich $f(x) = \mathrm{e}^x$, woraus $\mathrm{e}^x = \mathrm{e}^{x+y}/\mathrm{e}^y$ und $\mathrm{e}^{x+y} = \mathrm{e}^x\,\mathrm{e}^y$ folgt. Die zweite Gleichung ergibt sich einfach aus der Kettenregel der Differentiation.

Zum Abschluss berechnen wir noch näherungsweise die **Eulersche Zahl** e. Wenn wir die Potenzreihe bei $n = 8$ abbrechen, ergibt sich $\mathrm{e} \approx 2.71828$, wobei schon alle fünf Nachkommastellen von e korrekt wiedergegeben sind.

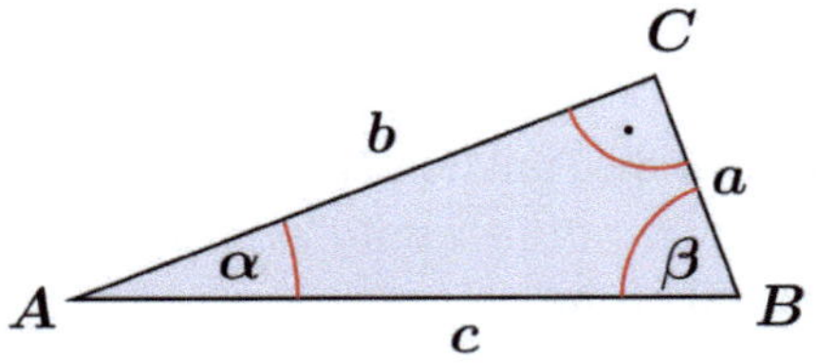

Bild A.3 Ein rechtwinkliges Dreieck.

Sinus, Kosinus & Co.

Wenn man mit Winkeln wie φ rechnen will, dann sind einige Funktionen sehr nützlich und wir wollen ihre wichtigsten Eigenschaften kennenlernen. Die grundlegende Funktion ist der **Sinus** von φ, also $\sin\varphi$. Diese Funktion lässt sich natürlich auch ganz abstrakt definieren, aber im Text haben wir sie über das rechtwinklige Dreieck kennengelernt (siehe Seite 9). Bleiben wir noch kurz dabei! Mit den Bezeichnungen aus Bild A.3 sagt man: Der Sinus des Winkels α ist das Verhältnis der Gegenkathete (die dem Winkel gegenüberliegende Seite a) zur Hypotenuse (die längste Seite c). Genauso definiert man eine weitere Funktion, den **Kosinus** von α, kurz $\cos\alpha$, als Verhältnis von Ankathete (die anliegende Seite b) zur Hypotenuse c. In Formeln also als

$$\sin\alpha = \frac{a}{c} \quad \text{und} \quad \cos\alpha = \frac{b}{c}\,.$$

Wenn wir das als $a = c\sin\alpha$ und $b = c\cos\alpha$ umschreiben, in die Pythagoras-Formel einsetzen und durch c^2 dividieren, erhalten wir

$$\sin^2\alpha + \cos^2\alpha = 1\,,$$

wobei man zur Vereinfachung $(\sin\alpha)^2$ als $\sin^2\alpha$ und $(\cos\alpha)^2$ als $\cos^2\alpha$ schreibt.

Neben diesen Sinus- und Kosinusfunktionen benötigen wir noch Tangens und Kotangens, definiert als

$$\tan\alpha = \frac{\sin\alpha}{\cos\alpha}\,, \quad \cot\alpha = \frac{\cos\alpha}{\sin\alpha} = \frac{1}{\tan\alpha}\,.$$

Man bezeichnet alle diese Funktionen als **trigonometrische Funktionen.**

Da in dem oben betrachteten rechtwinkligen Dreieck der Winkel α zwischen 0 und $\frac{\pi}{2}$ liegt, sind die Funktionen bisher nur für diesen Bereich definiert. Man kann sie auf alle reellen α-Werte ausdehnen, indem man sie stetig fortsetzt durch $\sin(\alpha \pm \frac{\pi}{2}) = \pm\cos\alpha$, $\cos(\alpha \pm \frac{\pi}{2}) = \mp\sin\alpha$ und folglich $\tan(\alpha \pm \frac{\pi}{2}) = -\cot\alpha$. Die drei Funktionen $y = \sin\alpha$, $y = \cos\alpha$ und $y = \tan\alpha$ sind im Bild A.4 dargestellt. Die Sinus- und Tangensfunktionen sind antisymmetrisch, $f(-\alpha) = -f(\alpha)$, die Kosinusfunktion ist symmetrisch, $f(-\alpha) = f(\alpha)$. An den Nullstellen des Kosinus divergiert der Tangens.

Manchmal benötigen wir auch noch die Inverse der Sinusfunktion $y = \sin\alpha$. Man nennt sie **Arkussinus** und schreibt $\alpha = \arcsin y$ und entsprechend auch **Arkuskosinus**, geschrieben arccos.

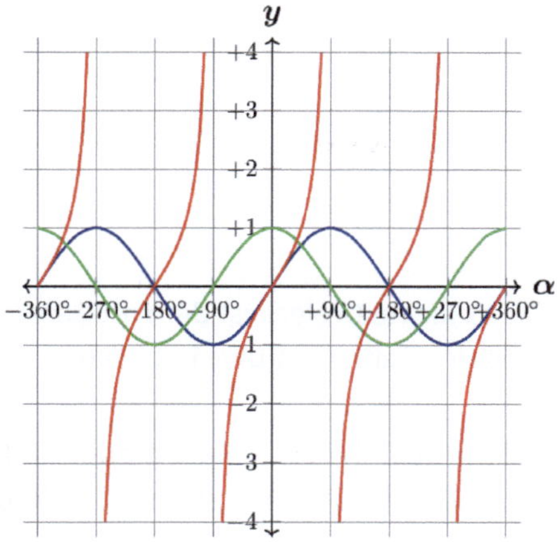

Bild A.4 Die trignometrischen Funktionen sin α, cos α und tan α.

Oft ist es bequemer, einen Winkel α statt in „Grad" im **Bogenmaß** anzugeben, eine Einheit, die man auch als **Radiant** bezeichnet, abgekürzt „rad". Das ist die Bogenlänge eines Sektors mit einem Öffnungswinkel α auf dem Einheitskreis. Der volle Winkel von 360° ist dann der volle Kreisumfang des Einheitskreises, also 2π. Folglich rechnet man eine Winkelangabe in Grad um in das Bogenmaß durch Multiplikation mit $2\pi/360$ oder $\pi/180$. Ein rechter Winkel (90°) entspricht also $\pi/2$ im Bogenmaß.

Wir notieren (ohne Versuch eines Beweises) die Additionstheoreme

$$\sin(\alpha \pm \beta) = \sin\alpha\,\cos\beta \pm \cos\alpha\,\sin\beta \quad \text{und} \quad \cos(\alpha \pm \beta) = \cos\alpha\,\cos\beta \mp \sin\alpha\,\sin\beta\,,$$

woraus folgt

$$\sin(\alpha \pm \tfrac{\pi}{2}) = \pm\cos\alpha \quad \text{und} \quad \cos(\alpha \pm \tfrac{\pi}{2}) = \mp\sin\alpha\,,$$

$$\sin(2\alpha) = 2\sin\alpha\,\cos\alpha \quad \text{und} \quad \cos(2\alpha) = \cos^2\alpha - \sin^2\alpha = 1 - 2\sin^2\alpha = 2\cos^2\alpha - 1\,.$$

Die trigonometrischen Funktionen sind differenzierbar (natürlich mit Ausnahme der Polstellen), und für ihre Ableitungen gelten die Formeln

$$\frac{\mathrm{d}\sin\alpha}{\mathrm{d}\alpha} = \cos\alpha\,, \quad \frac{\mathrm{d}\cos\alpha}{\mathrm{d}\alpha} = -\sin\alpha\,, \quad \frac{\mathrm{d}\tan\alpha}{\mathrm{d}\alpha} = \frac{1}{\cos^2\alpha}\,, \quad \frac{\mathrm{d}\cot\alpha}{\mathrm{d}\alpha} = -\frac{1}{\sin^2\alpha}\,.$$

Dazu begründen wir hier nur die erste Formel, und zur Abwechslung führen wir das einmal geometrisch durch. Im Bild A.5 ist auf der x-Achse $c = \cos\alpha$ abgetragen und auf der y-Achse $s = \sin\alpha$. Alle Punkte mit $\sin^2\alpha + \cos^2\alpha = 1$ liegen auf dem Einheitskreis. Wenn wir α um dα ändern, verändert sich auch die s-Koordinate des Punkts (c,s) um ds. Wenn dα klein wird, dann können wir den Kreisbogen dα durch die Tangente im Punkt (c,s) annähern und wir erhalten ein kleines Dreieck, das dem großen Dreieck mit den Seiten c, s und 1 ähnlich ist. (Der Winkel an der Spitze des kleinen Dreiecks ist gleich α.) Also gilt

$$\frac{\mathrm{d}s}{\mathrm{d}\alpha} = \frac{c}{1} \quad \text{oder umgeschrieben} \quad \frac{\mathrm{d}\sin\alpha}{\mathrm{d}\alpha} = \cos\alpha\,.$$

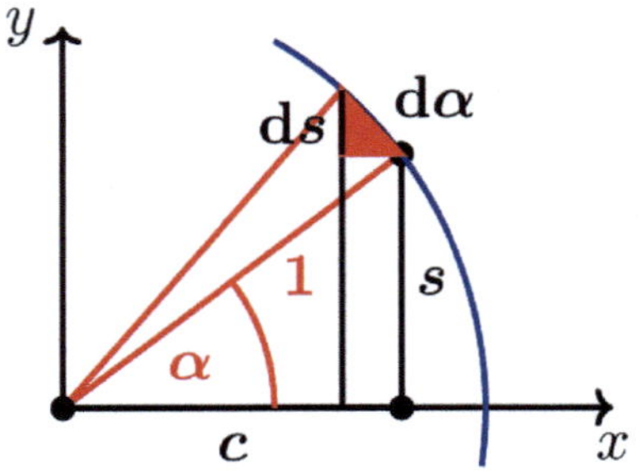

Bild A.5 Das kleine Dreieck ist dem großen Dreieck mit den Seiten c, s und 1 ähnlich.

Mit diesen Formeln für die Ableitung lassen sich dann auch Taylor-Reihen für die Funktionen herleiten. Wir ändern jetzt das Argument unserer trigonometrischen Funktionen von α in x und schreiben sie als $\sin x$ und $\cos x$. Die n-ten Ableitungen der Sinusfunktion lauten dann

$$\frac{\mathrm{d}^{(2k+1)} \sin x}{\mathrm{d}x^{(2k+1)}} = (-1)^k \cos x\,, \quad \frac{\mathrm{d}^{(2k)} \sin \alpha}{\mathrm{d}x^{(2k)}} = (-1)^k \sin x\,, \quad k = 0, 1, 2, \ldots\,.$$

Bei einer Entwicklung um den Nullpunkt $x_0 = 0$ sind dann alle geraden Ableitungen gleich null und alle ungeraden gleich $(-1)^k$ mit dem Resultat

$$\sin x = \sum_{k=0}^{\infty} (-1)^k \frac{x^{2k+1}}{(2k+1)!}\,, \quad \text{und genauso findet man} \quad \cos x = \sum_{k=0}^{\infty} (-1)^k \frac{x^{2k}}{(2k)!}\,,$$

wobei man oft nur die ersten Terme benötigt, also $\sin x \approx x - x^3/6$ oder $\cos x \approx 1 - x^2/2$. Aufmerksame Leserinnen oder Leser werden hier schon eine gewisse Verwandtschaft dieser Reihen mit der Taylor-Entwicklung der Exponentialfunktion erkennen. Dies wird später klarer werden, wenn wir die komplexen Zahlen beschreiben.

Für die Umkehrfunktion des Sinus erhält man mit der Ableitungsformel von Seite 188 die Näherung $\arcsin x \approx x + (1/6)x^3$ für kleine Werte von x.

Komplexe Zahlen

Mit den komplexen Zahlen haben viele Menschen einige Probleme. Da ist einmal der geschichtliche Hintergrund, der in der Frage gipfeln könnte: „Gibt es diese Zahlen wirklich?" Das wird befeuert durch die (nicht sehr glückliche) Namensgebung, die den „neu" dazukommenden Zahlen, deren Quadrat negativ ist, die Bezeichnung „imaginär" verlieh. Die gewöhnlichen Zahlen hießen dann „reell" (englisch sogar „real", also „wirklich"). Aber existieren Zahlen denn überhaupt? Gibt es wirklich eine Zahl „Zwei"? Maßgebend ist es doch, ob und wie man mit den vorgegebenen Zahlen sinnvoll arbeiten kann!

Nachdem schon im sechzehnten Jahrhundert, vornehmlich bei der Lösung kubischer Gleichungen, solche imaginären Zahlen auftraten, dauerte es mehr als 200 Jahre bis ein gewisser Durchbruch stattfand, der auf einer eigentlich „einfachen“ geometrischen Interpretation der komplexen Zahlen aufbaute. Man definierte eine Zahl i, deren Quadrat gleich −1 ist, $\mathrm{i}^2 = -1$, und schrieb eine **komplexe Zahl**, also eine „zusammengesetzte“ Zahl, als

$$z = x + \mathrm{i}\, y \quad \text{mit reellen Zahlen} \quad x, y\,.$$

Man bezeichnet x als den „Realteil“ Re(z) und y als den „Imaginärteil“ Im(z) der komplexen Zahl z. Dann lassen sich alle komplexen Zahlen z als Punkte in der (x,y)-Ebene, der **komplexen Zahlenebene**, darstellen. Man kann sie auch in einer Polardarstellung durch ihren **Betrag** r und ihr **Argument**, den Winkel φ, beschreiben mit

$$r = |z| = \sqrt{x^2 + y^2}\,, \quad \varphi = \arg(z) = \arctan\frac{y}{x} \quad \text{und} \quad z = x + \mathrm{i}\,y = r\cos\varphi + \mathrm{i}\,r\sin\varphi\,,$$

wie in Bild A.6 illustriert.

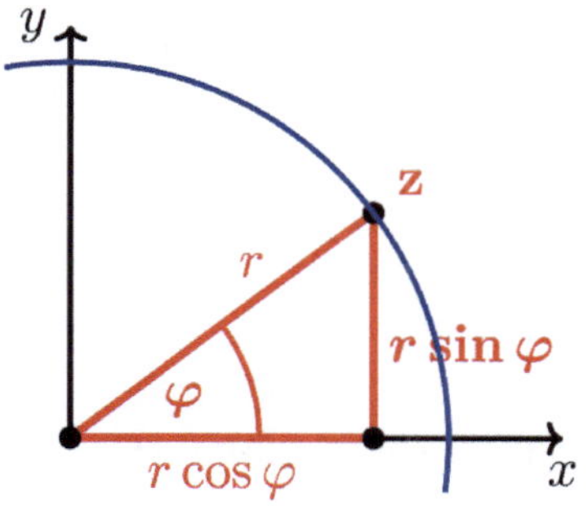

Bild A.6 Die komplexe Zahlenebene für die Zahlen $z = x + \mathrm{i}\,y = r\cos\varphi + \mathrm{i}\,r\sin\varphi$.

Alle weiteren Rechenregeln für Addition und Multiplikation folgen dann direkt durch einfache Rechnung unter Benutzung von $\mathrm{i}^2 = -1$:

$$\begin{aligned} z_1 + z_2 &= (x_1 + y_1\,\mathrm{i}) + (x_2 + y_2\,\mathrm{i}) = (x_1 + x_2) + (y_1 + y_2)\,\mathrm{i}\,, \\ z_1\, z_2 &= (x_1 + y_1\,\mathrm{i})\,(x_2 + y_2\,\mathrm{i}) = x_1\,x_2 + y_1\,y_2\,\mathrm{i}^2 + y_1\,x_2\,\mathrm{i} + x_1\,y_2\,\mathrm{i} \\ &= (x_1\,x_2 - y_1\,y_2) + (x_2\,y_1 + x_1\,y_2)\,\mathrm{i}\,. \end{aligned}$$

Beide Rechenregeln sind kommutativ, distributiv und die Multiplikation ist assoziativ. Die Addition lässt sich in einfacher Weise in Form einer Parallelogrammregel interpretieren, wie im Bild A.7 veranschaulicht. Die Formel für die Multiplikation erscheint weniger schön, aber wir werden weiter unten eine anschauliche Darstellung nachliefern.

Einige wenige weitere Beziehungen sollten wir uns noch merken: Multipliziert man $z = x + \mathrm{i}\,y$ mit seiner **komplex Konjugierten** $z^* = x - \mathrm{i}\,y$, so erhält man sein Betragsquadrat und ihre Summe oder Differenz ergibt die Real- oder Imaginärteile:

$$zz^* = (x + \mathrm{i}\,y)(x - \mathrm{i}\,y) = x^2 + y^2 = |z|^2\,, \quad z + z^* = 2\,\mathrm{Re}(z)\,, \quad z - z^* = 2\,\mathrm{i}\,\mathrm{Im}(z)\,.$$

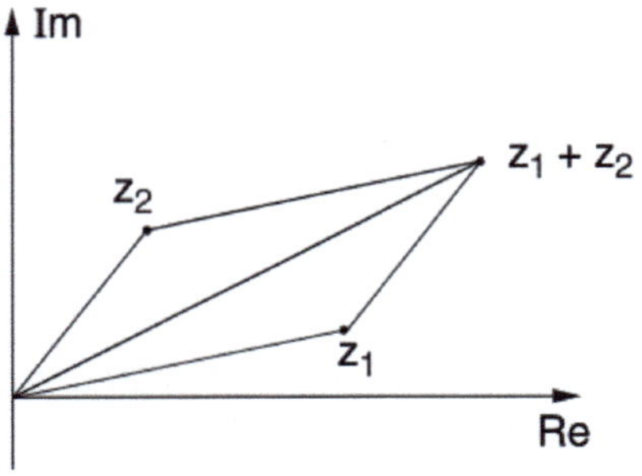

Bild A.7 Die Addition komplexer Zahlen erfolgt komponentenweise.

Besonders wichtig und nützlich ist die **Eulersche Formel** von Leonhard Euler aus dem Jahre 1740. Sie lautet

$$e^{i\varphi} = \cos\varphi + i\sin\varphi\,,$$

und ihre Bedeutung für die weitere rasante Entwicklungen auf dem Gebiet der komplexen Zahlen war enorm. Für den speziellen Fall $\varphi = \pi$ lautet sie mit $\cos\pi = -1$ und $\sin\pi = 0$

$$e^{i\pi} = -1 \quad \text{oder} \quad e^{i\pi} + 1 = 0\,,$$

eine Formel, die die fünf wichtigsten mathematischen Konstanten e, π, i, 1 und 0 verknüpft, und die als **schönste Formel der Welt** gewählt wurde.

Wir wollen deshalb die eulersche Gleichung etwas genauer begründen. Beginnen wir mit der Funktion $f(\varphi) = e^{i\varphi}$ auf der linken Seite. Die Exponentialfuktion $f(x) = e^{ux}$ kann durch $f'(x) = uf(x)$ und $f(0) = 1$ definiert werden. Testen wir das hier einmal, indem wir die rechte Seite der Eulergleichung, also $f(\varphi) = \cos\varphi + i\sin\varphi$, nach φ differenzieren. Wir erhalten

$$\frac{df(\varphi)}{d\varphi} = \frac{d(\cos\varphi + i\sin\varphi)}{d\varphi} = -\sin\varphi + i\cos\varphi = i(\cos\varphi + i\sin\varphi) = i\,f(\varphi)\,.$$

Da auch gilt $f(0) = \cos 0 + i\sin 0 = 1$, erfüllt $f(\varphi)$ die Forderungen an eine Exponentialfunktion $e^{i\varphi}$.

Ein zweiter Beweis beruht auf einer Umformung der Taylor-Entwicklung der Exponentialfunktion und auf den Reihen für die Kosinus- und Sinusfunktion von Seite 194:

$$\begin{aligned} e^{i\varphi} &= \sum_{n=0}^{\infty} \frac{(i\,\varphi)^n}{n!} = \sum_{k=0}^{\infty} i^{2k}\,\frac{\varphi^{2k}}{(2k)!} + \sum_{k=0}^{\infty} i^{2k+1}\,\frac{\varphi^{2k+1}}{(2k+1)!} \\ &= \sum_{k=0}^{\infty}(-1)^k\,\frac{\varphi^{2k}}{(2k)!} + i\sum_{k=0}^{\infty}(-1)^k\,\frac{\varphi^{2k+1}}{(2k+1)!} = \cos\varphi + i\sin\varphi\,. \end{aligned}$$

Wir wollen uns noch vergewissern, dass der Betrag der komplexen Zahl $z = e^{i\varphi}$ gleich eins ist. Das sieht man mit $z^* = \cos\varphi - i\sin\varphi = \cos(-\varphi) + i\sin(-\varphi) = e^{-i\varphi}$:

$$|z|^2 = z\,z^* = e^{i\varphi}\,e^{-i\varphi} = e^{i(\varphi-\varphi)} = e^0 = 1\,.$$

Diese komplexen Zahlen liegen also auf einem Kreis mit Radius eins um den Ursprung der komplexen Zahlenebene, dem Einheitskreis, parametrisiert durch den Winkel φ.

Da die Exponentialfunktion so viel einfacher erscheint als die trigonometrischen Funktionen, bietet es sich an, diese durch die Exponentialfunktion auszudrücken. Das ist einfach zu erreichen mit $\mathrm{e}^{\mathrm{i}\varphi} = \cos\varphi + \mathrm{i}\sin\varphi$ und $\mathrm{e}^{-\mathrm{i}\varphi} = \cos\varphi - \mathrm{i}\sin\varphi$. Addition und Subtraktion führen zu

$$\cos\varphi = \frac{1}{2}\left(\mathrm{e}^{\mathrm{i}\varphi} + \mathrm{e}^{-\mathrm{i}\varphi}\right), \quad \sin\varphi = \frac{1}{2\mathrm{i}}\left(\mathrm{e}^{\mathrm{i}\varphi} - \mathrm{e}^{-\mathrm{i}\varphi}\right).$$

Man kann sich auch schnell davon überzeugen, dass die Additionstheoreme des Sinus und des Kosinus nicht anderes sind als das Additionstheorem $\mathrm{e}^{x+y} = \mathrm{e}^x\mathrm{e}^y$ der Exponentialfunktion.

Etwas anspruchsvoller erscheint da der **Satz von Moivre**. Er lautet

$$(\cos\varphi + \mathrm{i}\sin\varphi)^n = \cos(n\varphi) + \mathrm{i}\sin(n\varphi).$$

Auf welcher Formel für die Exponentialfunktion beruht er? (Antwort Seite 214)

Mit der Euler-Darstellung lässt sich jede komplexe Zahl in einer Exponentialdarstellung schreiben als

$$z = x + \mathrm{i}\,y = r(\cos\varphi + \mathrm{i}\sin\varphi) = r\,\mathrm{e}^{\mathrm{i}\varphi}.$$

Sie liegt auf einem Kreis mit Radius r um den Nullpunkt. Damit wird die Rechenregel für die Multiplikation komplexer Zahlen gut verständlich. Sie lautet

$$z_1 z_2 = r_1\mathrm{e}^{\mathrm{i}\varphi_1}\, r_2\mathrm{e}^{\mathrm{i}\varphi_2} = r_1 r_2\,\mathrm{e}^{\mathrm{i}(\varphi_1+\varphi_2)},$$

ergibt also eine komplexe Zahl, deren Winkelargument gleich der Summe der beiden Winkel ist, und deren Betrag gleich dem Produkt der beiden Beträge. Sie ist eine Drehstreckung, wie im Bild A.8 illustriert.

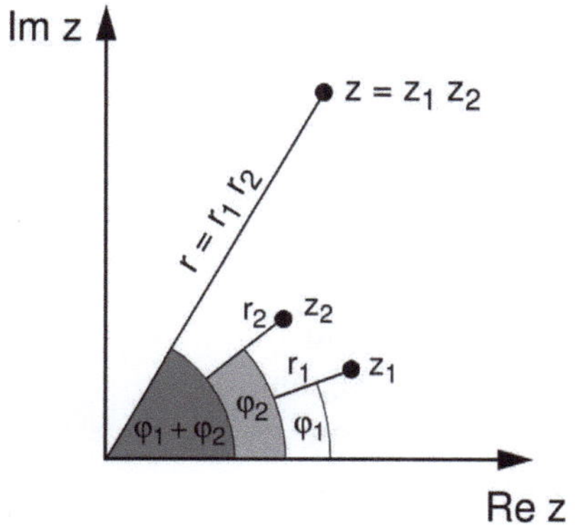

Bild A.8 Bei der Multiplikation komplexer Zahlen multiplizieren sich ihre Beträge und ihre Winkelargumente addieren sich.

Man bezeichnet die Menge der komplexen Zahlen z mit dem Symbol $\mathbb{C}$ und schreibt dafür dann $z \in \mathbb{C}$.

Obwohl wir es in unserem Text hier nicht wirklich benötigen, möchte ich mit einigen Bemerkungen zu komplexen Funktionen abschließen. Sie spielen beispielsweise in der Quantentheorie eine wichtige Rolle. Eine **komplexe Funktion** $f(z)$ mit $z = x + \mathrm{i}y$ bildet die komplexe (x,y)-Ebene (oder einen Teil davon) in diese Ebene ab. Wie gewohnt, ist $f(z)$ in einem Punkt (komplex) differenzierbar, wenn der Grenzwert

$$f'(z) = \lim_{w \to 0} \frac{f(z+w) - f(z)}{w}$$

existiert. Ist die Funktion auch in einer Umgebung von z differenzierbar, nennt man sie dort **holomorph** oder **analytisch**. Die Exponentialfunktion $f(z) = \mathrm{e}^z = \mathrm{e}^{x+\mathrm{i}y} = \mathrm{e}^x\,\mathrm{e}^{\mathrm{i}y}$ mit $f'(z) = \mathrm{e}^z$ ist in ganz $\mathbb{C}$ holomorph.

Holomorphe Funktionen haben eine Reihe von Eigenschaften, die für reelle Funktionen keine Entsprechung haben. Beispielsweise gilt

- Eine holomorphe Funktion, die also einmal differenzierbar ist, ist beliebig oft differenzierbar.
- Die Funktionswerte einer holomorphen Funktion auf einer geschlossenen Kurve legen die Funktionswerte in Inneren der Kurve fest.

Alles Weitere zu diesem Thema überlassen wir der sogenannten **Funktionentheorie**.

Einige Naturkonstanten

Boltzmann-Konstante $k = 1{,}380649 \cdot 10^{-23}\,\mathrm{m}^2\,\mathrm{kg}\,\mathrm{s}^{-2}\,\mathrm{K}^{-1}$

Gravitationskonstante $G = 6{,}67430 \cdot 10^{-11}\,\mathrm{m}^3\,\mathrm{kg}^{-1}\,\mathrm{s}^{-2}$

Lichtgeschwindigkeit $c = 2{,}99792458 \cdot 10^{8}\,\mathrm{m}\,\mathrm{s}^{-1}$

Planck-Konstante $h = 6{,}62607015 \cdot 10^{-34}\,\mathrm{m}^2\,\mathrm{kg}\,\mathrm{s}^{-1}$

Griechische Buchstaben

α	Alpha	μ	My
β	Beta	ν	Ny
γ, Γ	Gamma	π, Π	Pi
δ, Δ	Delta	ρ oder ϱ	Rho
ϵ oder ε	Epsilon	σ, Σ	Sigma
η	Eta	τ	Tau
θ oder ϑ, Θ	Theta	φ oder ϕ, Φ	Phi
ι	Iota	χ	Chi
κ	Kappa	ψ, Ψ	Psi
λ, Λ	Lambda	ω, Ω	Omega

B Fragen & Antworten

(Seite 2) Es gibt unendlich viele rechtwinklige Dreiecke, bei denen a, b und c ganze Zahlen sind. Bestimme solche Dreiecke für $a = 15$.

Probieren führt hier natürlich auch zu einer Lösung, aber besser geht es so: Aus der Gleichung $a^2 = c^2 - b^2 = (c+b)(c-b) = 15^2 = 3^2 5^2$ sehen wir, dass der größere Produktfaktor $c+b$ nur die drei Werte $3 \cdot 5^2 = 75$, $3^2 \cdot 5 = 45$ und $5^2 = 25$ annehmen kann. Der kleinere Faktor $c-b$ ist dann gleich 3, 5 und $3^2 = 9$. Das führt mit der Gleichung $b = \big((c+b)-(c-b)\big)/2$ und $c = \big((c+b)+(c-b)\big)/2$ zu den Lösungen $(b,c) = (36,39)$, $(20,25)$ und $(8,17)$. Mehr über solche **Pythagoreische Tripel** findet man bei Wikipedia.

(Seite 3) Welche Fläche liefert die heronsche Formel für ein gleichseitiges Dreieck mit Seitenlänge a?

Wenn alle Seitenlängen gleich a sind, erhalten wir $s = 3a/2$ und

$$F^2 = s(s-a)(s-a)(s-a) = \frac{3a}{2}\frac{a}{2}\frac{a}{2}\frac{a}{2} = \frac{3a^4}{16} \quad \Longrightarrow \quad F = \frac{\sqrt{3}}{4}\,a^2 \,.$$

(Seite 5) Die beiden Geraden aus dem Bild 1.4 auf Seite 5 stehen aufeinander senkrecht. Bitte nachprüfen und dann versuchen, die Orthogonalitätsrelation $m_1 = -1/m_2$ herzuleiten!

Eine Gerade $ax + by = u$ hat die Steigung $m = -a/b$. Dann ist die Steigung der Geraden g_1 gleich $m_1 = 2/3$, die von g_2 gleich $m_2 = -3/2$. Also gilt $m_2 = -1/m_1$ und die Geraden sind orthogonal.

Zum Beweis der Orthogonalitätsrelation betrachten wir ein Steigungsdreieck im Schnittpunkt der Geraden mit den Seitenlängen Δx_1, Δy_1 für die Gerade eins und $\Delta x_2 = \Delta x_1$, Δy_2 für Gerade zwei. Dann gilt für ein rechtwinkliges Dreieck nach dem Höhensatz (siehe Seite 189) $-\Delta y_2 \Delta y_1 = \Delta x^2$, also für die Steigungen $m_1 = \Delta y_1/\Delta x_1 = -\Delta x_2/\Delta y_2 = -1/m_2$.

(Seite 7) Für eine Kreiskurve lässt sich das Flächenintegral in geschlossener Form berechnen. Wie wäre es mit einem Versuch?

Dazu schreiben wir unsere Kreiskurve als $y = y(x) = \sqrt{r^2 - x^2}$ und erhalten die Fläche unterhalb der Kurve als das bestimmte Integral von $y(x)$ über x von $-r$ bis $+r$, das wir in einer Integraltafel nachschlagen können. Es ergibt sich damit für die Kreisfläche oberhalb der x-Achse, also für die halbe Vollkreisfläche:

$$F = \int_{-r}^{+r} y(x)\,\mathrm{d}x = \int_{-r}^{+r} \sqrt{r^2 - x^2}\,\mathrm{d}x = \frac{\pi}{2}\,r^2\,.$$

(Seite 9) Berechne mit der Drei-Punkte-Technik den Kreis durch die Punkte (1,0), (2,2) und (3,1) aus dem Bild 1.7 auf Seite 8.

Wir folgen dem angegebenen Rechenrezept und berechnen zuerst für die Punkte (x_j, y_j) die drei Werte von $s_j = x_j^2 + y_j^2$:

$$s_1 = 1^2 + 0^2 = 1\,, \quad s_2 = 2^2 + 2^2 = 8\,, \quad s_3 = 3^2 + 1^2 = 10\,.$$

Als Nächstes stellen wir mit $2(x_j - x_3)x + 2(y_j - y_3)y = s_j - s_3$ für $j = 1,2$ zwei lineare Gleichungen für x und y auf:

$$2(1-3)x + 2(0-1)y = 1 - 10\,, \quad 2(2-3)x + 2(2-1)y = 8 - 10$$
$$\Longrightarrow \quad 4x + 2y = 9\,, \quad 2x - 2y = 2\,,$$

mit den Lösungen $x = 11/6$ und $y = 5/6$ für den Kreismittelpunkt nach den auf Seite 9 angegebenen Formeln.
Um den Radius zu bestimmen, ermitteln wir $w = s_1 - 2x_1x - 2y_1y = 1 - 11/3 = -8/3$ und dann $r^2 = w + x^2 + y^2 = -8/3 + 11^2/6^2 + 5^2/6^2 = 25/18$, also $r = 5/3\sqrt{2} \approx 1{,}18$.

(Seite 12) In einer kurzen elementaren Rechnung lassen sich die Radien der drei Kreise links im Bild 1.12 bestimmen als $r = 2\sqrt{3} - 3 \approx 0{,}464$.

Die drei Kreismittelpunkte liegen auf einem gleichseitigen Dreieck mit der Seitenlänge $2r$ und der Höhe $h = \sqrt{3}\,r$ (nach Pythagoras). Dann hat der Mittelpunkt die Entfernung $2\,h/3$ von der Dreiecksspitze (siehe Seite 2). Diese Strecke und der Kreisradius r müssen sich zum Umkreisradius eins summieren. Das ergibt dann

$$1 = \frac{2h}{3} + r = \left(\frac{2}{3}\sqrt{3} + 1\right) r = \frac{1}{3}(2\sqrt{3} + 3)\, r$$

$$\Longrightarrow \quad r = \frac{3}{2\sqrt{3} + 3} = \frac{3\,(2\sqrt{3} - 3)}{(2\sqrt{3} + 3)\,(2\sqrt{3} - 3)} = \frac{3\,(2\sqrt{3} - 3)}{4 \cdot 3 - 9} = 2\sqrt{3} - 3\,.$$

(Seite 13) Als kleine Übung sollten wir den Radius des kleinen mittleren Kreises im Bild 1.12 berechnen, der die ersten drei Kreise berührt.

Die drei Berührkreise des mittleren Kreises haben alle die Krümmung $k = 1 + 2/\sqrt{3}$. Dann ergibt sich für die Krümmung der möglichen Berührkreise

$$k_\pm = 3k \pm 2\sqrt{3k^2} = (3 \pm 2\sqrt{3})k = (3 \pm 2\sqrt{3})(1 + 2/\sqrt{3}) = 3 + 2\sqrt{3} \pm 2\sqrt{3} \pm 4\,,$$

also $k_+ = 7 + 4\sqrt{3}$ und $k_- = -1$. Das zweite Ergebnis liefert den äußeren Berührkreis zurück, der von innen berührt wird, und das erste ergibt den Radius des mittleren Kreises $r_+ = 1/k_+ \approx 0{,}072$.

(Seite 22) Für das Reuleaux-Dreieck sollte man auch den Umfang als $U = \pi d$ berechnen und die Fläche als $F = \frac{1}{2}(\pi - \sqrt{3})d^2 \approx 0{,}705\, d^2$.

Umfang: Auf der Reuleaux-Kurve liegen drei Sechstel des Umfangs $2\pi d$ eines Kreises mit Radius d, also ist $U = 3 \cdot 2\pi d/6 = \pi d$.
Fläche: Hier haben wir eine gleichseitige Dreiecksfläche $F_\mathrm{D} = \frac{\sqrt{3}}{4}d^2$ (siehe Seite 2), ergänzt durch drei Kreisabschnitte mit Radius d, Öffnungswinkel $\pi/3$ und einer Fläche $F_\mathrm{ab} = \frac{\pi}{6}d^2 - F_\mathrm{D}$. Das ergibt insgesamt eine Fläche $F = F_\mathrm{D} + 3F_\mathrm{ab} = 3\frac{\pi}{6}d^2 - 2F_\mathrm{D} = \frac{1}{2}(\pi - \sqrt{3})d^2 \approx 0{,}705\, d^2$.

(Seite 33) Begründe, dass sich für eine ebene Kurve $r = r(\varphi)$ in Polarkoordinaten die Bogenlänge als $s(\varphi) = \int_0^\varphi \sqrt{r^2(\tilde\varphi) + \left(r'(\tilde\varphi)\right)^2}\, \mathrm{d}\tilde\varphi$ ausdrücken lässt.

Wir gehen aus von der Formel $s = \int_{t_a}^{t_b} \sqrt{\dot x(t)^2 + \dot y(t)^2}\mathrm{d}t$, parametrisieren die Kurve in Polarkoordinaten als $r(t)$ mit $x(t) = r(t)\cos t$ und $y(t) = r(t)\sin t$.

Mit $\dot{x}(t) = -r \sin t + \dot{r} \cos t$ und $\dot{y}(t) = r \cos t + \dot{r} \sin t$ erhalten wir

$$\begin{aligned}\dot{x}(t)^2 + \dot{y}(t)^2 &= (-r \sin t + \dot{r} \cos t)^2 + (r \cos t + \dot{r} \sin t)^2 \\ &= r^2 \sin^2 t - 2r\dot{r} \sin t \cos t + \dot{r}^2 \cos^2 t + r^2 \cos^2 t + 2r\dot{r} \sin t \cos t + \dot{r}^2 \sin^2 t \\ &= r^2(\sin^2 t + \cos^2 t) + \dot{r}^2(\cos^2 t + \sin^2 t) = r^2(t) + (\dot{r}(t))^2 \,.\end{aligned}$$

Wenn wir jetzt den Parameter t durch $\tilde{\varphi}$ ersetzen, die Ableitung durch einen Strich statt eines Punkts kennzeichnen und die Integrationsgrenzen anpassen, dann erhalten wir die gesuchte Formel.

(Seite 34) Als eine kleine Übung im Umgang mit den Euler-Lagrange-Gleichungen sollten wir damit zeigen, dass bei konstanten metrischen Koeffizienten die Geodäten gerade Linien sind.

Zur Berechnung der Geodäte ist $F = \sqrt{\sum_j g_{jj}\dot{x}_j^2}$. Dann erhalten wir aus den Euler-Lagrange-Gleichungen mit $\frac{\partial F}{\partial x_k} = 0$, da die g_{jj} nicht von den x_k abhängen, und mit $F\,\mathrm{d}t = \mathrm{d}s$

$$\frac{\mathrm{d}}{\mathrm{d}t}\left(\frac{\partial F}{\partial \dot{x}_k}\right) - \frac{\partial F}{\partial x_k} = \frac{\mathrm{d}}{\mathrm{d}t}\left(\frac{1}{2F}\, 2g_{kk}\dot{x}_k\right) - 0 = g_{kk}\frac{\mathrm{d}}{\mathrm{d}t}\left(\frac{\mathrm{d}x_k}{F\,\mathrm{d}t}\right) = g_{kk}\,\frac{\mathrm{d}}{\mathrm{d}t}\left(\frac{\mathrm{d}x_k}{\mathrm{d}s}\right) = 0\,.$$

Daraus folgt $\mathrm{d}x_k/\mathrm{d}s =$ konstant. Das sind aber die Komponenten der Tangente an die Bahn. Also ist die Tangente konstant und die Geodäte eine Gerade.

(Seite 41) Wir können durch eine kurze(!) Rechnung zeigen, dass sich der Wert von $H(x,p)$ zeitlich nicht verändert, dass also H eine **Erhaltungsgröße** ist.

Das totale Differential $\mathrm{d}H = \frac{\partial H}{\partial x}\,\mathrm{d}x + \frac{\partial H}{\partial p}\,\mathrm{d}p$ der Hamilton-Funktion führt mit den hamiltonschen Bewegungsgleichungen $\dot{x} = \frac{\partial H}{\partial p}$ und $\dot{p} = -\frac{\partial H}{\partial x}$ direkt zu der Lösung:

$$\frac{\mathrm{d}H}{\mathrm{d}t} = \frac{\partial H}{\partial x}\,\frac{\mathrm{d}x}{\mathrm{d}t} + \frac{\partial H}{\partial p}\,\frac{\mathrm{d}p}{\mathrm{d}t} = \frac{\partial H}{\partial x}\,\dot{x} + \frac{\partial H}{\partial p}\,\dot{p} = -\dot{p}\,\dot{x} + \dot{x}\,\dot{p} = 0\,.$$

(Seite 49) Wenn man eine Gleichung für einen am Kreispunkt $x_0 = \cos\varphi$, $y_0 = \sin\varphi$ reflektierten Strahl aufstellt, dann lässt sich die Einhüllende dieser Strahlenfamilie genauso berechnen, wie oben am Beispiel der Parabel.

Wir beginnen mit einer kurzen Überlegung zur Reflektion eines achsenparallelen Strahls an unserem Kreispunkt, beschrieben durch den Polarwinkel φ. Dann ist der Winkel zwischen dem achsenparallelen Strahl und dem Radialstrahl ebenfalls gleich φ und mit dem Reflexionsgesetz sieht man, dass der reflektierte Strahl die x-Achse in einem Winkel von 2φ schneidet. Er ist also eine Gerade mit der Steigung $m = \tan 2\varphi$, und die Punktsteigungsform des reflektierten Strahls lautet

$$y(\varphi) = m(x - x_0) + y_0 = \tan 2\varphi\,(x - \cos\varphi) + \sin\varphi\,.$$

Damit ist der schwierigste Teil der Aufgabe schon erledigt, der Rest ist nur noch Rechnerei, aber eine nützliche Übung im Umgang mit trigonometrischen Funktionen (siehe Seite 192 im Anhang).

In Abhängigkeit von dem Parameter φ liefert $y(\varphi)$ das Feld der reflektierten Strahlen. Alle Punkte der Einhüllenden müssen diese Gleichung erfüllen und außerdem $\partial y/\partial\varphi = 0$, wie wir es schon bei der Parabelevolute auf Seite 48 gesehen haben:

$$\frac{\partial y}{\partial\varphi} = \frac{2}{\cos^2 2\varphi}\,(x - \cos\varphi) + \tan 2\varphi \sin\varphi + \cos\varphi \overset{!}{=} 0\,.$$

Daraus erhalten wir für die gesuchte x-Koordinate

$$\begin{aligned}
x &= \cos\varphi - \tfrac{1}{2}\cos^2 2\varphi\,(\sin\varphi\tan 2\varphi + \cos\varphi)\\
&= \cos\varphi - \tfrac{1}{2}\cos 2\varphi\,(\sin\varphi\sin 2\varphi + \cos\varphi\cos 2\varphi)\\
&= \cos\varphi - \tfrac{1}{2}\cos 2\varphi\,(2\sin^2\varphi\cos\varphi + \cos\varphi(\cos^2\varphi - \sin^2\varphi))\\
&= \cos\varphi - \tfrac{1}{2}\cos\varphi\cos 2\varphi\,(2\sin^2\varphi + \cos^2\varphi - \sin^2\varphi)\\
&= \cos\varphi - \tfrac{1}{2}\cos\varphi\cos 2\varphi\,(\sin^2\varphi + \cos^2\varphi) = \cos\varphi - \tfrac{1}{2}\cos\varphi\cos 2\varphi
\end{aligned}$$

sowie, nach Einsetzen in die Strahlgleichung,

$$y = \tan 2\varphi\,(\cos\varphi - \tfrac{1}{2}\cos\varphi\cos 2\varphi - \cos\varphi) + \sin\varphi = \sin\varphi - \tfrac{1}{2}\cos\varphi\sin 2\varphi\,,$$

also die im Text angegebenen Formeln.

(Seite 53) Man sollte sich davon überzeugen, dass für die in den Bildern dargestellten Konfigurationen die Spiegelgleichung erfüllt ist. Hier ist $r = 4$ cm und der Gegenstand ist bei dem konkaven Spiegel 2 cm links vom Mittelpunkt positioniert, bei der konvexen 5,5 cm.

Alle folgenden Größen sind in cm. Wir beginnen mit dem konkaven Spiegel. Dann ist die Gegenstandsweite $g = \overline{GM} + \overline{MS} = 2+4 = 6$ und die Brennweite $b = \overline{FS} = r/2 = 2$. Damit ergibt sich aus der Spiegelgleichung für die Bildweite $1/b = 1/f - 1/g = 1/2 - 1/6 = 2/6 = 1/3$, also $b = 3$, was mit der Position im Bild übereinstimmt. Für den konvexen Spiegel ist $g = \overline{GS} = \overline{GM} - \overline{SM} = 5{,}5 - 4 = 1{,}5$ und $f = -r/2 = -2$. Das liefert $1/b = 1/f - 1/g = -1/2 - 1/1{,}5 = -1/2 - 2/3 = -3/6 - 4/6 = -7/6$, also $b = -6/7 \approx -0{,}86$, auch in Übereinstimmung mit dem Bild.

(Seite 59) Wir wollen dies hier nicht für die gesamte Bahnkurve nachrechnen, aber wir können uns vergewissern, dass mit dem newtonschen Ansatz die Gleichgewichtsbedingung „Zentrifugalkraft gleich Zentripetalkraft" für die Scheitelpunkte der Ellipsenbahn erfüllt ist.

Wenn die Radialkraft mK/r^2 gleich der Zentripetalkraft mv^2/ρ ist, mit dem Krümmungsradius ρ, dann muss gelten $r^2v^2 = K\rho$. Für die Scheitelpunkte der Bahn auf der großen Halbachse bei $r_\pm = a \pm e$ und die Bahngeschwindigkeiten $v_\pm$ gilt wegen der Drehimpulserhaltung (zweites Keplersches Gesetz auf Seite 59) $r_+v_+ = r_-v_-$. Wenn also unsere Annahme über die Radialkraft richtig ist, dann sollt auch $K\rho_+ = K\rho_-$ gelten, das heißt, die Krümmungsradien $\rho_\pm$ an den beiden Scheitelpunkten müssen gleich sein, was bei der Ellipse auch der Fall ist.

(Seite 61) Man findet auf der Webseite zum **Sirius** einen Wert von etwa 20 AE für die große Halbachse der (hier sehr exzentrischen) Ellipsenbahn des Doppelsternsystems. Lässt sich dieser Wert mit der keplerschen Formel bestätigen?

Das lässt sich leicht durchführen. Nach dem dritten Keplerschen Gesetz (Seite 59) gilt für die große Halbachse $\widetilde{a}$ und die Umlaufzeit $\widetilde{T}$ des Doppelsternsystems mit der Gesamtmasse $m + M = 2M + M = 3M$ (M ist die Masse unserer Sonne)

$$\frac{\widetilde{a}^3}{\widetilde{T}^2} = \frac{(m+M)\,G}{4\pi^2} = 3\,\frac{M\,G}{4\pi^2} = 3\,\frac{a^3}{T^2}\,,$$

wobei wir die Keplersche Formel für die Erdbahn eingesetzt haben. Daraus folgt mit $\widetilde{T} = 50\,T$ für die große Halbachse im Doppelsternsystem $\widetilde{a} = \sqrt[3]{3 \cdot 50^2}\,a \approx 20\,a = 20\,\text{AE}$.

(Seite 64) Wo liegt der Brennpunkt der Hüllparabel der Wurfparabelschar?

Der Brennpunkt einer Parabel $z = ax^2$ liegt bei $x = 0$ und $z = 1/4a$. Also liegt der Brennpunkt der nach unten geöffneten Parabel $z = -\frac{g}{2v^2}\,x^2$ bei $-\frac{v^2}{2g}$. Daraus folgt, dass der Brennpunkt der Kaustik-Parabel $z = \frac{v^2}{2g} - \frac{g}{2v^2}\,x^2$ im Koordinatenursprung liegt, also im Anfangspunkt der Bahnen.

(Seite 72) Wo liegt ein Extremum der Funktion $f(x,y) = x^2 + y^2 - 4xy + 6y$ und welchen Charakter hat es?

Mit $f_x = 2x - 4y \overset{!}{=} 0$ und $f_y = 2y - 4x + 6 \overset{!}{=} 0$ erhalten wir die Werte $x = 2$ und $y = 1$ für die Position des Extremums mit $f = 3$. Wie auf Seite 72 beschrieben, berechnen wir die zweiten Ableitungen am Punkt $(x,y) = (2,1)$ und daraus die Größe D:

$$f_{xx} = 2\,, \quad f_{yy} = 2\,, \quad f_{xy} = f_{yx} = -4 \text{ und } D = f_{xx}\,f_{yy} - f_{xy}\,f_{yx} = 4 - 16 = -12 < 0\,.$$

Wir haben es also hier mit einem Sattelpunkt zu tun.

(Seite 79) Manchmal wird auch die Kugeloberfläche dadurch berechnet, dass man das Kugelvolumen nach r ableitet. Für die Kugel ergibt sich dann das korrekte Ergebnis. Wie lässt sich das begründen?

Wenn man die Kugelfläche $F(r) = 4\pi r^2$ als bekannt voraussetzt, dann hat eine dünne Kugelschale im Abstand r' mit Dicke $\Delta r'$ das Volumen $F(r')\Delta r'$. Füllt man jetzt das Kugelvolumen mit ineinanderliegenden Kugelschalen aus, so ergibt sich für das Kugelvolumen

$$V = \lim_{\Delta r' \to 0} \sum_{\Delta r'} F(r')\Delta r' = \int_0^r F(r')\,\mathrm{d}r' \quad \Longrightarrow \quad \int_0^r 4\pi r'^2\,\mathrm{d}r' = 4\pi\left[\frac{1}{3}\,r'^3\right]_0^r = \frac{4\pi}{3}\,r^3\,.$$

Daraus sieht man, dass die Ableitung des Volumens V, also des Integrals, nach r den Integranden, die Oberfläche F ergibt.

(Seite 85) Auf welchen Punkt der komplexen Zahlenebene wird der Südpol abgebildet? Was geschieht mit dem Äquator? Wo findet man das Bild des Meridians $x_2 = 0$?

Der Südpol mit den Koordinaten $(0{,}0,-1)$ wird auf den Nullpunkt $z = 0$ abgebildet, der Äquator $(x_1{,}x_2{,}0)$ mit $x_1^2 + x_2^2 = 1$ auf den Einheitskreis $z = x_1 + \mathrm{i}\,x_2$ der komplexen Ebene, und das Bild des Meridians $(x_1{,}0{,}x_3)$ mit $x_1^2 + x_3^2 = 1$ ist die reelle Achse $z = x_1/(1 - x_3)$.

(Seite 88) Im Grenzfall kleiner Seitenlängen wird die Kugelfläche eben und die eulersche Flächenformel geht in der heronsche Formel von Seite 3 über, was man mithilfe der Taylor-Entwicklung mit einiger Geduld(!) zeigen kann.

Wir benötigen hier die Taylor-Entwicklung (siehe Seite 194) $\cos x \approx 1 - x^2/2 + x^4/24$, woraus folgt $\cos x/2 \approx 1 - x^2/8 + x^4/384$. Für kleine a, b, c erhalten wir dann für den Zähler Z und den Nenner N der eulerschen Flächenformel mit den Abkürzungen $u = a^2 + b^2 + c^2$, $v = a^4 + b^4 + c^4$ und $w = a^2b^2 + a^2c^2 + b^2c^2$, wenn wir jeweils bis zu Termen vierter Ordnung entwickeln,

$$\begin{aligned}
Z &= 1 + \cos a + \cos b + \cos c \approx 4 - \tfrac{1}{2}(a^2 + b^2 + c^2) + \tfrac{1}{24}(a^4 + b^4 + c^4) \\
&= 4\big(1 - \tfrac{1}{8}u + \tfrac{1}{96}v\big)\,, \\
N &= 4\cos\tfrac{a}{2}\cos\frac{b}{2}\cos\tfrac{b}{2} \approx 4\big(1 - \tfrac{1}{8}a^2 + \tfrac{1}{384}a^4\big)\big(1 - \tfrac{1}{8}b^2 + \tfrac{1}{384}b^4\big)\big(1 - \tfrac{1}{8}c^2 + \tfrac{1}{384}c^4\big) \\
&\approx 4\big(1 - \frac{1}{8}b^2 + \tfrac{1}{384}b^4 - \tfrac{1}{8}a^2 + \tfrac{1}{64}a^2b^2 + \tfrac{1}{384}a^4\big)\big(1 - \tfrac{1}{8}c^2 + \tfrac{1}{384}c^4\big) \\
&\approx 4\big(1 - \tfrac{1}{8}(a^2 + b^2 + c^2) + \tfrac{1}{384}(a^4 + b^4 + c^4) + \tfrac{1}{64}(a^2b^2 + a^2c^2 + b^2c^2)\big) \\
&= 4\big(1 - \tfrac{1}{8}u - \tfrac{1}{384}v + \tfrac{1}{64}w\big)\,.
\end{aligned}$$

Daraus folgt mit $1/(1+x) \approx 1 - x + x^2$ für kleine Werte von x

$$\begin{aligned}
\frac{Z}{N} &= \frac{1 - \frac{1}{8}u + \frac{1}{96}v}{1 - \frac{1}{8}u - \frac{1}{384}v + \frac{1}{64}w} \\
&\approx \big(1 - \tfrac{1}{8}u + \tfrac{1}{96}v\big)\big(1 + \tfrac{1}{8}u + \tfrac{1}{384}v - \tfrac{1}{64}w + (-\tfrac{1}{8}u - \tfrac{1}{384}v + \tfrac{1}{64}w)^2\big) \\
&\approx \big(1 - \tfrac{1}{8}u + \tfrac{1}{96}v\big)\big(1 + \tfrac{1}{8}u + \tfrac{1}{384}v - \tfrac{1}{64}w + \tfrac{1}{64}u^2\big) \\
&\approx 1 + \tfrac{1}{8}u + \tfrac{1}{384}v - \tfrac{1}{64}w + \tfrac{1}{64}u^2 - \tfrac{1}{8}u - \tfrac{1}{64}u^2 = 1 - \tfrac{1}{64}w + \tfrac{1}{128}v\,.
\end{aligned}$$

Auf der linken Seite der eulerschen Gleichung haben wir $\cos\frac{F}{2} \approx 1 - \frac{1}{8}F^2$, und wenn wir das gleichsetzen finden wir $16\,F^2 = 2w - v$. Um zu sehen, dass dies mit der heronschen Formel übereinstimmt, formen wir diese um:

$$\begin{aligned}
16F^2 &= 2s(2s-2a)(2s-2b)(2s-2c) = (a+b+c)(b+c-a)(a+c-b)(a+b-c) \\
&= (ab+ac-a^2+b^2+bc-ba+bc+c^2-ac)(a^2+ab-ac+ac+bc-c^2-ab-b^2+bc) \\
&= (2bc+c^2+b^2-a^2)(2bc-c^2-b^2+a^2) = 4b^2c^2 - (c^2+b^2-a^2)^2 \\
&= 2(a^2b^2 + a^2c^2 + b^2c^2) - (a^4 + b^4 + c^4) = 2w - v\,.
\end{aligned}$$

(Seite 89) Auf einer Einheitskugel befindet sich ein gleichseitiges Dreieck, dessen Eckpunkte die euklidische Entfernung δ haben. Wie groß ist die Fläche F dieses Dreiecks auf der Kugeloberfläche?

Dazu berechnen wir zunächst die Bogenlänge a in dem Dreieck, das die Punkte B, C und der Kugelmittelpunkt bilden, als $\sin a/2 = \delta/2$. Für ein gleichseitiges Dreieck ist natürlich $b = c = a$ und wir können mithilfe des Halbwinkelsatzes von Seite 87 die Innenwinkel $\alpha = \beta = \gamma$ bestimmen. Mit dem halben Dreiecksumfang $s = (a+b+c)/2 = 3a/2$ finden wir

$$\begin{aligned}
\sin^2\frac{\alpha}{2} &= \frac{\sin(s-b)\,\sin(s-c)}{\sin b\,\sin c} = \frac{\sin^2(a/2)}{\sin^2 a} = \frac{\sin^2(a/2)}{4\sin^2(a/2)\cos^2(a/2)} \\
&= \frac{1}{4\cos^2(a/2)} = \frac{1}{4(1-\sin^2(a/2))} = \frac{1}{4-\delta^2}\,.
\end{aligned}$$

Die Fläche des Kugeldreiecks ist dann gleich $F = \alpha + \beta + \gamma - \pi = 3\alpha - \pi$.

Für kleine Werte von δ geht der Winkel α gegen $\pi/3$, also gegen den Winkel eines ebenen gleichseitigen Dreiecks, und, wie man mit einiger Rechenarbeit sieht, ist dann $\alpha \approx \pi/3 + \delta^2/4\sqrt{3}$, woraus sich die Fläche $F \approx \sqrt{3}\,\delta^2/4$ ergibt. Das stimmt mit der Fläche eines ebenen gleichseitigen Dreiecks überein.

Außerdem folgt aus $\sin^2 \frac{\alpha}{2} \leq 1$, dass δ maximal den Wert $\sqrt{3}$ annimmt (mit $\alpha = \pi$), denn ein größeres Dreieck passt nicht in die Kugel hinein. Die Formel $F = (3\alpha - \pi)$ ergibt dann $F = 2\pi$, also die Fläche einer Halbkugel.

(Seite 94) Als kleine Übung sollte man sich überlegen, wie man mit Zirkel und Lineal ein Quadrat mit der Fläche 2 zeichnet.

Wir zeichnen mit dem Zirkel um einen Punkt einen Kreis mit Radius eins und mit dem Lineal einen Kreisdurchmesser durch den Mittelpunkt mit der Länge $d = 2$. Im Mittelpunkt errichten wir eine Senkrechte zu der Diagonale. Die vier Schnittpunkte der beiden Geraden mit dem Kreis bilden ein Quadrat mit Seitenlänge s, gegeben durch $2s^2 = d^2 = 4$, also mit der Fläche $s^2 = 2$.

(Seite 95) Auf der Kugel sind die Funktionen $f(\vartheta,\varphi) = \sin^2\vartheta \sin\varphi$ und $g(\vartheta,\varphi) = \cos\vartheta \cos(2\varphi)$ gegeben. Gesucht sind zwei diametrale Punkte, an denen beide Funktionswerte übereinstimmen.

Zunächst überlegen wir uns, dass zu einem Punkt (ϑ,φ) der Antipode die Koordinaten $(\pi - \vartheta,\pi + \varphi)$ besitzt. Dann muss also gelten $f(\vartheta,\varphi) = f(\pi - \vartheta,\pi + \varphi)$, oder

$$\sin^2\vartheta \sin\varphi = \sin^2(\pi - \vartheta) \sin(\pi + \varphi) = -\sin^2(\vartheta) \sin\varphi \implies \sin\varphi = -\sin\varphi$$

für $\sin\theta \neq 0$. Daraus folgt $\varphi = 0$ oder $\varphi = \pi$, Die Punkte liegen also auf einem Großkreis, gebildet aus zwei gegenüberliegenden Meridianen. Genauso verfahren wir mit $g(\vartheta,\varphi) = \cos\vartheta \cos(2\varphi)$. Aus $g(\vartheta,\varphi) = g(\pi - \vartheta,\pi + \varphi)$ ergibt sich für $\cos(2\varphi) \neq 0$

$$\cos\vartheta \cos(2\varphi) = \cos(\pi - \vartheta) \cos(2(\pi + \varphi)) = -\cos(\vartheta) \cos(2\varphi) \implies \cos\vartheta = -\cos\vartheta\,,$$

also $\cos\vartheta = 0$ oder $\vartheta = \pi/2$. Diese Punkte liegen daher auch auf einem Großkreis, dem Äquator. Damit haben wir die gesuchten diametralen Punkte identifiziert als die Schnittpunkte zweier Großkreise bei $(\vartheta,\varphi) = (\pi/2,0)$ und $(\pi/2,\pi)$.

(Seite 99) Was wäre die minimale Anzahl der Maxima, Minima und Sattelpunkte auf einem Torus? Als kleine Zusatzaufgabe sollte man sich überlegen, wie diese Extrema wohl platziert sein könnten.

Ich hoffe, die richtige Lösung wurde gefunden! Also: Es muss mindestens ein Maximum und ein Minimum geben, also benötigen wir zusätzlich zwei Sattelpunkte um $M + N - S = 0$ zu erfüllen. Ein Torus lässt sich erzeugen kann, indem man einen endlich langen Zylinder zu einem Kreisring verbiegt und seine beiden Enden zusammenklebt.

Betrachten wir zunächst eine endlich lange Zylinderfläche mit einem Maximum und einem Sattelpunkt, der auf einer Mantellinie dem Maximum gegenüberliegt und so orientiert ist, dass der Fluss vom Maximum über die Mantelllinie nach beiden Richtungen hin zum Sattelpunkt führt. Dann ist der Fluss an beiden Enden des Zylinders „nach außen" gerichtet. Entsprechend zeigt er für ein Minimum und einen Sattelpunkt nur „nach innen". Jetzt verbiegen wir zwei solche (endliche) Zylinder und verkleben sie zu einem Torus. Darauf existieren dann ein Maximum, ein Minimum und zwei Sattelpunkte, wie gewünscht.

(Seite 103) In den Koordinaten u und v eines Rotationstorus erhält man aus dem Linienelement auf Seite 99 die Metrik $g_{uu} = w^2$, $g_{vv} = r^2$ mit $w = R + r \cos u$. Daraus ergibt sich die

$$\text{gaußsche Toruskrümmung} \quad K = \frac{\cos v}{r\,w} = \frac{\cos v}{r\,(R + r\,\cos v)}\,.$$

Stimmt das?

Hier hängen die Koeffizienten der Metrik nur ab von der Koordinate $x_1 = v$. Mit $x_2 = u$ lautet dann die Formel von Seite 103 für die gaußsche Krümmung

$$K = \frac{1}{4g_{vv}g_{uu}}\left(-2g''_{uu} + \frac{g'_{vv}\,g'_{uu}}{g_{vv}} + \frac{g'^{\,2}_{uu}}{g_{uu}}\right) = \frac{1}{4g_{vv}g_{uu}}\left(-2g''_{uu} + \frac{g'^{\,2}_{uu}}{g_{uu}}\right),$$

denn es gilt hier $g'_{vv} = 0$. Mit $g_{uu} = w^2$ und $g'_{uu} = 2w\,w'$ sowie $g''_{uu} = 2w'^2 + 2w\,w''$ folgt

$$\begin{aligned} K &= \frac{1}{4r^2w^2}\left(-2(2w'^2 + 2w\,w'') + \frac{4w^2w'^2}{w^2}\right) \\ &= \frac{1}{r^2w^2}\left(-w'^2 - w\,w'' + w'^2\right) = -\frac{w''}{r^2w} = \frac{\cos v}{r\,(R + r\,\cos v)} \end{aligned}$$

mit $w = R + r\,\cos u$, $w' = -r\,\sin v$ und $w'' = -r\,\cos v$.

(Seite 104) Was ist die Aussage des Satzes von Gauß-Bonnet für eine ebene Fläche mit einem Rand, der (a) kreisförmig ist oder (b) ein Dreieck mit geraden Seitenlinien bildet?

Die gaußsche Krümmung K einer Ebene ist gleich null, also verschwindet das erste Integral, und, wegen $\chi = 1$, ist die rechte Seite der Formel in dem Satz von Gauß-Bonnet gleich 2π.

(a) In der Ebene ist die geodätische Kurvenkrümmung κ_g gleich der „normalen" Krümmung k, und für einen Kreis mit Radius r ist $k = 1/r$, also auf der Kreiskurve konstant. Damit erhalten wir für das zweite Integral $(1/r)\int_{\partial\mathcal{F}} \mathrm{ds} = (1/r)\,2\pi r = 2\pi$. Da die Kreiskurve glatt ist, treten keine Winkel ϕ_j auf und der Satz von Gauß-Bonnet ist mit $2\pi = 2\pi$ erfüllt.

(b) Für ein Dreieck mit geraden Seiten ist die Kurvenkrümmung gleich null. An den Eckpunkten des Dreiecks mit den Innenwinkeln α, β, γ ändert sich die Richtung der Randkurve um $\phi_1 = \pi - \alpha$, $\phi_2 = \pi - \beta$ und $\phi_3 = \pi - \gamma$. Also lautet die Gauß-Bonnet-Formel $\sum_j \phi_j = 3\pi - \alpha - \beta - \gamma = 2\pi$ oder $\alpha + \beta + \gamma = \pi$, die bekannte Winkelsumme im ebenen Dreieck.

(Seite 106) Welcher Berggipfel ist am weitesten vom Erdmittelpunkt entfernt?

Es ist der **Chimborazo** in Ecuador mit einer Höhe von 6263 Metern über dem Meeresspiegel.

(Seite 108) Der Äquator ist eine gedachte Linie. Aber wir wollen das ändern und spannen ein Seil um die Erde, das den Äquator markieren soll. Leider ist es einen Meter zu lang. Macht ja nichts, denken wir. Dann verteilen wir die zusätzliche Länge einfach gleichmäßig, sodass das Band überall gleich weit von der Erde absteht. Das merkt doch keiner! Wie weit steht es ab? Bitte zuerst schätzen und dann rechnen!

Nach unserer Schätzung von etwa einem Millimeter(?) rechnen wir. Wenn R der Erdradius ist, dann ist die Äquatorlänge gleich $L = 2\pi R$. Das Seil hat die Länge $L + \Delta L$ und wenn wir es gleichmäßig in einem Abstand $R + \Delta R$ ausrichten mit $L + \Delta L = 2\pi(R + \Delta R)$, dann erhalten wir für den Abstand $\Delta R = \Delta L/2\pi$. Das ist unabhängig von dem Erdradius(!) und ist für $\Delta L = 1$ m gleich 16 cm.

(Seite 108) Außer dem Startpunkt unseres Wanderers am Nordpol gibt es noch weitere Lösungen, sogar sehr viele(!). Ein kleiner Hinweis: Auch die Umgebung des Südpols könnte interessant sein!

Wir wählen einen Breitenkreis um den Südpol mit einem Umfang von 10 km. Dann gehen wir von einem beliebigen Punkt auf diesem Kreis 10 km nach Norden. Den dann erreichten Punkt wählen wir als unseren Startpunkt. Wenn wir dann wie beschrieben unsere Wanderung durchführen, kehren wir genau zu diesem Punkt zurück. Das sind zwar unendlich viele neue Lösungen, aber es sind bei weitem noch nicht alle! Wir können auch einen Breitenkreis um den Südpol wählen, der den Umfang $10/n$ km hat mit einer natürlichen Zahl n. Dann durchlaufen wir bei unserer Wanderung diesen

Kreis westwärts n-mal und haben wieder unsere 10 km zurückgelegt. Mit wachsendem n nähern sich diese kleinen Kreise immer mehr dem Südpol und unsere möglichen Startpunkte einem Kreis in 10 km Entfernung von ihm.

(Seite 111) Die beiden Städte Berlin und Tokio haben die Koordinaten Breitengrad $\theta = 52{,}52°$, Längengrad $\varphi = 13{,}38°$ bzw. $\theta' = 35{,}70°$ und $\varphi' = 139{,}77°$. Hier haben wir die Angaben in Minuten und Sekunden schon in Dezimalstellen umgerechnet. Wir verraten auch noch, dass es sich in beiden Fällen um Längengrade Ost und nördliche Breitengrade handelt. Wie groß ist die Entfernung dieser Städte?

Versuchen wir eine Berechnung der Entfernung auf einfache Weise. Mit den Transformationsgleichungen von Kugelkoordinaten auf kartesische Koordinaten von Seite 10

$$x = R \sin\vartheta \cos\varphi\,, \quad y = R \sin\vartheta \sin\varphi\,, \quad z = R\cos\vartheta\,,$$

($R = 6371$ km ist der Erdradius) können wir so mit einem Taschenrechner die kartesischen Koordinaten x, y, z und x', y', z' der beiden Städte berechnen. Dabei müssen wir beachten, dass der Kugelkoordinatenwinkel ϑ mit der geographischen Breite θ wie $\vartheta = 90° - \theta$ zusammenhängt. Ihre Entfernung ist dann gleich

$$L = \sqrt{(x - x')^2 + (y - y')^2 + (z - z')^2}\,.$$

Dar Ergebnis liefert $L = 8207$ km, viel weniger als die wirkliche Entfernung von 8916 km. Was haben wir falsch gemacht?

Alles war richtig, allerdings allerdings haben wir hier die *direkte* Entfernung also die Länge einer Verbindungsgerade zwischen den Städten berechnet. Was wir aber haben wollten, war die Entfernung auf der Erdoberfläche, also die Länge eines Großkreisbogens. Wenn wir das aufzeichnen, erhalten wir einen Kreisausschnitt mit einem Öffnungswinkel α zwischen den Positionen der beiden Städte und einer Sehne der Länge L. Aus $\sin(\alpha/2) = L/2R$ können wir mithilfe der Umkehrfunktion arcsin des Sinus den Winkel α berechnen (im Bogenmaß!) und erhalten dann mit $L = R\alpha$ die gesuchte Entfernung. Das ergibt das zufriedenstellende Resultat $L = 8918$ km.

(Seite 115) Hier sollte man zur Übung den Zahlenwert der Fluchtgeschwindigkeit auf der Erdoberfläche mit „Bordmitteln" berechnen. Das Ergebnis ist $v_{\text{fl}} = 11{,}2$ km/s.

Für eine Berechnung mit „Bordmitteln" erinnern wir uns daran, dass die Gravitationskraft an der Erdoberfläche, GmM/R^2, gleich mg ist. Es gilt also $GM = gR^2$, und wir können die Fluchtgeschwindigkeit umschreiben als $v = \sqrt{2GM/R} = \sqrt{2gR}$. Mit $g = 9{,}81\,\text{m}\,\text{s}^{-2}$ und $R = 6371$ km ergibt das $v = 11{,}2$ km/s.

(Seite 116) Für einen Quader mit homogener Massendichte, Masse m und Kantenlängen a, b und c ist die Auswertung der Integrale für die Hauptträgheitsmomente recht einfach. Für eine Drehung um eine Achse durch den Schwerpunkt parallel zur Kante c ergibt sich $I_c = \frac{m}{12}(a^2 + b^2)$. Lässt sich das bestätigen?

Zunächst berechnen wir die Masse als $m = \int \rho \, \mathrm{d}V = \rho abc$. Also ist die Massendichte gleich $\rho = m/abc$. Dann müssen wir die Integrale auswerten. Wir legen den Ursprung des Koordinatensystems in den Schwerpunkt, also den Mittelpunkt des Quaders, die z-Achse in Richtung der Kante c und die x- und y-Achsen in Richtung der Kanten a bzw. b. Dann ist das Trägheitsmoment gleich

$$I_c = \int (x^2 + y^2) \, \rho \, \mathrm{d}V = \rho \int (x^2 + y^2) \, \mathrm{d}V = \frac{m}{abc} \left(cb \int_{-a/2}^{+a/2} x^2 \mathrm{d}\,x + ca \int_{-b/2}^{+b/2} y^2 \mathrm{d}\,y \right)$$

$$= \frac{m}{ab} \left(\frac{b}{3} [x^3]_{-a/2}^{+a/2} + \frac{a}{3} [y^3]_{-b/2}^{+b/2} \right) = \frac{m}{ab} \left(\frac{b}{3} \frac{a^3}{4} + \frac{a}{3} \frac{b^3}{4} \right) = \frac{m}{12} (a^2 + b^2) \, .$$

(Seite 126) Die Formel für die Umkugelradien sollte man einmal ausprobieren und mit den Daten auf den Wikipedia-Seiten vergleichen!

Wir berechnen den Umkugelradius für ein gleichseitiges Dreieck ($N = 3$) mit Seitenlänge eins als $R = 1/\sqrt{3} \approx 0{,}577$. Für ein **Tetraeder** ($N = 4$) finden wir auf der Webseite $R = \sqrt{6}/4 \approx 0{,}612$, für ein **Oktaeder** ($N = 6$) $R = 1/\sqrt{2} \approx 0{,}707$ und für ein **Ikosaeder** ($N = 12$) $R = \sqrt{10 + 2\sqrt{5}}/4 \approx 0{,}951$ (alle Seitenlängen gleich eins). Diese Zahlen lassen sich durch Berechnung von $R = \left(4 - \sin^{-2} \frac{N}{N-2} \frac{\pi}{6}\right)^{-1/2}$ bestätigen.

(Seite 133) Diese Angabe eines scheinbaren Sonnendurchmessers durch einen Winkel $\Delta\varphi \approx 0{,}5°$ kann man natürlich überprüfen durch eine Recherche im Internet, aber auch durch eigene Beobachtungen. Wie zum Beispiel?

Davon kann man sich leicht überzeugen, wenn die Sonne durch eine Wolkenschicht als Scheibe zu sehen ist. Wenn man dann durch eine Millimeterskala am ausgestreckten Arm feststellt durch wie viele Millimeter die Sonnenscheibe abzudecken ist, dann ergibt das Verhältnis dieses scheinbaren Sonnendurchmessers zu dem Abstand Finger-Auge den oben angegebenen Winkel im Bogenmaß, den man natürlich noch durch Multiplikation mit $180/\pi$ in Grad umrechnen muss. Misst man etwa $d = 10\,\mathrm{mm}$ bei einer Armlänge $a = 100\,\mathrm{cm}$, dann erhält man $\Delta\varphi = (d/a)\,180/\pi = 0{,}57°$.

(Seite 142) Vergewissern wir uns: Wenn unser Zustandsvektor $|\psi\rangle$ durch die Winkel ϑ und φ beschrieben wird, $|\psi\rangle = \cos\frac{\vartheta}{2}\,|+\rangle + \mathrm{e}^{\mathrm{i}\varphi} \sin\frac{\vartheta}{2}\,|-\rangle$, dann ist der diametrale Zustand dazu orthogonal.

Die Polarwinkel des diametralen Zustands sind $\widetilde{\vartheta} = \pi - \vartheta$ und $\widetilde{\varphi} = \pi + \varphi$. Dabei gilt $\cos\widetilde{\vartheta}/2 = \cos(\pi/2 - \vartheta/2) = \sin\vartheta/2$ und $\sin\widetilde{\vartheta}/2 = \sin(\pi/2 - \vartheta/2) = \cos\vartheta/2$ sowie $\mathrm{e}^{\mathrm{i}\widetilde{\varphi}} = \mathrm{e}^{\mathrm{i}(\pi+\varphi)} = -\mathrm{e}^{\mathrm{i}\varphi/2}$. Dann ist

$$|\widetilde{\psi}\rangle = \cos\tfrac{\widetilde{\vartheta}}{2}\,|+\rangle + \mathrm{e}^{\mathrm{i}\widetilde{\varphi}}\sin\tfrac{\widetilde{\vartheta}}{2}\,|-\rangle = \sin\tfrac{\vartheta}{2}\,|+\rangle - \mathrm{e}^{\mathrm{i}\varphi}\cos\tfrac{\vartheta}{2}\,|-\rangle$$

und daher $\langle\widetilde{\psi}|\psi\rangle = \sin\frac{\vartheta}{2}\cos\frac{\vartheta}{2} - \mathrm{e}^{-\mathrm{i}\varphi/2}\mathrm{e}^{\mathrm{i}\varphi/2}\cos\frac{\vartheta}{2}\sin\frac{\vartheta}{2} = \sin\frac{\vartheta}{2}\cos\frac{\vartheta}{2} - \cos\frac{\vartheta}{2}\sin\frac{\vartheta}{2} = 0$. Diametrale Zustände sind also orthogonal.

(Seite 145) Um einen Ton als „sauber" zu empfinden, verlangt unser Ohr eine relative Frequenzgenauigkeit von mindestens 0,03 Prozent, also $\Delta\nu/\nu = 0{,}03 \cdot 10^{-2}$. Wie lang muss dann ein Tonsignal bei 500 Hz sein, um einen sauberen Ton zu erzeugen? Wie lang bei einer Frequenz von 8000 Hz?

Die Antwort liefert die Unschärferelation $\Delta\nu\,\Delta t \geq \frac{1}{4\pi}$. Mit

$$\Delta t \geq \frac{1}{4\pi\Delta\nu} = \frac{\nu}{4\pi\nu\Delta\nu} = \frac{1}{4\pi\nu\,0{,}03\cdot 10^{-2}} \approx \frac{265}{\nu}\,.$$

Für $\nu = 500$ Hz ergibt das $\Delta t \geq 0{,}5$ sek und für $\nu = 8000$ Hz eine Zeitdauer von mindestens 0,03 sek. Also können jeweils 2 bzw. 33 Töne in der Sekunde erzeugt werden.

(Seite 147) Der Luftdruck p nimmt mit der Höhe h ab wie $p(h) = p(h_0)\,\mathrm{e}^{-mg(h-h_0)/kT}$. Wie lässt sich diese **Barometrische Höhenformel** begründen?

Nach der Boltzmann-Statistik ist die Besetzungswahrscheinlichkeit der Systemzustände mit der Energie E proportional zu $\mathrm{e}^{-E/kT}$ mit der Boltzmann-Konstante k und der Temperatur T. Wenn wir die mittlere Masse der Luftmoleküle mit m bezeichnen, dann ist im Schwerefeld mit der Erdbeschleunigung g die Energie $E = mgh$, also fällt die Dichte n der Moleküle exponentiell mit der Höhe h ab wie $n(h) \sim \mathrm{e}^{-mgh/kT}$. Da nach dem idealen Gasgesetz der Druck proportional zur Dichte ist, gilt dies auch für den Druck, und wir erhalten $p(h) \sim \mathrm{e}^{-mgh/kT}$, woraus die barometrische Höhenformel folgt. Dabei wird allerdings die Abnahme von Erdbeschleunigung und Temperatur mit zunehmender Höhe vernachlässigt.

(Seite 148) Das **Wiensche Verschiebungsgesetz** lautet $\lambda_{\max}T = b = 2{,}898 \cdot 10^{-3}$ m K. Lässt sich das in einfacher Weise beweisen?

Wir müssen hier nur das Maximum der Funktion $I(\lambda)$ von Seite 148 bestimmen. Zur Vereinfachung setzen wir dazu $x = hc/\lambda kT$ und erhalten dann

$$I(\lambda) = \frac{8\pi k^5 T^5}{c^4 h^4}\,\frac{x^5}{\mathrm{e}^x - 1}\,.$$

Wir differenzieren nach x und setzen dies zur Bestimmung des Maximums gleich null. Das führt auf die Gleichung

$$e^{-x} + \tfrac{1}{5}x - 1 = 0\,,$$

die wir numerisch lösen müssen, und erhalten $x = 4{,}9651$. Unsere Definition von x führt dann nach Einsetzen der Werte von h, c und k von Seite 198 auf das gewünschte Resultat

$$\lambda_{\max}T = \frac{hc}{kx} = \frac{6{,}62607015 \cdot 10^{-34} \cdot 2{,}99792458 \cdot 10^{8}}{1{,}380649 \cdot 10^{-23} \cdot 4{,}9651}\,\mathrm{mK} = 2{,}8978 \cdot 10^{-3}\,\mathrm{mK} = b\,.$$

(Seite 159) Die Invarianz des relativistischen Abstands bei einer Lorentz-Transformation zeigt man durch eine kleine Rechnung.

Hier müssen wir nicht denken, sondern einfach nur rechnen. Mit der Lorentz-Transformation von Seite 159 formen wir den Abstand in den gestrichenen Koordinaten um:

$$\begin{aligned}
s'^2_{12} &= -(ct'_1 - ct'_2)^2 + (x'_1 - x'_2)^2 + (y'_1 - y'_2)^2 + (z'_1 - z'_2)^2 \\
&= -\Big(c\gamma\big(t_1 - \beta\frac{x_1}{c}\big) - c\gamma\big(t_2 - \beta\frac{x_2}{c}\big)\Big)^2 + \big(\gamma(x_1 - vt_1) - \gamma(x_2 - vt_2)\big)^2 \\
&\qquad + (y_1 - y_2)^2 + (z_1 - z_2)^2 \\
&= -\big(c\gamma(t_1 - t_2) - \beta\gamma(x_1 - x_2)\big)^2 + \big(\gamma(x_1 - x_2) - \gamma v(t_1 - t_2)\big)^2 + (y_1 - y_2)^2 + (z_1 - z_2)^2 \\
&= -c^2\gamma^2(t_1 - t_2)^2 + 2v\gamma^2(t_1 - t_2)(x_1 - x_2) - \beta^2\gamma^2(x_1 - x_2)^2 + \gamma^2(x_1 - x_2)^2 \\
&\qquad - 2v\gamma^2(t_1 - t_2)(x_1 - x_2) + \gamma^2v^2(t_1 - t_2)^2 + (y_1 - y_2)^2 + (z_1 - z_2)^2 \\
&= -\gamma^2(c^2 - v^2)(t_1 - t_2)^2 + \gamma^2(1 - \beta^2)(x_1 - x_2)^2 + (y_1 - y_2)^2 + (z_1 - z_2)^2 \\
&= -(ct_1 - ct_2)^2 + (x_1 - x_2)^2 + (y_1 - y_2)^2 + (z_1 - z_2)^2 = s^2_{12}\,.
\end{aligned}$$

(Seite 170) Wie lautet die Codierung des Satzes „eckig sind alle würfel"?

Die Codierung lautet (3,1,0,0,2,4).

(Seite 174) In einem n-dimensionalen Raum zeichnen wir um alle Punkte $(\pm1, \pm1, \ldots, \pm 1)$, also um alle Eckpunkte eines Hyperwürfels, eine n-dimensionale Einheits-Hyperkugel und danach eine weitere Hyperkugel um den Ursprung, die alle anderen Hyperkugeln tangiert. Wie groß ist der Abstand dieser zentralen Hyperkugel von dem Hyperwürfel? Bitte zuerst denken und dann (eventuell) auch etwas rechnen!

Für niedrige Dimensionen wie n gleich eins bis drei ist uns das anschaulich bekannt. Und für hohe Dimensionen wissen wir, dass die Eckpunkte weit draußen liegen, also auch die sie umgebenden Einheitskugeln. Dann sollte auch die sie tangierende zentrale Hyperkugel weit hinausreichen! Wir wollen das etwas genauer untersuchen. Wie wir gesehen haben, liegen die Eckpunkte des Hyperwürfels in einer Entfernung von $\sqrt{n}$ vom Zentrum. Der Radius der zentralen Kugel ist daher gleich $\sqrt{n} - 1$. Die nächsten Punkte des Hyperwürfels zum Zentrum sind die Punkte auf den Koordinatenachsen und haben einen Abstand eins vom Zentrum. Also ist die zentrale Hyperkugel tangential zum Hyperwürfel für $\sqrt{n} - 1 = 1$, also für $n = 4$. Für kleinere Dimensionen liegt die Kugel innerhalb des Würfels, für größere aber teilweise außerhalb!

(Seite 177) Die Packungsdichte des abgebildeten Gitters ist sicher kleiner als die eines hexagonalen Gitters mit einer Dichte von etwa 0,907. Aber wie groß ist sie?

Wir greifen uns eine Gitterzelle heraus, zum Beispiel das 6x6-Quadrat im Zentrum mit Gitterpunkten an den Eckpunkten, Von den dort zentrierten Kreisen liegt jeweils ein Viertel in unserer Zelle, also insgesamt ein ganzer Kreis. Dazu kommen noch zwei volle Kreise im Inneren, also insgesamt drei Kreisflächen πr^2 mit $r = \sqrt{2}$. Das gesamte Quadrat hat die Fläche $6^2 = 36$, und wir erhalten eine Packungsdichte von $3\pi r^2/36 = \pi/6 \approx 0{,}52$.

(Seite 182) Die Wellenlänge dieser emittierten Strahlung, des ersten Lichts, liegt im (roten) sichtbaren Bereich und im nahen Infrarot mit einem Strahlungsmaximum bei $\lambda \approx 966$ nm, was wir natürlich sofort nachprüfen!

Für eine Schwarzkörperstrahlung ist die Wellenlänge maximaler Intensität durch das Wiensche Verschiebungsgesetz (siehe Seite 148) direkt durch die Temperatur bestimmt und wir erhalten für $T = 3000\,\mathrm{K}$

$$\lambda_{\mathrm{max}} = b/T = 2{,}898 \cdot 10^{-3}/3000\,\mathrm{m} \approx 966\ \text{Nanometer}\,.$$

(Seite 197) Etwas anspruchsvoller erscheint da der **Satz von Moivre**. Er lautet

$$(\cos\varphi + \mathrm{i}\,\sin\varphi)^n = \cos(n\varphi) + \mathrm{i}\,\sin(n\varphi)\,.$$

Auf welcher Formel für die Exponentialfunktion beruht er?

Nach kurzer Überlegung sieht man ein, dass es sich um eine fast triviale Umschreibung von $(\mathrm{e}^{\mathrm{i}\varphi})^n = \mathrm{e}^{\mathrm{i}n\varphi}$ handelt:

$$(\mathrm{e}^{\mathrm{i}\varphi})^n = (\cos\varphi + \mathrm{i}\,\sin\varphi)^n = \mathrm{e}^{\mathrm{i}n\varphi} = \cos(n\varphi) + \mathrm{i}\,\sin(n\varphi)\,.$$